U0154501

全球化下之國境執法

高佩珊　主編
陳明傳、柯雨瑞、蔡政杰、王智盛、王寬弘
許義寶、黃文志、何招凡、高佩珊　等著

全球化時代已然到來，面對各種跨境犯罪類型的日益不同，國境執法已經成為各國政府施政首要之位。國境執法重要性在於其不僅關係一國之內政，同時亦影響其外交。以我國為例，在兩岸交流益發緊密與頻繁之際，各種跨境犯罪，特別是詐騙與網路犯罪更加猖獗，如何有效加強兩岸共同合作執法、打擊跨境，為政府在發展對大陸關係時，必須思考之重點。另外在迎接大量陸客來台觀光交流之際，我國現行國境人流管理機制是否能有效管控，國境警察與移民之人流管理的日常業務，是否分配得宜等等問題都需進一步分析。放眼世界，在全球化下之人員、技術、資本與商品跨界流動，更突顯國境執法之重要性；若以歐盟為例，歐盟現今面對的難題在於如何有效兼顧難民的人權，保障其權益，同時又能有效維護國籍及社會安全。在歐盟、亞洲及美國面對大量難民、非法移民湧入之際，國境執法已經不再是各國該獨自面臨的議題，反而是國際執法需要共同合作之時候。

本書由中央警察大學國境警察學系陳明傳系主任帶領，由多位學有專精的教授群合力完成，針對以上諸多問題一一探究與研析。在茲特別感謝參與著作的學者專家，包括柯雨瑞教授與蔡政杰副隊長、王寬弘警監教官、許義寶副教授、王智盛助理教授、黃文志助理教授與何招凡教官。期望能在全球化下，國境管理面臨諸多挑戰之際，為我國國境執法研究做出些許之貢獻。

高佩珊 本書主編 謹誌
2016於警大

目錄

編者序

第一章

全球化下國境管理之趨勢與挑戰
——各國入出境管理系統之比較研究

陳明傳*

第一節　前言

　　在全球化（globalization）的過程中，人口移動（migration）本來即是自然的國際發展現象。人口之移動則包括「移民」、「國內移民」、「國際移民」、「非法移民」等類型。但是如何保障合法與促進其人力資源對各國經濟之貢獻，以及能有效的取締或遏止非法人口之移動，則必須建立管理人口移動的有效策略與方式，同時亦必須能兼顧人權與社會安寧的兩項基本原則；而其遂成為各國在規劃入出境管理系統之重要課題。

　　全球化即是因為經濟之產品、世界觀之概念以及其他文化元素的交換與互動，所帶來國際性整合的過程。運輸、交通工具以及電信等基礎建設的快速發展，包括電信、電報以及之後網際網路的興起，都是造成全球化、以及在文化及經濟上互相影響的重要因素。各國政府機構、工商界、學術界以至大眾傳媒無不談及全球化的影響，及其如何改變現代人的生活。因此全球化正在改變各國疆界之傳統概念，使全球經濟一體化，各國之經濟與社會更為緊密的互動與互相影響。因而全球化甚而有被稱之為「地球村」（global village）的發展趨勢與型態。對於「全球化」之發展其對於各國之影響是好是壞，目前仍是見仁見智。然而，全球化的風潮已

* 中央警察大學國境警察學系教授兼系主任。

然和地區之在地化（localization），結合成「全球在地化」的研究發展趨勢。因此全球化的發展，涵蓋了政治、經濟、科技、勞動力、人口移動、生態環境和社會認同等等面向，而這些發展元素之間，亦相互間有所關聯與影響。

至於爾來在全球化的影響之下，人口移動之快速、大量的發展現象與其影響，受到各國政府高度之重視，其中尤以2001年美國紐約市遭受911的恐怖攻擊之後，各國對於入出境管理之安全性議題，更提高其重要性與關注之程度。因為人口之移動，一方面會帶來經貿的活絡交流、文化與社會的快速互動與融合，但是另一方面也會帶來跨國犯罪的便利滋生與發展漫延之環境。各國在開展其國際貿易與國際關係之際，對於其國境之管理亦從便捷與安全的兩個面向，作整體綜合性之考量，以便提升其交通之便捷與經貿、觀光效率之同時，能有效的維護其國境之安全，確保其國內免受跨國犯罪之危害與影響。因而本章擬就全球化的影響下，將各國入出境管理系統作一比較，來析論如何才能維護邊境之安全，同時亦能不影響入出境之便捷與其效率。

第二節　各國入出境管理系統之現況概述

一、美國入出境管理系統概述

多年來，美國長遠的邊境安全投資產生了重大而積極的結果。進入美國的非法移民在2000年達到頂峰，當年超過160萬非法移民被逮捕。進入美國的非法移民自那時起已大幅下降。事實上，自上世紀70年代以來，至今非法移民的逮捕已然是最低的數量狀況。與此同時，在美國的非法移民的人口估計，自1980年代以來首次停止了增長。因而美國遂於2014年推出了所謂的「南方邊境安全維護計畫」（the Southern Border Campaign Plan），以確保美墨邊境較嚴重的非法移民路線之防制，並同時促進合法人流與物流便捷與順暢，促進經濟發展與社會繁榮。此計畫的主要目標，

是有效的執行移民法律和禁止個人尋求非法跨越美國陸地、海上和空中邊界，以及降低跨國犯罪組織；並減少恐怖主義對國家之威脅，同時希望建立一個合法貿易、旅行和商務皆無阻礙之環境。

　　美國2014年所推出此計畫其目標包括：1.減少恐怖主義的威脅；2.增加從事非法跨國或跨界活動者的風險與感知；3.查禁非法移民和試圖非法入境之貨物；4.增強執法人員對空中、陸地和海洋之邊界安全以及非法入境途徑之認知；5.守護最佳之入境地點，以便減少或中斷跨國犯罪活動之獲利與財務；6.防堵犯罪和瓦解恐怖組織與其網絡；7.防止透過合法管道進行非法之入境；8.強化入境的關鍵地點、轉運地點、入境途徑和交通基礎設施；9.儘量減少旅運者在審驗入境口岸的費用與時間之延誤；10.提升旅客的查驗數量，以及有效的篩選查驗，以便提高進口貨物的價值[1]。因此美國入出境管理系統提升其查驗之安全性，並同時兼顧便捷與效率，誠為美國及各先進國家，強化其入出境管理系統，努力追求之目標，今首先引述美國之新入出境方案如下。

（一）外國旅客入境美國之查驗與管理，美國訪客暨移民身分查驗系統（US-VISIT）

　　國土安全部對於外國旅客入境美國之查驗，乃以生物識別提供給美國相關之政府部門，以便準確地辨識可能對於美國有威脅之旅客，及早作處置或預防之措施。美國對於外國旅客入境查驗之生物特徵識別技術，乃蒐集數位指紋與電子照片。蒐集此資訊有助於確定一個人是否有資格獲准入境美國。而此種生物特徵識別的蒐集過程雖然是簡單、方便、安全，然而啟用之初亦有引起國際間認為妨害人權或隱私權之議。此種生物特徵識別的資料，亦可用來查違法入境、違法居停留，或入境後犯罪者之重要參考資料。透過此入境查驗之系統，可以提供決策者資訊，使得美國移民和邊境管理更具協作性、精簡流暢、且更為有效[2]。

---

[1]　DHS, "Southern Border Campaign Plan," retrieved Jan. 1, 2016 from: http://www.dhs.gov/sites/default/files/publications/14_1120_memo_southern_border_campaign_plan.pdf.

[2]　DHS, "US-VISIT," retrieved Jan. 1, 2016 form: http://testdhsgov.edgesuite.net/files/programs/usv.

　　該美國訪客暨移民身分查驗系統是美國政府自2004年1月5日開始啓用之新入境管理系統。藉由US-VISIT系統來實施入境管理的有115座機場、15座港口以及50處陸路邊境查驗巡邏站[3]。但亦有免除本系統審核的各種對象，其中例如擁有A簽證、NATO等各類特殊簽證之持有人；未滿14歲之兒童與超過79歲以上之外國旅客；由美國國務卿或國土安全部給予免除本系統審核者；對於中華民國（台灣）之政府官員擁有E-1簽證持有者（因顧慮到中華人民共和國的關係，無法發放外交簽證，即A簽證之故）；以及部分加拿大與墨西哥公民等。

　　美國訪客暨移民身分查驗系統的目的是要提高美國公民和訪客的安全、便捷合法的旅行和貿易、確保美國入境管理系統的完整性，以及保護訪客的隱私等。該系統乃由國土安全部負責邊界安全與入出境管理之邊境與交通安全處（the Under Secretary for Border and Transportation Security is responsible for implementing US-VISIT）負責執行與推動該業務。該處由國土安全部之助理部長所領導，在其統轄之下包括運輸安全管理署（Transportation Security Administration）、美國移民和海關執法署（U.S. Immigration and Customs Enforcement）、美國海關和邊境保護署（U.S. Customs and Border Protection）、美國公民和移民服務署（U.S. Citizenship and Immigration Services）和美國海岸巡邏隊（U.S. Coast Guard）等單位組成。至於協助其完成任務的包括國土安全部之管理處（Directorate for Management），以及科學與技術處（Science and Technology Directorate）等，以及其他外部單位之協助，例如交通、商務、司法等相關部門，和一般服務部門的協助等。

　　此外，國土安全部亦設立了訪美行程的諮詢委員會（US-VISIT Advisory Board），來提供該訪客暨移民身分查驗系統的工作方向指導，與執法是否恰當的諮詢工作，並設定其總體之遠景與策略方向。這個委員會還同時會提供相關協力單位執行本系統之策略方向、優先順序之事項與

---

　　shtm.

[3]　維基百科，〈US-VISIT〉，瀏覽日期：2016/01/01，http://zh.wikipedia.org/wiki/US-VISIT。

資源共享之建議與平台。

（二）具信譽的國際訪客之入出境計畫（Trusted Traveler Programs for international traveler）

1. 全球之入境方案（Global Entry）

該方案是美國海關和邊境保護署（U.S. Customs and Border Protection, CBP）的入境方案。其允許預先核准的低風險之旅客，在抵達美國時快速通關。雖然其立意乃是為頻繁的國際旅行者提供快速之查驗服務，然而卻沒有最低旅行次數才能申請該服務之限制規定。參與者可在美國機場通過使用自動化的查驗台進入美國。旅行者必須預先申請批准，成為全球入境方案之旅客。所有申請者必須接受嚴格的背景檢查與面試，才能取得本方案之方式入境美國。雖然全球入境方案的目標是通過這一自動入境查驗程序，加速通關之速度，但是該旅客仍可能選擇作進一步之人工查驗。若違反其規定將導致其自動查驗之特許[4]遭撤銷。

美國海關和邊境保護署宣稱全球之入境方案已經進入一個新的里程碑，亦即截至今日已申請並登記完成的有200萬個會員。全年以全球入境方案進入美國之國際旅客，目前約占所有國際空運來美旅客的9%。最近兩年來，全球之入境方案會員從2012年的43萬1,004個會員，至2014年增長至超過160萬個會員。此方案亦設置於全美42座機場以及12個設置於其他國之所謂航前檢驗之「前站查驗」（preclearance）機場，而其檢驗與處理之時間約在一分鐘左右。該等會員還具備資格參加美國運輸安全管理署之「TSA預先篩檢計畫」（Transportation Security Administration, TSA Pre✓）。

美國海關和邊境保護署已擴大自動化護照查驗（Automated Passport Control, APC）到25個入境地點，2014年10月份在華盛頓杜勒斯國際機場亦再增加其新的自動化護照查驗APC，至2014年底總共有31個機場配備

---

[4] U.S. CBP, "About Global Entry," retrieved Jan. 1, 2016 from: http://www.cbp.gov/global-entry/about.

此種自助服務查驗設備。在某些查驗地點，自動化護照查驗APC可以減少25%至40%之等待時間。該署2014年8月亦於亞特蘭大國際機場推出第一個經授權的應用程式——「移動式手機護照」（Mobile Passport Control, MPC），以加快旅客進入美國。Android和iPhone的使用者，可以從谷歌（Google Play Store）和蘋果（Apple App Store）的網路商店免費下載該應用程式。該方案亦已被擴大到邁阿密國際機場。上述之APC和MPC不需要預先之批准與申請，可自由使用並且不蒐集與任意使用旅行者的任何個人資訊。使旅行者體驗到更短的等待時間，減少擁堵和更快的入境處理時效。這些應用程式可以使海關和邊境保護署之官員，減少對例行性查驗工作的時間耗費，而能有更多的時間與精力於執法工作上，進而增強安全性，並且能簡化查驗的過程。隨著上述APC和MPC旅行者程式之運用，證照查驗的平均等待時間，在2014年美國的前十大機場均下降13%。

　　這些創新已經不限於機場之入境查驗。對於乘汽車入境美國之旅行者，美國海關和邊境保護署宣布，自2014年12月起，亦可自谷歌和蘋果的網路商店下載使用「移動式手機護照」app。該應用程式為跨境旅行者提供估計的等待時間，並播放陸路出入境口岸的行車狀態。入境之遊客可以找到最接近的三個入境口岸，然後選擇最佳的入境口岸與路線。在2015年美國還打算與各國進行協商，將機場之站前預檢業務拓展至新的機場之站前預檢。通過機場之站前預檢，國際航空旅客在抵達美國機場之前，於該前站執行前站的出入境、海關以及農業檢查。至今機場之站前預檢，在6個國家的15個機場作業[5]。其中若以美國與紐西蘭簽署之合作為例，若具備有全球入境方案之美國公民，到紐西蘭旅遊，在抵達奧克蘭、威靈頓和基督城等機場時，可以使用一條專用的全球入境方案之通道。該通道將精簡美國全球入境會員的入境處理。該通道明確標示有全球入境方案之標誌，亦即「美國全球入境」（U.S. Global Entry）。使用該通道，美國全球入境成員將可出示其全球入境卡、美國護照和抵達入境之文件，即可

---

[5]　U.S. CBP, "Commissioner Kerlikowske Announces 2 Million Global Entry Members," retrieved Jan. 1, 2016 from: http://www.cbp.gov/newsroom/national-media-release/2015-03-19-000000/commissioner-kerlikowske-announces-2-million.

快速便捷的通關。這一倡議乃是美國和紐西蘭之間的協定，逐步改善旅客飛行兩國之間的邊界入境流程。然而美國全球入境會員，仍然必須接受海關、移民和生物安全檢驗程序之紀錄與檢驗[6]。另外韓國亦於2012年6月與美國簽署共同互惠的使用該國入境便捷方案與系統。其中韓國公民經申請通過之後可以使用美國全球入境方案入境美國，美國公民亦可經申請通過之後可以使用韓國便捷的自動入境通關系統（Smart Entry Service, SES），截至2014年共有1,500位美國旅客申請獲得此資格[7]。

　　而我國駐美國代表處代表與美國在台協會（AIT）執行理事唐若文（Joseph R. Donovan Jr.）在美東時間2016年4月4日共同簽署《台美發展國際旅客便捷倡議合作聯合聲明》（Joint Statement regarding Cooperation between TECRO and AIT toward Development of an International Expedited Traveler Initiative），我國繼英國、德國、荷蘭、巴拿馬、南韓及墨西哥之後，成為全球第7個、亞洲第2個加入美國「全球入境計畫」之國家[8]。「全球入境計畫」係美國國土安全部「海關及邊境保護署」透過預先審核程序，加速低風險旅客入境美國之計畫，目前全球已有超過410萬名旅客參與。未來我國國民將可透過美國「全球線上註冊系統」（Global Online Enrollment System, GOES）提出申請，經完成雙方安全查核，並通過面試後，即可加入成為會員，效期長達5年。成為會員之國人於入境美國時，僅須在美國主要機場之「全球入境計畫」機台完成手續，即可經由專用通道入境。此外，會員將同時自動適用美國主要機場之「TSA預先篩檢計畫」（TSA Pre✓），在全美主要機場搭乘飛機時，使用專用安檢通道。參與全球入境計畫之我國國民，入境美國無須再耗費冗長時間排隊。而相對的，成為「全球入境計畫」會員之美國公民，訪台入境時亦依互惠原則享有使用我國之「自動查驗通關系統」（e-Gate）之便捷措施出入境。

---

[6]　US Customs and Border protection (CBP), "Arriving in New Zealand," retrieved Jan. 1, 2016 from: http://www.cbp.gov/global-entry/other-programs/new-zealand.

[7]　Joon-sup Shim, Immigration Clearance at Incheon International Airport, Republic of Korea.

[8]　外交部，〈我國正式加入美國「全球入境計畫」使國人入境美國更為便捷，外交部第086號最新消息〉，瀏覽日期：2016/04/06，http://www.mofa.gov.tw/News_Content.aspx?n=8742DCE7A2A28761&s=42E13577B8E3100F。

2. 美加邊境入境卡（NEXUS）

　　美加邊境入境卡已經被整合成為單一的快速美加邊境的入境方案。擁有此入境卡之美加公民，可以在機場、陸路以及海港口岸，得到快速入境或過境之查驗。根據美加之西半球旅遊倡議（the Western Hemisphere Travel Initiative），NEXUS卡已被批准為美國和加拿大公民，進入美國或加拿大旅遊的護照之替代方法。NEXUS之會員可使用專用的處理通道，亦可於加拿大機場使用美國「前站查驗」全球之入境方案（Global Entry）通道，以快速查驗入境美國。該案之會員也可以在海港口岸，得到快速的入境查驗。申請人只需提交一個申請之需求，並繳交一次的費用。申請人亦可通過海關和邊境保護署（CBP）網站作線上之申請。合格的申請人，須前往美加邊境入境卡中心接受訪談。如果經該方案的批准，貼有照片的美加邊境入境卡，將在7到10個工作天內寄給該會員。該案之會員若是美國公民、美國合法永久居民或加拿大公民，還有資格獲得使用美國運輸安全管理署加速入境查驗方案之服務（TSA Pre✓）[9]。

3. 電子網絡快捷入境查驗系統（Secure Electronic Network for Traveler's Rapid Inspection, SENTRI）

　　此系統為美國海關和邊境保護署，提供快捷處理預先核准、低風險的旅行者之入境查驗系統。申請人可以在網路上註冊，並且必須自願接受澈底的個人背景檢查，包括個人之刑案資料、違法前科、海關資料、移民，以及恐怖主義等調查與過濾。並且要提供10個指紋資料，且接受美國海關和邊境保護署之面談。因此，這些事先經前述之調查的低風險國際旅客，可快捷的入境美國。一旦申請獲得批准，他們將從海關和邊境保護署獲得一張無線電頻率識別卡（Radio Frequency Identification, RFID）。如果不便使用網路註冊，亦可到電子網絡快捷入境查驗系統之服務中心申請，申請者亦同時申請入境通關車道之資料填寫（Dedicated Commuter Lane, DCL access），以便順利使用此類車道。

---

[9]　U.S. CBP, "NEXUS," retrieved Jan. 1, 2016 from: http://www.cbp.gov/travel/trusted-traveler-programs/nexusCBP, NEXUS.

　　SENTRI使用者享有特定的專用入境通道到美國南部陸地邊境。當從加拿大由陸路進入美國時，SENTRI成員也可以使用前項之NEXUS入境通道。美國公民和美國合法永久居民參加SENTRI者，也能夠使用前述之全球入境方案（Global Entry）證照查驗台入境美國，亦能運用後述美國運輸安全管理署（TSA）提供之加速入境查驗之方案（TSA's Expedited Screening Initiative）快速出境，假設該入境口岸有此設置的話。當一個經批准的國際旅客接近SENTRI車道邊界時，系統會自動識別汽車以及車內乘客的身分。這種通關方式包括：(1)讀取RFID卡的檔號。(2)該檔號可以讓美國海關邊境保護署（CBP）官員讀取存放於總部伺服器中，該旅客之資料庫，並可從螢幕上立即瀏覽該卡之相關資料。(3)在驗證資料時，由CBP官員決定將該旅行者放行通過，或者要求進一步的額外檢查。RFID技術有能力來追蹤該旅客的行動、創建該旅客之個人旅行習慣，並允許該資訊的再次利用。因此該旅客之個人旅行資料或使用之車牌號碼就可以不斷地更新。參加此方案者其等待通關之時間，比一般正常的入境車道減短甚多的時間。其中有關關鍵資料之查驗方面，其檢查時間從平均一件30至40秒降到平均一件只需10秒。[10]

4. 美加邊境商業快速通關入境方案（FAST, Free and Secure Trade Program）

　　此方案是加拿大邊境服務署（Canada Border Services Agency, CBSA）與美國海關和邊境保護署合作之入境管理方案，可以提高美加邊界和貿易的便捷與安全。它是一種自願參加的商業性入境方案，同時亦使得加拿大邊境服務署與私營之商業機構密切合作，來強化邊境安全、打擊有組織犯罪和恐怖主義，並防止走私與偷運。根據美國西半球旅遊倡議，參加此方案的成員都是加拿大人或美國公民，其可以使用此種快速通關入境卡，作為替代護照證件之資料，由陸路或水路進入美國。此方案起自911恐怖攻擊之後，此種創新的受信任的旅行者，或者信任托運之方式，允許商業之

[10] U.S. CBP, "Sentri," retrieved Jan. 1, 2016 from: http://www.cbp.gov/travel/trusted-traveler-programs/sentri.

承運者，在事先完成背景之檢查，並滿足某些資格條件之審核之後，可以快捷的辦理通關入境之程序。此入境方案是開放給從美國、加拿大和墨西哥商業來往的卡車司機。

在美國之北部邊境和南部邊境各有17處此類之入境口岸。專用快速車道絕大多數都位於北部邊境口岸在密歇根州、紐約和華盛頓州，以及南部邊境口岸從加利福尼亞州到德克薩斯州。此方案的參與者，需要從承運商、進口商、製造商到駕駛者，均必須根據反恐怖主義海關交易夥伴關係的專案，或稱之為C-TPAT的認證與審核（the Customs-Trade Partnership Against Terrorism program）。至於美國運輸安全管理署，則例行性的對於美國國內和國外之C-TPAT成員之設施，進行評估，並檢驗此商業之供應鏈的安全措施。目前全球已超過1萬家公司，被認證為C-TPAT的成員。參與美加邊境商業快速通關入境方案之成員，其重要之優勢包括：(1)專用車道，可在處理跨界發貨時獲得更快的速度和效率；(2)減少入境檢查的多重次數，因而減低延遲的時間；(3)提升入境檢查之優先順序；(4)增強供應鏈的安全性，同時並可促進美國、加拿大和墨西哥的經濟繁榮發展[11]。

5. 美國電子旅遊簽證（Electronic System for Travel Authorization, ESTA）

美國旅遊電子簽證是一種自動化的簽證系統，審酌到美國而具有簽證豁免之旅客（Visa Waiver Program, VWP）之簽證資格。通過ESTA授權並不能保證旅行者是否一定可予入境美國。美國海關和邊境保護署之官員，於入境查驗時則具有決定可否讓旅遊者入境之裁決權。美國旅遊電子簽證之申請，則要蒐集申請者之個人基本資料，以及填答和免簽證計畫（VWP）資格之相關問題。具備申請資格者，可以在入境美國之前的任何時間，透過該申請之網頁，提交上述資料給美國旅遊電子簽證系統。雖然ESTA建議入境美國之旅客，一旦開始準備旅行入境美國或購買機票之前，最好及早申請。而其效期一般是2年，台灣旅客因為已具有簽證之豁

---

[11] U.S. CBP, "FAST," retrieved Jan. 1, 2016 from: http://www.cbp.gov/travel/trusted-traveler-programs/fast.

免，因此可以旅遊電子簽證之申請方式入境美國。[12]

6. 美國運輸安全管理署之加速出境查驗方案之「TSA預先篩檢計畫」

（TSA Pre✓, TSA's Expedited Screening Initiative）

美國運輸安全管理署近年來提供了一個快捷出境查驗方案，稱之為TSA Pre-Check。該方案乃在盡可能使低風險之旅客能更快速便捷的通關出境，而將其人力專注於其較不瞭解的旅客之查驗。上述取得美國海關和邊境保護署之全球入境方案（Global Entry）、美加邊境入境卡（NEXUS）以及電子網絡快捷入境查驗系統（SENTRI）的會員，均有資格來申請此方案並成為會員，以便更方便的入境。另外，有資格參加此方案的旅行者包括：(1)美國公民或合法永久居民與已知的旅行者之編號者（Known Traveler Number, KTN），有時被稱之為被信任的旅行者之編號；(2)經本方案申請通過之美國公民或合法永久居民；(3)美國之軍人，包括在美國海岸警衛隊、後備軍人和國民警衛隊服役者；(4)國防部與海岸警衛隊服務之文職人員；(5)前述美國海關和邊境保護署快速入境之會員。然而，美國運輸安全管理署仍然可以每個航班個案之方式，對於已具有此方案之會員者，基於該等旅客個別之相關的情報風險分析，來決定檢查之程序。下表1-1，為4個美國之國土安全部之被信任的旅行者方案的比較[13]。

截至目前已有11家航空公司參加TSA Pre✓的方案，包括加拿大航空、阿拉斯加航空、美洲航空（American Airlines）、達美航空、夏威夷航空、捷藍航空（JetBlue Airways）、西南航空、太陽國家航空（Sun Country Airlines）、美國聯合航空、美國航空（US Airways）和美洲維京航空（Virgin America）。此方案之出境檢查，有超過120個美國機場在作業與執行中。有此資格之旅行者，應該遵循下列步驟在機場接受出境安全檢驗：(1)如果你的登機牌有TSA Pre✓之符號，則前往TSA Pre✓之通道接

---

[12] U.S. CBP, "Electronic System for Travel Authorization," retrieved Jan. 1, 2016 from: http://www.cbp.gov/travel/international-visitors/esta.

[13] DHS, "the Trusted Traveler programs Comparison Chart," retrieved Jan. 1, 2016 from: http://www.dhs.gov/comparison-chart.

表1-1　四個美國國土安全部具信譽的國際訪客之方案比較

檢驗機關	美國運輸安全管理署（TSA）	美國海關和邊境保護署（CBP）		
方案類別	TSA Pre✓	Global Entry	NEXUS	SENTRI
申請之條件	美國公民或合法永久居民	美國公民或合法永久居民，以及特定之他國公民	美國公民或合法永久居民、加拿大公民或其他國合法永久居民	有經過認證之公民或有合法之入境證件之旅客
申請費用	85美元（5年效期）	100美元（5年效期）	50美元（5年效期）	122.25美元（5年效期）
申請需否提供護照	不必	需要；或者提供美國永久居民卡	不需要	不需要
申請之程序	線上進行預先之註冊，並且親臨註冊中心辦理；必須提供指紋和驗證身分證件。	線上進行預先之註冊，並且親臨註冊中心接受訪談；必須提供指紋和驗證身分證件。	線上進行預先之註冊，並且親臨註冊中心接受訪談；必須提供指紋和驗證身分證件。	線上進行預先之註冊，並且親臨註冊中心接受訪談；必須提供指紋和驗證身分證件。
入出境方案之特色	在參與本案之機場可以快速便捷的出境登機	可以通過CBP在機場和陸地邊界對於抵達美國旅客的快速入境查驗；並且可以適用TSA Pre✓的出境便捷之安全檢查。	在機場和陸地邊境進入美國和加拿大時的快速入境作業，並可以適用Global Entry的入境便捷之安全檢查方案；美國公民或合法永久居民，以及加拿大的公民亦可以適用TSA Pre✓的出境便捷之安全檢查。	在陸地邊界無線以「電頻率識別卡」，通過美國CBP的快速查驗通道入境，包括Global Entry以及TSA Pre✓等方案所提供予美國公民和美國合法永久居民快捷通關入境之便利。

受檢查；(2)出示你的登機牌和政府簽發的證件，接受旅行證件檢查器之驗證；(3)讓TSA旅行證檢查器掃描你登機通行證條碼；(4)你隨行12歲以下的小孩，可以隨同你一起受檢；(5)穿好你的鞋子、外套和皮帶，不必脫下，你的筆記型電腦要收妥不必抽出來，你的隨身行李可以背著受檢。

如此可以更為舒適與快捷地通過出境的安全檢查。[14]

　　如表1-1所示，美國運輸安全管理署所管理之加速「出境查驗」之方案TSA Pre✓之申請條件，僅限於美國公民或合法永久居民。其他三個方案則為美國海關和邊境保護署CBP所管理之具信譽的國際訪客之方案，較廣泛地適用於美國公民或合法永久居民，以及特定之他國公民「入出境」美國時。但以前述三個其他方案出境時亦可運用此種美國運輸安全管理署所管理之加速出境查驗之TSA Pre✓方案。至於美加邊境商業快速通關入境方案（FAST），以及美國電子旅遊簽證（ESTA），前者屬於美加邊境管理之商業性入境方案，後者則屬於是一種自動化的簽證系統，審酌到美國而具有簽證豁免之旅客（Visa Waiver Program, VWP）之簽證資格。

（三）美國公民與合法美國永久居民之入境管理新方案（**Travel for US Citizens and lawful permanent residents**）[15]

1. 自動化護照查驗系統（Automated Passport Control, APC）

　　自動化護照查驗系統是美國海關和邊境保護署（CBP）的查驗新系統。除了美國與加拿大公民以外，另外特別給予免簽證計畫資格之國際旅行者一個自動化的過程，通過CBP的檢測區域，加快進入美國之流程。旅客使用自助之查驗服務台，提交海關申報單和個人相關之資料。此自動化護照查驗系統是一項免費的服務，並不需要預先登記或註冊會員，同時在處理個人資料或資訊時，有最高級別的個資保護。旅行者使用此系統可以享受到更短的等待時間、更少的擁塞情況和更快的處理查驗程序。

　　至於其程序方面，不需填寫紙本之海關申報單，合資格的乘客可直接至護照查驗區的自動化護照查驗櫃台辦理。旅行者自行掃描他們的護照、並在該櫃台自行拍一張照片，同時回答一系列問題，以便驗證其個資與航班資訊。乘客回答一系列問題，並提交海關申報表後，該櫃台會自動發出

---

[14]　TSA, "TSA Pre✓," also see "TSA, Frequently Asked Questions."

[15]　U.S. CBP, "US Citizens and lawful permanent residents," retrieved Jan. 1, 2016 from: http://www.cbp.gov/travel.

一張收據，旅行者只須拿著他們的護照和收據，逕向海關和邊境保護署官員完成檢查，即可入境美國。該檢驗之流程，允許居住在同一地址的同行旅客一起辦理入境。美國與加拿大公民，以及合於免簽證計畫資格之國際旅行者，可以運用此系統快捷入境，免簽證計畫資格之國際旅客（例如台灣旅客），必須具備有前述之美國電子旅遊簽證（ESTA），而且須於2008年之後至少曾入境美國者，才能使用此系統入境。

2. 移動式（手機）之護照管制系統（Mobile Passport Control, MPC）

　　為了管理數量不斷增長的貿易和旅遊，美國海關和邊境保護署（CBP）提出一項全面性之創新作為，以便優質化其資源之運用，在其入境口岸，為美國民眾提供更佳之服務。美國海關和邊境保護署，遂首創推出移動式的護照管制系統（MPC）的應用程式，加快旅客進入美國之流程。該應用程式app，就像前述之自動化護照查驗系統（APC），簡化旅客檢查之程序，並使海關和邊境保護署之官員，能有更多餘力來專注於查驗，而不僅是被一些例行性檢查之行政事務所牽絆。這種首次創新之app查驗系統，乃由機場移動公司（Airside Mobile）、北美國際機場諮詢委員會（Airports Council International-North America, ACI-NA）與美國海關和邊境保護署共同合作，協力開發的新軟體應用系統。

　　2014年8月13日，美國海關和邊境保護署於亞特蘭大國際機場正式啟動此系統。具有資格之旅行者，可以透過智慧手機或平板電腦從蘋果或谷歌的網路商店，下載移動護照系統之應用程式。系統透過應用程式將該旅客與其護照資訊創建個人之檔案。該設定檔包括旅行者的姓名、性別、出生日期、和該國的公民身分。當飛機降落在美國，旅行者須輸入所謂的「新旅程」部分，並填入他們到達的機場和航空公司，同時自我拍一張照片存入，填入一系列海關申報表之問題。一旦這位旅行者透過該系統之應用程式app提交其海關申報表，該名旅行者會收到電子收據與加密快速回應代碼（an Encrypted Quick Response code, QR）。此張收據於發出後僅有4個小時之有效使用期限，以避免遭不當或違反規定之使用致影響機場之安全。之後旅行者帶著他們的護照和行動裝置，以及該數位的條碼收據

到海關和邊境保護署之查驗人員檢查處，完成他們的檢查進入美國[16]。

此應用程式使得旅行者或其家庭成員，能夠在接受CBP官員的查驗之前，預先定位並填入他們的個人資訊。CBP官員就能專注於該等旅客之身分驗證、與審查其入境之准反駁。這一流程將可減少旅客與CBP官員之時間，有助於提高服務品質並減少入境等候之時間。此系統僅是CBP在提升陸地、空中和海上的入境查驗環境中的創新經營方式之一部分。而為了不斷的創新改革，美國海關和邊境保護署自近年起，推出了前項之自動化護照查驗系統（APC），目前已經在全國25處設置此系統。同時海關和邊境保護署亦已註冊300萬以上之旅客，分別在前述之Global Entry、NEXUS以及SENTRI的新方案中登錄完成。以上之諸多入出境新方案，能讓海關和邊境保護署之官員進行安全、高效地，同時可以降低營運成本之入出境管理與檢查。

二、歐洲申根地區之邊境管理與歐盟邊防聯盟

歐洲之申根地區（the Schengen area）由26個歐洲國家所組成（截至2016年6月止），其各國間並沒有所謂的內部邊界；亦即歐盟之各國公民與具備入出境申根地區資格的第三國國民可以在此地區自由來往。因此歐洲之申根地區可視為其地區外圍所謂之共有的外部邊界（a common external border）。1990年各國曾簽署公約來執行申根之協定（the Schengen Agreement），並已於1999年納入歐盟的法律框架之內。此協定的主要目的，乃是逐步消除簽署國之間的邊界管制，同時亦建立更安全的「外部邊界」。申根地區邊境管制的一項關鍵特色乃是申根資訊系統（the Schengen Information System, SIS）。該系統乃是各國之主管當局，用於維護申根地區內之公共安全，並提供外部邊界有效管理之大型資料庫。

自1999年起歐洲理事會之司法和內政事務總署（the European Council on Justice and Home Affairs），已採取幾個步驟加強該歐盟地區的遷徙、移民庇護和安全合作等議題。因此2004年10月26日創立了歐盟邊防聯盟

---

[16] US CBP, "Mobile Passport Control," retrieved Jan. 1, 2016 from: http://www.cbp.gov/travel/us-citizens/mobile-passport-control.

（Frontex）。歐盟邊防聯盟，乃是來自不同歐盟國家當局一起守護歐盟邊界的協力工作團隊。其全稱是：在歐洲聯盟各成員國的外部邊界共同執行邊境管理合作的機構（the European Agency for the Management of Operational Cooperation at the External Borders of the Member States of the European Union）。該機構成立於2004年，加強各歐盟國家間之邊境管理的合作新機制。其主要之任務包括：共同執行邊境安全管理之勤務活動、提供此執行工作之教育訓練、邊境安全之危機分析、邊境安全管理之研究發展、提供立即行動之各類資源、維護會員國國民之各種移民之權益（包括返回母國之法律協助等），以及邊境安全管理資訊系統之建立與分享等[17]。

歐盟邊防聯盟工作推展，第一步乃由該聯盟制訂風險評估分析，以確定其回應方式及其所需。這將成為歐盟邊防聯盟和有關會員國共同設計勤務行動之基礎。之後將行動所需要之協助，提請各相關會員國幫忙。透過此協助，所有參與的各國成員，遂共同執行此具體之行動計畫。因此，歐盟邊防聯盟乃是一個協調性角色，而各成員國的外部邊界執行力量之成敗，取決於各成員國是否願意積極的參與此聯合行動。其中，例如從歐盟各國部署到德國邊境之員警，已獲得相當行政權的授予，並且已增強歐盟邊防聯盟的執行效力[18]。

三、德國邊境管制之簡易入境方案

作為申根制度的成員國（Schengen regime），德國在申根地區內部的疆界，沒有所謂之邊境管制，其邊境管制乃依賴由申根成員具有外部邊界之國家進行邊境的管制。德國負責唯一的外部邊界，是在海上邊境的北海和波羅的海，以及國際機場所謂的邊境管制。但其仍有聯邦邊境警察之設

---

[17] Frontex, "Mission and tasks," retrieved Jan. 1, 2016 from: http://frontex.europa.eu/about-frontex/mission-and-tasks/.

[18] EU2007.DE, "Federal Ministry of the Interior and FRONTEX pursue common goal," retrieved Jan. 1, 2016 from: http://www.eu2007.de/en/News/Press_Releases/February/0222BMIFrontex.html.

置來執行此項工作，以及其國內非法移民或居停留之管理等事務[19]。

　　因此德國邊境管制之簡易入境方案EasyPass-RTP乃是以德國現有的國際機場作入境系統的整合又稱「事先註冊之旅行方案」（Registered Travelers Program, RTP）可簡稱為「EasyPass」，基於歐盟「智慧型邊境」的概念，德國曾與香港簽署相互合作之入境備忘錄，以便使用雙方之此種自動化電子通關入境之服務。其備忘錄內容為：自2014年5月20日起，香港電子護照和德國護照持有者可以使用新的入境系統。德國是歐洲第一個、以及全球第二個與他國簽訂此類互惠合作備忘錄之國家。這種合作備忘錄除了有更大的旅遊方便外，更可以促進貿易、商業及旅遊便利性，也將促使香港證照持有人，透過德國訪問其他申根之國家（Schengen countries）。

　　至於德國邊境管制之簡易入境方案之目的包括：1.透過此簡易模式，促進跨越歐盟外部邊界的便利性；2.提供事先註冊之旅行方案（RTP），給予某些非歐盟國家之公民；3.提供經常出外旅行的旅客，縮短其入境的時間；4.增加邊境口岸過境的輸送量；5.使得邊界管制之人力與各類資源，能活化與有效運用於重點風險旅客之查驗上。至於其實際之使用狀況為：1.持有事先註冊之旅行方案者（RTP），適用於所有歐盟國家之入境；2.入境時可以選擇使用電子閘門查驗（e-Gates）或人工查驗；3.必須進行生物識別驗證；4.成為歐盟「智慧邊境」入出境概念的一種新措施；5.記錄非歐盟國家之公民進入歐盟邊界，及其短期停留於申根地區之國家與其停留之期間；6.該方案成為一可靠的工具，是歐盟邊境有效之守護機制，促進歐洲入境與其停留之有效執法。至2015年德國將在其4個國際機場建置完成約90個e-Gates[20]。

---

[19] U.S. Library of Congress, "Citizenship Pathways and Border Protection: Comparative Summary," retrieved Jan. 1, 2016 from: http://www.loc.gov/law/help/citizenship-pathways/comparative.php#Introduction.

[20] Thorsten Schleuning, Consulate General of the Federal Republic of Germany in Hong Kong, "Bundes Polizei, External Border Management of the Federal Police of Germany," Annual Border Management Conference Taipei 2014.（2014年移民署國境事務大隊國際研討會，桃園國際機場旅館）。

　　要註冊成為EasyPass會員，必須親自由德國聯邦警察在德國所設之註冊中心辦理。在法蘭克福機場的第一航廈和慕尼克機場第二航廈，可以找到德國EasyPass的註冊中心。然而將有更多的註冊中心即將開放。要獲得此入境之資格，他國之公民（例如美國）必須持有電子護照（e-Passport），以及滿18歲以上才能申請。在此註冊中心，德國聯邦員警將會告知您有關EasyPass的申請手續。你將會被要求簽署表格，以確認你是自願參加EasyPass，並同意你的個人資料被存儲運用。然後，將會被要求填寫一份問卷。德國聯邦員警將驗證你旅行證件的有效性和真實性。如果你成功通過此種程序，你將立即註冊成為EasyPass的會員。[21]

　　根據德國一個航空議題的網路平台報導，德國聯邦警察開始在柏林泰格爾機場（Berlin Tegel Airport）C航廈，開設4個e-Gates。旅客進入德國時可以選擇使用EasyPass，此自動邊境管制系統更簡單且可快速通過邊境之管制查驗，而使用e-Gates是自願和免費的服務。EasyPass的新入境管制系統，提升了邊界管制之流程與效率，並減輕執勤聯邦員警的工作負擔。對乘客來說，電子控制系統減少等待的時間。[22]

四、其他國家國境管理之概述

　　英國保護它的邊界有數種方式，包括技術措施、情報部門資料蒐集與提供、在入境口岸檢查、護照檢查和簽證之管制等。該國查驗簽證申請者的指紋，以防止帶有犯罪背景的人進入該國，並辨識有問題之簽證申請者。如果申請人是遞解出境者，或者以欺騙手段取得許可而進入或逗留者，將被拒絕進入該國。曾被法院定罪，而被判處監禁12個月以上者，亦被拒絕入境。

　　義大利是申根協定的一員，如同其他各國一般，提供給各成員國公民，一個共同簽證之政策，其意乃在促進便捷的跨越共同邊界。義大利內

---

[21] U.S. CBP, "EasyPass," retrieved Jan. 1, 2016 from: http://www.cbp.gov/global-entry/other-programs/easypass.

[22] www.luchtzak.be, "German Federal Police launches EasyPASS: Speedier border controls for passengers at Tegel Airport," retrieved Jan. 1, 2016 from: http://www.luchtzak.be/airports/berlin/german-federal-police-launches-easypass-speedier-border-controls-for-passengers-at-tegel-airport/.

政部長負責海上與陸地邊界管制之權責。其邊境之保護，還可以包括利用船隻進入或離開該國的外國人之檢查。幾個邊境管制單位接受中央內政部的指揮，分別在陸、海、空負責打擊非法之移民。移民與邊境之執法，也透過相關法律之制定，以便與其他國家合作，尤其是申根協定的國家。組織犯罪、販運人口和其他幾個邊境管理之議題是合作的主要領域。

　　西班牙利用邊境管制人員和入境口岸的技術來控制它的邊界。在技術領域方面，建置了美國使用之系統，可提供從歐盟申根地區之外，即將到達西班牙的港口和機場的乘客之相關個人資料。美國的技術，還應用於建置和加強位於該國特定的邊境地區的柵欄。先進的監控系統安裝在兩個沿海地區，透過該系統之監測站可以遠距離提供近6英里內，通過之船艦相關資料。該系統可傳送電視信號到勤務管制中心，然後執行救援和攔截之行動。至於管制非法移民方面，西班牙已建置簽證預先審查之系統與制度（the visa system as a pre-entry control），適用於大量移民到西班牙之國民簽證申請。

　　俄羅斯邊境警衛隊（The Border Guard Service of Russia）是於2003年改制成的聯邦安全機構。該機構認為其本身乃前蘇聯邊防部隊（the Soviet border troops）的直接後繼者，並自1918年5月28日成立以來，均定期舉行周年慶祝會[23]。俄羅斯的邊境管制是由聯邦法律所規定，並訂定入出境之手續。聯邦機構負責保護國家之邊界，組成確保地面、空中和海上邊界之安全。邊境管理相關之情報和反情報之工作，以及對現有政府的邊境管理系統之保護，和於指定之入出境地點進行邊防管制、查驗入出境資料和執法，都是該聯邦機構的主要職責。該國邊境管制官員，會考慮幾個與該國的國家和公共安全有關因素，來進行入境的管制工作。

　　2011年，巴西創建了邊界安全管理的新策略，為加強預防、控制、檢查、和鎮壓跨境犯罪以及在巴西邊境地區的犯罪行為。其中包括協調與整合公共安全機構、稅務局和武裝部隊，並協調與周邊國家合作的戰略計畫，以便提升邊境安全。

---

[23] Wikipedia, "the free encyclopedia, Border guard," retrieved Jan. 1, 2016 from: http://en.wikipedia.org/wiki/Border_guard#Russia.

2013年澳洲政府，對於國家安全策略提出研議，以便能滿足當前和未來邊界保護和安全方面的挑戰。此項策略，包括增加使用風險評估系統來處理威脅；加強邊境安全、執法和情報機構之合作；加強各區域夥伴之合作，打擊人口走私與販運。在邊界管理方面，澳大利亞有很多邊界管理系統，旨在驗證獲准穿越澳大利亞的邊界者，並且阻止或防止那些未獲准之違法入境者。此類管理系統包括：快捷入出境處理、對於執法機構所提供之簽證者觀察名單加強查驗、維護及維持入出境資料庫之更新，以及增加使用生物識別技術於邊界之管理等。

南非與6個國家接壤──莫三比克、辛巴威、博茨瓦納、納米比亞、賴索托和史瓦濟蘭等國。直到不久前，邊境保護與管理也用種族隔離的手段來處理。在過渡時期，減少邊境的管制代表著一種政治制度的結束，因而南非逐漸次減少國防部隊在邊界上執行國境的保護工作。近年來，隨著士兵增加在邊境的部署以及甚多工程師的指派，已加強邊境安全並重建損壞的圍牆；同時亦建置先進的邊境管制之系統，以便監控其公民與訪客出入該國之邊境[24]。

五、我國入出國自動查驗通關系統

我國移民署的國境管理工作相當嚴密，各種企圖持假護照闖關者，均無法僥倖過關。在處理偷渡、逾期停居留，與防制人口走私販運上，有著卓越表現。該署整合既有基本資料，臉部影像、指紋特徵等身分辨識系統，以配合國境未來快速通關規劃，提升查驗人員驗證效率，增加便民服務[25]。根據移民署102年年報之資料，我國機場入出境人數截至103年9月，累計使用入出國自動查驗通關系統（e-Gate）之人數為1,480萬人次[26]。

---

[24] U.S. Library of Congress, "Citizenship Pathways and Border Protection: Comparative Summary," retrieved Jan. 1, 2016 from: http://www.loc.gov/law/help/citizenship-pathways/comparative.php#Introduction.

[25] 內政部移民署，〈國境管理〉，瀏覽日期：2016/01/01，http://www.immigration.gov.tw/ct.asp?xItem=1090254&CtNode=31431&mp=1。

[26] 內政部移民署，〈102年年報〉，瀏覽日期：2016/01/01，http://www.immigration.gov.tw/

　　自動查驗通關系統是採用電腦自動化的方式，結合生物辨識科技，旅客只要完成自動通關申請註冊後，就可以使用。該系統可以疏解查驗櫃台等候時間，目前美國、澳洲、日本、韓國、新加坡、香港等地，也有類似自動查驗通關服務。該系統可提供民眾自助、快速、便捷的入出國通關服務，由原來查驗時間30秒縮短為12秒，並可以臉部或指紋等生物科技過濾旅客身分，讓查驗工作更有效率且落實。系統亦可解決現行查驗人力不足問題，以科技取代人工查驗，有效提升國境管理之效率。

　　我國國民只須持「中華民國護照」或「台灣地區入出境許可證（金馬證）」及政府機關核發之證件（如身分證、健保卡、駕照等）至申請櫃台即可免費辦理註冊（持金馬證者，僅限金門水頭商港使用）。申請時電腦會錄存申請人臉部影像或雙手食指指紋（指紋為自願錄存項目，非必要項目），申請書由系統自動印出，申請人再於申請書上簽名確認即完成程序，整個流程大約2分鐘即可完成，節省民眾填表時間。要注意的是，申請人必須年滿14歲，身高要140公分以上，且未受禁止出國處分之有戶籍國民。

　　自101年9月3日起，外來人口自動查驗通關系統亦可提供下列身分旅客之使用：1.永久居留或居留，並具有入國許可身分之外國人；2.外國人持有外交部核發之外交官員證；3.無戶籍國民具居留身分且取得與居留證相同效期之多次入國許可者；4.香港或澳門居民具居留身分且取得台灣地區居留入出境證者；5.大陸地區人民具長期居留身分者。至於外來人口使用自動通關方式者，其自動通關之程序又分為兩類：1.持居留證之外國人（含外交官員證）或無戶籍國民必須：(1)持「居留證」通關，透過護照機讀取辨識；(2)生物特徵識別（臉部辨識與指紋辨識）。2.如若屬於持居留證之港澳居民或大陸地區人民之第二類自動通關者，則必須：(1)持「多次入出境證」通關，透過護照機讀取辨識；(2)生物特徵識別（臉部辨識與指紋辨識）。

　　至於目前可以申辦自動通關之地點包括，1.松山機場入、出境查驗櫃

public/Data/4122410252729.pdf。

台（管制區內）。2.桃園機場第一、第二航廈之入、出境查驗櫃台。3.高雄機場入、出境查驗櫃台。4.高雄機場一樓服務台。5.金門水頭商港入、出境查驗櫃台。6.台中機場入境查驗櫃台（管制區內）。7.台中機場出境查驗櫃台（管制區內）。8.台北市服務站、台中市第一服務站、嘉義市服務站、高雄市第一服務站[27]。

第三節　各國入出境管理系統之比較

　　上一節乃引述美國、德國、歐洲地區之歐盟邊防聯盟，以及我國入出境管理之創新系統作為；同時亦再援引其他國家之國境管理概況。各國在邊境管理與入出境管理方面之創舉與努力，確實足堪全球其他地區之參酌與研究援引。至於其國境安全管理之優劣利弊，則進一步概要比較如後。

　　作為移民與入出境管理較為頻繁的國家之一——美國，自2001年911恐怖分子攻擊紐約州的雙子星摩天大樓之後，其國內之警政策略即演變成應如何從聯邦、各州及地方警察機構整合、聯繫，以便能以此衍生新的策略，能更有效維護國內治安。進而，如何在此種建立溝通、聯繫的平台上，將過去所謂的資訊（information）或資料（data）更進一步發展出有用的情報資訊（intelligence）以便能制敵機先，建立預警機先之治安策略（proactive stance），此為美國911後努力之方向，亦即所謂「情資導向」的新警政策略[28]，對於美國入出境之組織與管理，亦產生甚大之影響。所以為了更有效維護國土之安全，亦要考量社會與經濟之平衡發展，因此美國與各國在移民與入出境的管制方面，如上一節所述有很多新的系統建置。然而在安全與便捷繁榮的雙重因素影響下，往往是利弊互見、甚難決斷與取捨。

　　例如，美國曾對於國土安全與國境保護之平衡點，有下列進退兩難之

---

[27] 內政部移民署，〈入出國自動查驗通關系統〉，瀏覽日期：2016/01/01，http://www.immigration.gov.tw/egate/step.html#step01。

[28] Oliver, "Homeland Security for Policing," (NJ: Upper Saddle River, 2007), pp. 163-169.

爭論與待解決之窘境，今引述其二者之爭議點，供入出境管理之研究者參酌：

一、國土安全部政策之爭議點[29]

（一）美國國土安全部的任務過於廣大，須借助中情局或調查局的情報協助以及建立新的科技去保護美國國境，例如以生物特徵、身分辨識護照等新科技是。

（二）美國911委員會認為911之發生，在於美國官僚體系無法有效監控外國人進入美國，故其建議成立專責單位，亦即創立國土安全部，並採取生物辨識等科技方式去監控之。

（三）批評者認為美國國土安全部雖然成立且整併許多單位，但其內部小單位之官僚體系仍維持一貫作風，並無因為組織之大幅改制而改變。

（四）某些國土安全政策並不被其他國家支持，例如美國要求實施指紋和照相存取外國訪客紀錄，但同時亦免除美國同盟國旅客此項要求，導致巴西等國之不悅因而反制美國。

（五）地方政府雖被要求一同保護國境，但某些地方政府依賴當地外國人的合作及信任以提供治安情報，以及教育體系或醫療體系將被打亂，導致地方政府也不悅中央之政策。

二、移民與國境管制之爭議點

（一）爭議議題乃移民政策，只有少數人認為要完全阻隔移民，多數人認為只要阻絕對美國有敵意之移民或非法移民，但亦有人認為美國乃以移民立國，移民對國土安全的保護受到太大的批評且被嚴重化了。

（二）國境安全之管理牽涉了合法及非法移民，這些安全威脅包括恐怖主義和其他犯罪活動，因此應分別處理之。國土安全研究者Kerry L. Diminyatz更認為主要的國境安全威脅包括有：1.恐怖主義和大規模毀滅性武器。2.毒品走私。3.人口販運。4.傳染疾病。

---

29 White, "Terrorism and Homeland Security," 7th ed., (Wadsworth Cengage Learning, 2012), pp. 517-519.

　　（三）然而現今保護美國國境的單位過廣及過多，無法一次應付上述問題，故建議由美國軍方介入保護美國邊境，直到警力有能力去保護國境爲止。

　　（四）聯邦政府尋求地方執法單位一同打擊非法移民，但地方政府有時並不太願意配合。其乃因爲治安之維護重點在於情資，犯罪調查和治安維護亦需要運用此情資。而其又是達成成功警政之必要關鍵。然而移民社群，無論合法或非法，乃是地方警察甚多情資的重要來源，故而成爲維護社區治安和調查犯罪之重要環節，以至於地方警察在配合聯邦政府取締非法移民時有所顧忌。

　　基於上述爭論，爲了疏解此難題，美國政府國會議員想出一些解決方案與辦法如下[30]：

　　（一）引進「國民身分證件」（national identification card）。

　　（二）立法規範與管制對美國不友善國家移入之難民。

　　（三）訂立特別法來規範與管制那些雖屬合法移民，但對國家產生威脅者。

　　（四）不要驅逐非法移民。

　　（五）提升執法機關的法定機關層級。然而，有些論者認爲這樣會造成政府濫用權力。

　　曾任911調查委員會的成員之一Janice Kephart，她認爲國境安全的漏洞在於執法的懈怠。調查委員會的研究指出，有三分之二的恐怖分子在發動恐怖攻擊前，都曾違反刑事法律。華盛頓郵報的專欄作家Sebastian Mallaby，她認爲非法移民並非國土安全的重心。非法外籍勞工犯罪件數要比本國人來的少，且沒有證據指出他們與回教有關聯，是故國土安全與移民改革的關係不大。她認爲安全工作應該要著重在兩方面：一是針對那些易遭攻擊的目標；另一是針對那些會造成大規模死傷的目標。總之有些論者認爲，非法移民不是個大問題；然而反對論者卻認爲，合法移民確實是個社會問題，更何況是非法移民，更足以影響社會安全與經濟之發展。

---

[30] White, op.cit., pp. 518-520.

　　綜上述意見，美國聯邦執法機關，誠然遭到進退兩難的窘境，因為其不可迴避的，同時扮演著維護國境安全與移民管理機關的角色，而必須在國土安全與移民政策、入境管制上取得平衡[31]。因此前述美國入出境管制之新措施與新科技系統發展，即是此兩因素的交相影響下所產生之新機制。筆者認為其不但會成為未來入出境管理之主流與研發之關鍵影響因素，同時亦值得援用與仿傚。

　　至於前述美國、歐盟、德國及我國在入出境管理之創新作為可以發現，其共同之發展方向即朝著電子化蒐集入境旅客之生物辨識之個人資料，例如指紋及圖像等。其發展或有先後快慢之分，然方向似乎是一致的。對於個資之保護與恰當之使用，在法律之規範上則有研究與討論之需要，這亦可成為未來在發展此類入境管理系統時應予探討的重要課題。因為科技發展的過於迅速，對於入境之查驗技術可有相當之助益，但對於人權與隱私權的同時關注，似乎亦是不可偏廢的議題。

　　另外，美國在其入出境檢查的方案與系統規劃方面，似乎較為多元及便捷。同時各種入出境系統之間又可相互援用，不必重複申請，甚為便民與有效。因此其入出境創新研發與運用之進度，雖然在適用範圍上，大都僅限於少數的國際機場或口岸而已，惟誠然足為各國之借鏡與參考。又美國入出境管理在國際合作方面，亦有很多之開展，例如前述之加拿大、紐西蘭、韓國及西班牙等國，或者與美國建立入出境管制之互惠合作系統，亦或援引美國研發之技術與系統，作為其國入出境管理之革新藍本。

　　然而，在各國入出境相關之情報或訊息的分享與交換方面，以便達到所謂「情資導向警政」之要求，則在入出境情資這個領域，囿於各國邊境安全與機密的考量，國際間則較少有建立入出境情資分享之倡議。筆者認為未來或許可以藉由前述歐洲申根地區（the Schengen area）之邊境管理合作機制，與歐盟邊防聯盟（Frontex）之整體勤務合作模式，在各個地區或各洲，形成情資與人力合作之共享平台，以便能以入出境執法效益與安全為共同考量，消弭各國藩籬，建立聯防態勢。誠如筆者曾建議，

---

31 陳明傳等，《國土安全專論》（台北：五南，2013），頁238。

可以運用跨國犯罪研究者Steven D. Brown對於各國打擊跨國犯罪時，必須以國際間之共同安全議題爲考量暫時不考慮政治的型態或主張，以便創建對抗跨國犯罪的國際組織與合作平台，例如國際刑警組織（International Criminal Police Organization, ICPO or INTERPOL）等是[32]。至於各國入出境之合作與互惠，亦可本諸此類觀念與精神，建立合作系統或平台。在前述美國與英國、德國、荷蘭、巴拿馬、南韓、墨西哥、紐西蘭等國簽署合作之全球入境方案（Global Entry），及2016年亦與我國新簽訂此互惠之入境方案，就是一個很適合全球發展的入出境國際合作之系統，值得研究者之關注與研發。

又前述德國之簡易入境方案乃是德國現有國際機場入境系統的整合方案，其乃爲事先註冊之旅行方案。基於歐盟「智慧型邊境」的概念，德國即曾經與香港簽署相互合作之此類入境之備忘錄，以便使用雙方之自動化電子通關入境之服務。這種合作備忘錄除了有更大的旅遊方便外，更可以促進貿易、商業及旅遊便利性。另外，例如前述美國與紐西蘭簽署入境管理合作之「全球入境方案」，若具備該方案之美國公民，到紐西蘭旅遊，在抵達奧克蘭、威靈頓和基督城等機場時，可以使用一條專用全球入境方案之通道。該通道將精簡美國全球入境會員的入境處理。這一合作倡議乃是美國和紐西蘭之間的協定，用來逐步改善旅客飛行兩國之間的邊界入境流程。以上各國入境管理之國際合作，或可成爲未來全球入出境管理之新典範。也就是各國建構起一個便捷又安全的合作橋樑（Bridging the immigration entrance），使合法安全的旅客能夠快速通關，以便促進全球經濟發展與國際社會的安全、穩定，另外可以使邊境管理人員，集中精力與時間於有潛在危機的人流或物流的查察上，提高執勤效率。

我國自動查驗通關系統（e-Gate）是採用電腦自動化方式，結合生物辨識科技，讓旅客可以自助、便捷、快速的入出國，旅客只要完成自動通關申請註冊後，就可以使用。該系統確實可以疏解查驗櫃台等候時間。我

---

[32] 陳明傳等，前揭書，頁268。Also see Brown, "Ready, Willing and Enable: A Theory of Enablers for International Cooperation," In Brown, Steven. D. ed., Combating International Crime: The Longer Arm of the Law, (NY: Routledge-Cavendish, 2008).

國之e-Gate雖然自101年9月3日起，對於外來人口亦可使用該自動查驗通關系統，但僅止於永久居留或居留，且必須具有入國許可身分之外國人，或者外國人持有外交部核發之外交官員證等特殊身分者才適用之，至於前述美國與紐西蘭簽署合作之全球入境方案，以及德國與香港簽署相互合作之入境備忘錄，以便使用雙方之自動化電子通關入出境方案，亦甚值得我國以及各國入出境管理未來研發與革新之參考。另外，前述美國入出境管理，因為國土安全與經濟、旅遊便捷雙重因素的平衡考量下，所發展出多元便捷有效之新系統，亦甚值得各國借鏡。

第四節　結論

基於美國2001年遭受911恐怖攻擊之經歷，全球對於治安維護之策略起了基本上之革命，又有論者稱之為國土安全的警政發展時期（Homeland Security Policing），而其核心策略即為情資導向之策略（Intelligence Led Policing, ILP）。因此這個治安策略之新發展，亦影響到入出境執法的變革上，也就是生物辨識系統的興起，與各類安全檢查新科技的運用，以便守護邊境避免遭受到恐怖攻擊，或者其他跨國犯罪的危害。然而美國在人權與經濟發展的因素考量下，加上歐盟「智慧型邊境」新概念的興起，遂引發一系列入出境管理系統的快速發展。

綜上所論，各國入出境管理系統之發展，誘發了以下幾點未來發展之努力方向，值得各國關注與研究：

一、建立全球入出境合作之平台，誠有其時代之必要與需求性。全球之入境方案（Global Entry），可能成為一個很適合全球發展的入出境國際合作之系統、平台、標誌或者品牌。亦即在全球建立起入出境之國際橋樑（Bridging the immigration entrance around the world）。然而，截至目前為止，各國入出境管理系統，雖然在安全與科技之運用與創新等方面，均有甚為快速多元的研究與發展，惟在適用範圍上，大都僅限於少數國際機場或口岸，因此推廣到各個機場或口岸，乃各國未來應該努力追求之目

標。

　　二、基於情資導向警政發展與國際警察合作之潮流，建立入出境管理之國際組織或情資分享之平台，實有其必要。目前雖然有國際刑警組織（International Crimminal Police Organization, Interpol）、歐盟警察組織（The European Police Office, European Union's law enforcement agency, EUROPOL）、東南亞國協警察協會（The Association of National Police Forces of the ASEAN Region, ASEANAPOL，東南亞國協之下的組織）或國際機場港口警察協會（International Association of Airport and Seaport Police, IAASP）等等國際組織，但在情資分享、執法合作等方面，都較無法專門對此入出境問題，提出專業諮詢或協力合作管道。

　　三、從前述美國與歐盟入出境管理之創新作為，可以得到兩個啓發，其一乃入出境檢驗之科技日新月異，因此必須持續研發既安全又便捷之技術與流程，以便更有效執行入出境管理之工作。其二乃如歐盟邊防聯盟（Frontex）之整體勤務合作模式，在適當區域內或可建立區域性的各國聯合執勤人力或國際團隊，以便更有效維護區域性之安全。

　　四、對於入出境新科技系統之建置使用，尤其是生物辨識個人資料之截取、使用與人權、隱私權等所引發之爭議，有待從存取之法制規範、使用之範疇與科技系統之周延、穩定性等方面再持續研究發展，以使得其效果最佳，而負面之影響降至最低。

參考文獻

一、中文

陳明傳等，《國土安全專論》（台北：五南，2013）。

二、外文

Brown, S.D., "Ready, Willing and Enable: A Theory of Enablers for International Coopera-tion." In Brown, S.D. ed., Combating International Crime: The Longer Arm of the Law, (NY: Routledge-Cavendish, 2008).

Oliver, Willard M., Homeland Security for Policing, (NJ: Upper Saddle River).

Schleuning, Thorsten Consulate General of the Federal Republic of Germany in Hong Kong, "Bundes Polizei, External Border Management of the Federal Police of Ger-many," (Annual Border Management Conference Taipei 2014).

Shim, Joon-sup, "Immigration Clearance at Incheon International Airport, Republic of Ko-rea," (Annual Border Management Conference Taipei 2014).

White, Jonathan R., Terrorism and Homeland Security 7th ed., (Wadsworth Cengage Learn-ing, 2012).

三、網路資料

內政部移民署，〈國境管理〉，瀏覽日期：2016/01/01，http://www.immigration.gov.tw/ct.asp?xItem=1090254&CtNode=31431&mp=1。

內政部移民署，〈102年年報〉，瀏覽日期：2016/01/01，http://www.immigration.gov.tw/public/Data/4122410252729.pdf。

內政部移民署，〈入出國自動查驗通關系統〉，瀏覽日期：2016/01/01，http://www.immigration.gov.tw/egate/step.html#step01。

外交部，〈我國正式加入美國「全球入境計畫」使國人入境美國更為便捷，2016/04/05外交部第086號最新消息〉，瀏覽日期：2016/04/06，http://www.mofa.gov.tw/News_Content.aspx?n=8742DCE7A2A28761&s=42E13577B8E3100F。

維基百科，〈US-VISIT〉，瀏覽日期：2016/01/01，http://zh.wikipedia.org/wiki/US-

VISIT。

DHS, "Southern Border Campaign Plan," retrieved Jan. 1, 2016 from: http://www.dhs.gov/
sites/default/files/publications/14_1120_memo_southern_border_campaign_plan.pdf.

DHS, "US-VISIT," retrieved Jan. 1, 2016 form: http://testdhsgov.edgesuite.net/files/pro-
grams/usv.shtm.

DHS, "the Trusted Traveler programs- Comparison Chart," retrieved Jan. 1, 2016 from:
http://www.dhs.gov/comparison-chart.

EU2007.DE, "Federal Ministry of the Interior and FRONTEX pursue common goal," re-
trieved Jan. 1, 2016 from: http://www.eu2007.de/en/News/Press_Releases/February/
0222BMIFrontex.html.

Frontex, "Mission and tasks," retrieved Jan. 1, 2016 from: http://frontex.europa.eu/about-
frontex/mission-and-tasks/.

TSA, "TSA Pre✓," retrieved Apr. 24, 2015 from: http://www.tsa.gov/tsa-precheck.

TSA, "Frequently Asked Questions," retrieved Jan. 1, 2016 from: http://www.tsa.gov/tsa-
precheck/frequently-asked-questions.

U.S. Customs and Border Protection (CBP), "About Global Entry," retrieved Jan. 1, 2016
from: http://www.cbp.gov/global-entry/about.

U.S. CBP, "Commissioner Kerlikowske Announces 2 Million Global Entry Members,"
retrieved Jan. 1, 2016 from: http://www.cbp.gov/newsroom/national-media-re-
lease/2015-03-19-000000/commissioner-kerlikowske-announces-2-million.

U.S. CBP, "New Zealand-Arriving in New Zealand," retrieved Jan. 1, 2016 from: http://
www.cbp.gov/global-entry/other-programs/new-zealand.

U.S. CBP, "NEXUS," retrieved Jan. 1, 2016 from: http://www.cbp.gov/travel/trusted-trav-
eler-programs/nexus.

U.S. CBP, "Sentri," retrieved Jan. 1, 2016 from: http://www.cbp.gov/travel/trusted-traveler-
programs/sentry.

U.S. CBP," FAST," retrieved Jan. 1, 2016 from: http://www.cbp.gov/travel/trusted-traveler-
programs/fast.

U.S. CBP, "US Citizens and lawful permanent residents," retrieved Jan. 1, 2016 from:
http://www.cbp.gov/travel.

U.S. CBP, "Electronic System for Travel Authorization," retrieved Jan. 1, 2016 from: http://
www.cbp.gov/travel/international-visitors/esta.

US CBP, "Mobile Passport Control," retrieved Jan. 1, 2016 from: http://www.cbp.gov/travel/us-citizens/mobile-passport-control.

US Library of Congress, "Citizenship Pathways and Border Protection: Comparative Summary," retrieved Jan. 1, 2016 from: http://www.loc.gov/law/help/citizenship-pathways/comparative.php#Introduction.

U.S. Customs and Border protection, "EasyPass," retrieved Jan. 1, 2016 from: http://www.cbp.gov/global-entry/other-programs/easypass.

U.S. Library of Congress, "Citizenship Pathways and Border Protection: Comparative Summary," retrieved Jan. 1, 2016 from: http://www.loc.gov/law/help/citizenship-pathways/comparative.php#Introduction.

Wikipedia, the free encyclopedia, "Border guard," retrieved Jan. 1, 2016 from: http://en.wikipedia.org/wiki/Border_guard#Russia.

www.luchtzak.be, "German Federal Police launches EasyPASS: Speedier border controls for passengers at Tegel Airport," retrieved Jan. 1, 2016 from: http://www.luchtzak.be/airports/berlin/german-federal-police-launches-easypass-speedier-border-controls-for-passengers-at-tegel-airport/.

｜第二章｜
從犯罪預防觀點探討兩岸跨境
網路犯罪之治理

柯雨瑞*、蔡政杰**

第一節　前言

　　隨著資通訊科技的發達，無論是生活在城市或鄉村的現代人，在生活上都已相當依賴資通訊等相關網路設備，也因為資通訊設備改變了人們的生活習慣，犯罪者的犯罪手法也不得不跟著變化，現今的網路犯罪已不像以往傳統的犯罪手法，漸漸取而代之的是透過網際網路上的社群網站[1]（如Facebook、Instagram、Twitter、微博……等）及行動通訊裝置上的APP通訊網路[2]（如LINE、Tango、Mico、Paktor、BeeTalk、WeChat……等）作為犯罪媒介，形成新興的犯罪型態，意即任何一種可接收資通訊號的終端設備，都可能被用來當作犯罪工具，如此一來，布建全球各地的資

** 內政部移民署新竹縣專勤隊副隊長、中央警察大學國境警察學系兼任講師。

[1] 陳彥驊，〈濫用社群網站人蛇集團效率高〉，《台灣醒報》，瀏覽日期：2015/10/01，https://tw.news.yahoo.com/%E7%A4%BE%E7%BE%A4%E7%B6%B2%E7%AB%99%E4%BE%BF%E4%BD%BF-%E4%BA%BA%E8%9B%87%E9%9B%86%E5%9C%98%E6%95%88%E7%8E%87%E6%8F%90%E5%8D%87-091523250.html。根據報導，歐洲刑警組織負責人羅伯溫萊特在倫敦演講時說，歐洲從事人口販運的黑幫，隨著科技日益普及，會使用包括Facebook在內的社群網路，來協助他們犯罪行為，並提升不少效率。

[2] 綜合外電報導，〈上千淫媒，微信串聯拉客。旗下小姐互通，遍及中港澳，逾萬人涉案〉，《蘋果日報》，2015年6月21日，A17版。根據報導，賣淫組織透過微信（WeChat）發布訊息，招攬高社經地位的嫖客，服務範圍遍及香港、澳門、北京、天津、上海、廈門、重慶、太原、哈爾濱、青島、福州、南昌、武漢、杭州、溫州等數十個大城市，涉案人數破萬。

通訊網路，儼然已成為犯罪者從事犯罪行為的重要管道。

網路犯罪的特色之一是犯罪區域不受邊界限制，因此，預防兩岸跨境網路犯罪必須是要整合區域資源，進行跨境合作才能有所成效，以2011年11月29日為例，我警方人員與陸方公安部刑偵局暨江蘇省公安廳專案人員及印尼、柬埔寨、馬來西亞、泰國、斯里蘭卡、斐濟等國家執法機關共同合作，查獲「假冒公安」手法之詐騙集團，八地警方計查獲嫌犯200餘人，成功展現「海峽兩岸共同打擊犯罪及司法互助協議」之成果，並建立起東南亞國家合作共同查緝犯罪的良好關係，這就是跨境網路犯罪治理的典範；尤其兩岸之間同屬中華民族，人文相近、語言互通，犯罪者更較輕易建立犯罪網路，因此，兩岸之間更需要針對跨境網路問題加以有效規範。

較為常見且最直接影響人民生活的網路犯罪行為，為詐欺取財，通常被害人被詐取的財物很難取回，而犯罪者被查獲後之罪刑相對其他犯罪較低，但不論是詐欺取財，或是其他跨境洗錢、色情交易、人口販運、毒品交易及招募組織犯罪等行為，其實都不是新興的犯罪行為，但是若透過網際網路作為犯罪的手段，則會產生不同的犯罪手法和過程，加重執法單位在犯罪偵查上的壓力，又因兩岸在立法上並無對於網路犯罪訂定專法，也造成司法機關審理案件的困難度，故執法單位如擬欲運用犯罪預防的手段，防制網路犯罪發生，並不容易。本文將就兩岸跨境網路犯罪一般狀況，從法令面與執行面，研究其可能之危害性，再從犯罪預防的觀點深入探討，期望能從犯罪預防的觀點，提供兩岸執法單位在偵辦兩岸跨境網路犯罪案件時之參考。

第二節　犯罪預防之定義

犯罪預防是以一種先發式之作為，控制犯罪之發生；與此概念與理論，相類似者，係為預防醫學。在醫療領域，近年來，除了重視傳統之治療醫學外，預防醫學之領域與區塊，額外受到重視與關注，而有所謂三段

五級之預防醫學，如下圖2-1與圖2-2所示。第一段之預防，乃為健康之促進；第二段之預防，乃為疾病之篩檢；第三段之預防，乃為癌症與慢性病之照護，其包括第四級之適當治療、控制病情之惡化，避免進一步之併發症，與限制殘障。第三段之預防，尚且包括第五級各式生理與心理之復健。

公共衛生之三段五級預防

促進健康	特殊保護	早期診斷 早期治療	限制殘障	復健
· 衛生教育 · 適宜營養攝取 · 注意個性發展 · 提供合適工作 · 婚姻座談與性教育 · 遺傳優生保健 · 定期檢康檢查	· 實施預防注射 · 健全生活習慣 · 改進環境衛生 · 避免職業危害 · 預防事故傷害 · 攝取特殊營養 · 去除致癌物質 · 慎防過敏來源	· 找尋病例 · 篩選檢定 · 特殊體檢 · 目的 · 治療和預防疾病惡化 · 避免疾病的蔓延 · 避免併發和續發症 · 縮短殘障時間	· 適當治療以遏止疾病的惡化並避免進一步的併發和續發疾病 · 提供限制殘障和避免死亡設備	· 心理、生理各職能的復健 · 提供適宜的復健醫院、設備和就業機會 · 醫院的工作治療 · 療養院的長期照護
第一級健康	第二級健康	第三級健康	第四級健康	第五級健康
初段預防 健康促進		次段預防 疾病篩檢	參段預防 癌症或慢性病照護	

圖2-1　三段五級之預防醫學[3]

資料來源：陳立昇，《疾病篩檢基本概念》（2005）。

3　衛生福利部國民健康署官網，瀏覽日期：2015/10/05，http://www.hpa.gov.tw/BHPNet/Portal/File/ThemeDocFile/2007082059425/050427%E7%96%BE%E7%97%85%E7%AF%A9%E6%AA%A2%E5%9F%BA%E6%9C%AC%E6%A6%82%E5%BF%B5_2.pdf。

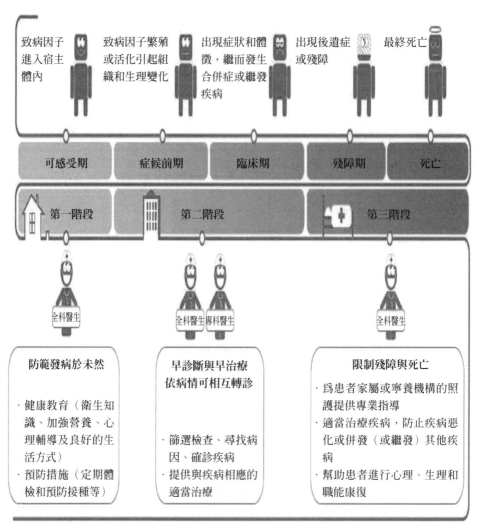

圖2-2　全科醫學之三段五級圖示[4]

資料來源：曹明、程永進、張哲、曹銳生、鄭新杰，《台灣全科醫學模式之我見》（2011）。

　　犯罪（crime），是一種社會上失序之問題[5]，人類因群居而形成社會化，因此需要有一定之秩序來維持社會安定及保障人類之人身安全及財產

安全，廣義而言，只要破壞社會秩序或危害人類之人身安全及財產等安全之行為，就可被歸類為一種犯罪行為；但就司（執）法人員之立場而言，破壞社會秩序或危害人身或財產安全之行為，尚有程度輕重之分，若一概將之視為犯罪行為而予以追懲，亦不符合社會之公平正義，因此，就司（執）法角度對於犯罪而言，係依其行為是否違反刑事法令規範為原則，亦即，社會上一般認知之犯罪定義——「依法論罪」，此屬較為狹義之犯罪行為。

　　至於犯罪之發生原因，各派學說理論不一，古典學派認為：「人類行為是源於人之自由意志和功利主義所產生」，因此犯罪屬人類行為之一種，亦應是由人之自由意志和功利主義所導致而成。此一學派之代表性人物有義大利法學家西薩爾‧貝卡里亞（Cesare Beccaria）及英國之法、哲學家傑里米‧邊沁（Jeremy Bentham）等人。另外，實證學派則認為：「犯罪行為是受到外力或內存之心理因素所決定，不是個人之自由可以選擇」，此一學派之代表性人物有義大利學派之龍布羅梭（Cesare Lombroso）、費利（Enrico Ferri）、加洛法羅（Raffele Garofalo）以及社會主義學派之法國之社會學者艾彌爾‧涂爾幹（Émile Durkheim）等人。

　　犯罪預防之研究領域相當廣泛[6]，國內眾家學者之定義亦不一致，有學者認為，犯罪預防是一種結果導向之作為，是經過設計之活動，目的在於降低犯罪率或犯罪被害之恐懼感[7]；亦有學者認為犯罪預防是一種治本性之工作，在於消除與犯罪有關之因素，預先查覺犯罪行為及原因[8]；另

---

[6]　日本広島県警察本部生活安全部生活安全企画課，防犯パトロールの手引き～安全て安心できるまちづくりのために～。
　　日本吉見町安全・安心まちづくり推進会議，吉見町防犯のまちづくり基本計画（平成25～29年度），2013年。
　　日本京都市文化市民局市民生活部くらし安全推進課，世界一安心安全・おもてなしのまち京都——市民ぐるみ推進運動，第2回推進本部会議資料，2014年。
　　日本東京都町田市市民部防災安全課，町田市安全安心まちづくり推進計画，2013年。
　　日本青森県警察本部生活安全企画課街頭犯罪等抑止対策系，青森県犯罪のない安全・安心まちづくり推進計画，第3次（平成25～27年度），2013年。
　　日本春日部市，春日部市防犯のまちづくり推進計画（平成26～30年度），2014年。

[7]　許春金、陳玉書，《犯罪預防與犯罪分析》，二版（台北：三民，2013）。

[8]　蔡德輝、楊士隆，《犯罪學》，六版（台北：五南，2014）。

有學者認為犯罪預防是科際整合、標本兼治之社會學學科，主要目的在於消除和促進犯罪相關因素、發覺潛伏之犯罪、瞭解犯罪現象、診斷犯罪原因，抑制犯罪行為之發生[9]。綜合以上之論述，本文認為，所謂之犯罪預防，是以研究及分析已經發生之犯罪行為，瞭解犯罪心理、模式，設計預防犯罪行為發生之架構，進行避免犯罪行為之發生，達到維護社會秩序之成效。

復次，就犯罪預防之範疇而論，正因犯罪預防之領域相當廣泛，並無一定之範疇予以規範，部分學者係以公共醫療之理論思維，將犯罪預防層次分為三級預防[10]：

一、初級（一級）預防

初級預防（primary prevention）是屬於最基本之預防工作，亦即從根本做起。就個人層面而言，從小以教育方式，將犯罪預防之觀念內化到兒童及青少年之心理，使其成長後，自然就會有守法之觀念，不會產生犯罪之行為；就整體層面而言，若以更宏觀及深入之角度，初級預防亦在於從家庭、學校、教育、法律、經濟、政治等方向，發覺出犯罪可能發生之因子，從這些犯罪因子去預測犯罪可能發生之風險，再設計相關之危機處理及風險管理措施，從根本去防範犯罪之發生，達到預防之效果，這是屬於全面性之預防作為。

---

[9] 鄧煌發、李修安，《犯罪預犯》（台北：一品，2012）。

[10] 廖福村，《犯罪預防》，（台北：警專，2007），頁5-6。
許春金，陳玉書，同註7，頁6-10。
鄧煌發、李修安，同註9，頁7-8。
Evans, K., Crime Prevention: A Critical Introduction. (USA: SAGE Publications Ltd, 2011).
Fennelly, L. & Crowe, T., Crime Prevention Through Environmental Design, 3rd Edition. (USA: Butterworth-Heinemann, 2013).
Mackey, D & Levan, K., Crime Prevention. (USA: Jones & Bartlett Learning, 2011).
Schneider, S., Crime Prevention: Theory and Practice, Second Edition. (USA: CRC Press, 2014).
Steven P. Lab, Crime Prevention: Approaches, Practices, and Evaluations. 8th Edition. (USA: Routledge, 2013).

二、次級（二級）預防

　　次級預防（secondary prevention）強調介入處遇，透過初級預防之風險管控作為，發覺出風險性偏高之犯罪行為者及其犯罪情境，針對這些特定行為者及情境設計防範機制，透過社會環境改變、監控或社區警政等方式，消除犯罪情境，自然可以降低犯罪風險，避免犯罪行為發生。

三、三級預防

　　它重視治療，是指犯罪發生後，透過刑事司法之各式任意性與強制性作為，如偵查、拘提、逮捕、審判，及相關輔導及矯治機構之教化性作為，使犯罪者不會再犯罪，達到預防犯罪之功能。特別值得加以關注之處，乃三級預防（tertiary prevention）可以運用之技術，還包括：各式犯罪偵查之手法與強制處分權之運用，以利逮捕犯罪人，並使其受審[11]。

　　如將上述三段五級預防醫學之理念，運用於犯罪預防，則犯罪預防之範圍，實應包括：第一級犯罪預防：對於犯罪之全般性預防；其相當於三段五級預防醫學之第一段預防[12]，乃為健康之促進。第二級犯罪預防：針對特殊、高風險犯罪之鑑定與預防；其相當於三段五級預防醫學之第二段預防，乃為疾病之篩檢；第三級犯罪預防：犯罪之偵查、逮捕、審判、矯治與再犯之預防。可以運用之技術，包括：各式犯罪偵查之手法，以利逮捕犯罪人，並使其受審與接受治療。

　　第三級犯罪預防相當於三段五級預防醫學之第三段預防，乃為癌症與慢性病之照護，其包括三段五級預防醫學中之第四級與第五級。是以，真正之犯罪預防，實包括：對於犯罪人如何進行偵查、逮捕、審判、矯治，與如何預防其再犯，它是全方位之控制犯罪對策。而犯罪預防學家之角色，宛如一位全方位之全科醫師。

　　犯罪預防並不是一門單一之學科，它涉及法律學、心理學、犯罪學、

---

[11] 許春金、陳玉書，同註7。

[12] 曹明、程永進、張哲、曹銳生、鄭新傑，《台灣全科醫學模式之我見》（2011），醫學論壇網，瀏覽日期：2015/10/05，http://gp.cmt.com.cn/detail/30561.html。

社會學、經濟學、教育學、政治學、宗教學、犯罪矯治、監獄學等學科之範疇[13]，想深入研究犯罪預防，必然需要整合運用所有之學科，建立系統性架構，始能完備整體犯罪預防之研究範疇。

第三節　兩岸跨境網路犯罪之定義

本文所稱之「兩岸」，係指台灣地區與大陸地區。所稱之「跨境犯罪」，是指同一案件之犯罪行為、犯罪結果、所使用之犯罪工具及其他涉及犯罪相關事項等涉及犯罪之過程，部分在台灣地區，部分在大陸地區，始屬跨境犯罪；亦即跨境犯罪是否成立，是以地區性作為要件，而不以犯罪者之身分作為要件。如同一案件之犯罪過程及結果均在同一地區發生，未有跨地區之情形，雖犯罪者非為本地區人民，在本文定義中，並不屬跨境犯罪[14]。

至於網路犯罪（Cybercrime）一詞的定義，在學界中存在不同的見解，有學者認為網路犯罪只是在新興的網路空間（cyber space）中，利用傳統的手段進行犯罪，其實就是一般白領或組織型的犯罪，未必是全新的犯罪型態或結構[15]；也有學者認為網路犯罪只是日常生活中的通稱，並不是法典中的專用術語，指的是利用電腦網路為工具或環境，透過電腦病毒、蠕蟲、惡意程式、社交工程、網路釣魚等方式，進行犯罪行為[16]；而歐洲理事會（Council of Eurpoe, COE）於2001年11月23日在布達佩斯簽署之「網路犯罪公約」（Convention on Cybercrime）第一章的定義中，僅對於電腦系統（computer system）、電腦資料（computer data）、

---

[13] 鄧煌發，《犯罪預防》，二版（桃園：中央警察大學，1997），頁23。

[14] 如大陸地區人民來台旅遊時遭竊致損失財物，其犯罪發生地及結果地均在台灣地區，雖犯罪者為台灣地區人民，而受害者為大陸地區人民，就本文之定義，亦不屬於跨境犯罪之類型。

[15] 黃秋龍，〈中國大陸網路犯罪及其衝擊〉，《展望與探索》，第6卷第12期，2008年，頁91。

[16] 徐振雄，〈網路犯罪與刑法「妨害電腦使用罪章」中的法律語詞及相關議題探討〉，《國會月刊》，第38卷第1期，2010年1月，頁40-41。

系統服務供應商（service provider）及流量資料（traffic data）等專有名詞給予定義，並未對於網路犯罪（cybercrime）進行定義[17]，然而，就該公約所規範的內容而言，所稱之網路犯罪仍屬於與電腦相關之犯罪行為（Computer-related crime）。

　　不論是從學者的研究或是從國際公約制定的觀點，對於網路犯罪的通識認知，就是與電腦網路相關之犯罪行為，然而若就字義層面從最廣義的思維來解讀，可將「網路」與「犯罪」分開定義，而單就「網路」一詞，不同的學科領域在學術上就有截然不同的定義和解釋，如電力工程學所稱之「網路」（transmission and distribution network），指的可能是輸、配電系統之網路；社會學所稱之「網路」（network），指的可能是社會交換理論（Social Exchange Theory）所解釋的人際互動行為[18]；通訊工程學所稱之「網路」（network or NET），指的可能是通訊系統架構下有線及無線的溝通網路[19]；而資訊工程所稱之「網路」（network），指的可能是資訊或終端設備溝通所使用之有線及無線之網路[20]；而將「網路」與「犯罪」結合解釋，應指的是各學科領域的網路所涉及到實體法之犯罪行為，但是這樣的解釋範圍過於廣泛，也與一般學術界和民眾的認知有所差異。

　　一般而言，在學術界所探討網路犯罪之「網路」，如以學科（門）分類，應屬資訊工程學所稱之網路，但卻又與社會學及通訊工程學之網路具有部分關聯性，因此，網路犯罪則是以電腦為中心而延伸之相關犯罪行為，或是著重於與電子資料處理而涉及財產法益之罪刑[21]；亦有學者認為「網路犯罪」一詞，在學術界中，根本就沒有一個明確的定義；其實務上

---

[17] Council of Europe, Convention on Cybercrime, 2015/10/02, retrieved Oct. 2, 2015 from: http://conventions.coe.int/Treaty/Commun/QueVoulezVous.asp?NT=185&CM=11&DF=6/21/2007&CL=ENG.

[18] 施文玲，〈社會交換理論之評析〉，《網路社會學通訊期刊》，第52期，2006年1月。

[19] 參照「行動通信網路業務基地台設置使用管理辦法」第3條第3款規定，行動通信網路：指由行動通信系統及電信機線設備所構成之通信網路。

[20] 相關網路學術詞彙對照，可參考教育研究院，《雙語詞彙、學術名詞暨辭書資訊網》，瀏覽日期：2015/10/01，http://terms.naer.edu.tw/。

[21] 黃秋龍，同註15，頁90-106。

與「電腦犯罪」之語詞，也很難分辨[22]。若從法律概念論述，檢視台灣地區之法律條文，並無任一法律條文使用「網路犯罪」一詞[23]；因此，想要非常明確定義「網路犯罪」一詞，實屬不易。

在大數據（Big Data）時代的社會，一般社會大眾對於網路的認知，已不再將網路單純視爲是電腦的延伸空間，而是數位科技的代名詞，近年來，智慧型手機及社群網路的運用已造成網路犯罪的轉型[24]，網路犯罪不再只是傳統型的電腦犯罪，網路犯罪已成爲高科技資通訊犯罪之一環[25]。

結合以上各種網路犯罪之定義，本文認爲「網路犯罪」不應單指與電腦相關或其延伸性之犯罪行爲，亦應包含通訊網路（Mobile Communications Network）等數位科技犯罪的範疇。而網路犯罪之本身，除了屬實體法定之罪刑外，尚可包括：犯罪者常常是透過「網路」（含通訊網路）作爲媒介，進而違反實體法定罪刑之犯罪行爲。網路犯罪之定義，可以從多個面向加以切入。

第一個面向，係從是否將「網路」（含通訊網路）作爲犯罪之工具或媒介而論，凡犯罪者違反實體法定罪刑犯罪行爲之過程中，曾利用「網路」（含通訊網路）作爲工具或媒介者，均稱之爲「網路犯罪」，而不論其網路媒介之過程及內容與犯罪要件是否具關聯性，如透過社群網路進行聚眾後，至特定地點鬥毆殺人[26]亦屬之。

---

[22] 徐振雄，同註16，頁40-64。

[23] 經查詢台灣地區法規資料庫，瀏覽日期：2015/10/01，http://law.moj.gov.tw/Index.aspx，僅「內政部警政署刑事警察局組織條例」與辦事細則等規定中，使用「網路犯罪」一詞，而該條例第3條第17款規定，該局掌理事項爲：重大、特殊刑事案件、組織犯罪、電腦網路犯罪、經濟犯罪之偵查及支援等事項。因此所稱之網路犯罪，亦爲電腦網路犯罪之範疇。

[24] 邱俊霖，〈近年科技犯罪趨勢與犯制對策〉，《刑事雙月刊》，第65期，2015年，頁7-11。

[25] 王勁力，〈論我國高科技犯罪與偵查——數位證據鑑識相關法制問題研究〉，《科技法律評析》，第3期，2010年6月，頁7-10。作者將高科技資通訊犯罪類型分爲：1.資訊犯罪；2.電腦犯罪；3.網路犯罪。

[26] 2014年9月14日台北市政府警察局信義分局薛姓偵查佐，於台北市信義區松壽路ATT大樓知名夜店「Spark」門口遭黑道分子毆打致死，其曾姓主嫌即是透過Line軟體短時間內聚眾召集人馬滋事。維基百科，〈2014年台北夜店殺警案〉，瀏覽日期：2015/10/01，https://zh.wikipedia.org/zh-tw/2014%E5%B9%B4%E8%87%BA%E5%8C%97%E5%A4%9C%E5%BA%97%E6%AE%BA%E8%AD%A6%E6%A1%88。

　　第二個面向，係從犯罪行為或結果，是否在網路上發生加以解釋之，如犯罪之行為或結果，在網路上發生者，始稱之為「網路犯罪」，如於公開之社群網路中，以恐嚇之言語表示將至公開場所殺害不特定對象，嚴重影響公安，構成恐嚇罪之要件[27]屬之。

　　「網路犯罪」定義之第三個面向，係從凡犯罪者違反實體法定罪刑之犯罪，其「犯罪構成要件」與網路行為有直接關聯性者，或具有一定之因果關係者，即稱之為「網路犯罪」，如透過人蛇集團架設之網站進行媒介，而從事性交易者屬之。

　　涉及網路犯罪定義之第四個面向，亦有學者專家係從國際公約之角度，論及網路犯罪。在歐洲地區，最有名的防制網路犯罪之公約，係為2004年7月1日正式生效之「關於網路（絡）犯罪的公約」。在此一公約之序言中，有論及「網路犯罪」之定義，此乃指「危害計算機系統（computer system）[28]、網路（絡）和計算機之數據資料的保密性、完整性和可利用性（action directed against the confidentiality, integrity and availability of computer systems, networks and computer data），以及濫用這些系統、網路（絡）和數據之行為（as well as the misuse of such systems, networks and data）」[29]。

　　歐洲網路犯罪公約之簽署國，需要對九類網路犯罪行為，以刑罰

---

[27] 2014年5月21日鄭姓犯嫌在台北捷運板南線列車上隨機殺人，造成4死24傷，其後產生網路效應，許多人於網路社群發言將仿效鄭嫌之殺人行為，經警方積極查辦，共移送在網路上散播恐嚇殺人言語之犯嫌計12人。TVBS，〈模仿鄭捷效應，警方4天內送辦12人〉，瀏覽日期：2015/10/01，http://news.tvbs.com.tw/old-news.html?nid=532949。

[28] Convention on Cybercrime. Article 1 – Definitions
For the purposes of this Convention:
a. "computer system" means any device or a group of interconnected or related devices, one or more of which, pursuant to a program, performs automatic processing of data;
b. "computer data" means any representation of facts, information or concepts in a form suitable for processing in a computer system, including a program suitable to cause a computer system to perform a function.

[29] 楊秀莉，〈2013年中國內地與澳門網絡犯罪的刑法比較及完善建議〉，瀏覽日期：2015/10/01，http://www.ipm.edu.mo/cntfiles/upload/docs/common/1country_2systems/2012_1/p176.pdf。

加以處罰，茲分述於下[30]：1.非法存取（Illegal access）；2.非法截取
（Illegal interception）；3.資料干擾（Data interference）；4.系統干擾
（System interference）；5.設備濫用（Misuse of devices）；6.偽造電腦資
料（Computer-related forgery）；7.電腦詐騙（Computer-related fraud）；
8.兒童色情的犯罪（Offences related to child pornography）；9.著作權及
相關權利的行為（Offences related to infringements of copyright and related
rights）。

本文所指網路（絡）犯罪之定義，擬採用上述歐洲之「關於網路犯罪
的公約」中之定義，並稍作一些調整，而將「網路犯罪」之定義，界定為
「行為人危害計算機系統、網際網路系統與數據之保密性、完整性與可利
用性，以及濫用這些計算機系統、網際網路與其數據之行為。」上述之內
容，係為本文有關「網路犯罪」之定義。

而在「兩岸跨境網路犯罪」之定義部分，乃指「兩岸所屬之行為人危
害他方之計算機系統、網際網路系統、與其數據之保密性、完整性與可
利用性，以及濫用己方或他方之此等計算機系統、網際網路與其數據之
行為。」上述之定義，可從兩個面向加以論述之。第一個面向，是行為
人攻擊或危害他方之計算機系統、網際網路系統、數據與信息之犯行；第
二個面向，是利用互聯網（我方稱網際網路系統）實施之各類型犯行。上
述第一個面向之網路犯行，可稱為兩岸跨境之「網路虛擬犯罪」（virtual
crime）；而第二個面向之網路犯行，可稱為兩岸跨境之「實境犯罪」
（real crime）。

第四節　兩岸跨境網路犯罪之現況與危害性

根據上述網路犯罪之定義，略可將網路犯罪區分為兩種類型，一種為
網路虛擬犯罪（virtual crime），另一種為網路實境犯罪（real crime）。

---

[30] 維基百科，〈網路犯罪公約〉，瀏覽日期：2015/10/01，https://zh.wikipedia.org/wiki/%E7%B
6%B2%E8%B7%AF%E7%8A%AF%E7%BD%AA%E5%85%AC%E7%B4%84。

所謂網路虛擬犯罪，係指駭客（hacker）或病毒（Virus）入侵[31]，指專門破壞資訊系統、竊取、竄改電腦資料、散播電腦病毒等犯罪行為；而網路實境犯罪則是指透過網路作為媒介，進行詐欺取財、從事性交易等犯罪行為。以現行兩岸刑法所訂之電腦犯罪相關條文，如陸方刑法第285條「非法侵入電腦資訊系統罪；非法獲取電腦資訊系統數據、非法控制電腦資訊系統罪；提供侵入、非法控制電腦資訊系統程式、工具罪」、第286條「破壞電腦資訊系統罪」及第287條「利用電腦實施犯罪的提示性規定」，以及我方刑法第三十六章妨害電腦使用罪之第358條「入侵他人之電腦或其相關設備罪」、第359條「無故取得、刪除或變更他人電腦或其相關設備之電磁紀錄罪」、第360條「干擾他人電腦或其相關設備罪」及第362條「製作專供犯罪之電腦程式罪」等規定，均屬於網路虛擬犯罪之範疇。而兩岸對於網路實境犯罪之處罰，仍回歸到犯罪行為本質所違反之罪刑予以處罰[32]。

　　以兩岸跨境網路犯罪之現況而言，常常發生之現象，第一類部分，係為虛擬犯罪之類型，虛擬犯罪通常具有特殊之目的，如侵入特定目標竊取資料、破壞電腦系統或植入惡意程式等，而其特定目標大部分為中、大型企業、政府機關及重要人士，一般小公司、家庭及民眾鮮少會成為網路虛擬犯罪之對象，因此發生地點，集中於中、大型企業、政府機關（含軍事及情報機關）及重要人士。第一類部分，係為因兩岸民間交流情形熱絡，遂造成網路實境犯罪之盛行，如：詐欺犯罪與網路賭博犯罪等。

　　兩岸跨境網路犯罪可能造成之危害如下：

一、造成兩岸犯罪組織合作之形成及擴展，與犯罪擴溢現象

　　兩岸跨境網路犯罪行為，大部分均屬於集團性犯罪，較少有個體犯罪

---

[31] 所謂駭客係指鎖定特定目標，非法入侵，合法存取；而所謂病毒，則無特定目標，合法入侵，非法存取。

[32] 如陸方刑法第287條利用電腦實施犯罪的提示性規定：利用電腦實施金融詐騙、盜竊、貪汙、挪用公款、竊取國家秘密或者其他犯罪的，依照本法有關規定定罪處罰。又如我方刑法第339條之4第3款，對於以廣播電視、電子通訊、網際網路或其他媒體等傳播工具，對公眾散布而犯詐欺罪者，有較重之刑罰規定。

之情形，在兩岸犯罪集團為謀求更大之不法利益之前提下，通常都會跨組織合作，如此將使犯罪組織網更為綿密且複雜，且造成犯罪擴溢現象，增加執法機關在案件偵查上之困難度；再者，跨境犯罪組織之間因合作關係而進行擴展，會增加犯罪的區域性，也會對兩岸社會造成更大的不安定性，並增加執法機關的查緝成本。

二、造成犯罪被害人追償困難

　　網路犯罪原本即具有大量傳播、即時性、匿名性等特性[33]，在證據蒐集及加害人追查上即屬不易，若再屬跨境犯罪之性質，基於兩岸法律規定不一及管轄權等問題，犯罪被害人將難以對於加害人進行法律上之追償，因此，犯罪者將更有恃無恐，而使跨境網路犯罪更加猖獗。

三、破壞兩岸交流之互信基礎

　　自2008年以來，兩岸之間各項交流日益頻繁，單2014年入境台灣地區之大陸地區人民即高達將近400萬人[34]，不論是人民及官方均有相當程度之交流及互信基礎。但是，因為跨境網路犯罪行為之情況若過於嚴重，在一定程度上，將會破壞雙方交流之互信基礎，造成雙方人民之間的彼此不信任，甚至產生排斥感，影響兩岸交流之契機。

第五節　兩岸跨境網路犯罪的治理困境

　　在兩岸執法人員治理兩岸跨境之網路犯罪部分，所遭遇的困境，筆者檢視與綜合整理相關文獻，並與相關學者、警察與主任檢察官相互討論之結果，彙整如下：

---

[33] 王勁力，〈電腦網路犯罪偵查之數位證據探究〉，《檢察新論》，第13期，2013年，頁15。

[34] 數據來源：移民署，公務統計數據，瀏覽日期：2015/10/01，http://www.immigration.gov.tw/ct.asp?xItem=1291286&ctNode=29699&mp=1。

一、陸方民眾對於如何防制來自於我方之電信詐欺犯行，仍普遍未具防範之意識與作為

　　本文茲以「三千萬城堡別墅機房」兩岸電信詐欺之組織犯罪案為例，說明陸方之民眾，對於來自我方之電信詐欺，仍普遍欠缺電信詐欺犯罪預防之犯防意識與作為。本案電信詐欺組織犯罪集團之首領人物，綽號「阿東」。此一電信詐欺組織犯罪集團之犯罪手法，具有以下特點[35]：

　　（一）該犯罪組織之機房，係設在我方高雄市仁武區鳳仁路；

　　（二）該詐騙集團行騙之對象，亦即，被害人分布之地點，係在陸方，遍及陸方多個省分；

　　（三）電信詐欺之手法（方式），主要係透由網際網路，以語音「群發方式」，利用隨機發送之手段，發送該犯罪組織之詐騙語音；

　　（四）在電信詐欺之內容方面，其犯罪劇情如下所述：先劃分為三組，第一組劃編為陸方武漢市、南通市等各省市之「醫保局」人員；第二組劃編為「福州市公安局」之公安人員；第三組劃編為陸方之「檢察官」；該犯罪組織之任務分工，共分由以上三個組別（部門），各司其職。當陸方民眾接獲來電之後，第一組人員會謊稱：被害人之醫保卡在福州市被濫用，亦即，其醫保卡被犯罪人盜辦，並購買國家之管制藥品，涉嫌違法，請被害人應立即向陸方之「福州市公安局」報案；第一組工作人員，再將上述被害人之電話，以層層轉接之掩護手法，轉接至第二組之工作人員；第二組工作人員，佯稱為陸方被害人製作「線上筆錄」，騙稱被害人所屬之銀行帳戶，已被利用，而提供犯罪集團洗錢，涉嫌觸犯陸方之洗錢罪；第二組工作人員遂將電話轉接至第三組；第三組所屬之假冒檢察官，向陸方被害人聲稱，須進行被害人之「資金比對清查」，要求陸方被害人將所謂「司法保證金」，匯款至指定帳戶。假若，陸方被害人果真將「司法保證金」匯款至上述詐騙集團「指定帳戶」，該款項事實上已流入

---

[35] 土城分局，〈刑事局偵破「三千萬城堡別墅機房」兩岸電信詐欺集團案〉，2015年5月19日，新北市政府警察局新莊分局官網，http://www.xinzhuang.police.ntpc.gov.tw/cp-492-11757-18.html。

上述電信詐欺犯罪集團之帳戶中，陸方被害人當下已無法取回。在上述電信詐欺之流程中，第二組工作人員之辦公背景脈絡，該犯罪組織尚會使用警用無線電之呼叫聲，與鳴放警車之警報器，透由這些背景聲音，以更取信於陸方被害人。被害人聽到這些背景聲音，更加誤以為該犯罪組織第二組之人員，果真為陸方「福州市公安局」之公安人員。

（五）在被害人與金額方面，該犯罪組織自2014年10月，即正式運作進行詐欺犯行，截至2015年4月22日被我方檢察官拘提為止，獲利超過新台幣數千萬元，陸方被害人數遍及多個省分，被害總人數超過1萬人以上。

就本案而言，陸方之被害人，具有以下特點：

（一）對於透由網際網路而來之電話語音，特別是來自於台灣之電話語音，陸方被害人接收語音電話之後，無法於非常短之數秒內，立即判讀此為來自於台灣之語音；或者，係來自於陸方內地之語音電話；

（二）陸方被害人在與電信詐欺犯罪集團成員對話時，未提高警覺性，而未能判別來電說話者之語音模式與腔調，並非陸方之人民，而是我方民眾；

（三）陸方被害人在接收犯罪組織第一組工作人員之來電，瞭解其來電內容之後，未能掛斷電話，以「事後查證」之方式，立即向陸方有關單位，諸如：醫保局求證，究竟其醫保卡是否果真被盜用？其次，陸方被害人在接通電信詐欺犯罪集團第二組工作人員之後，針對其所指稱之被害人銀行帳戶涉嫌洗錢乙事，陸方被害人未立即掛斷電話，轉而向其所屬銀行求證，究竟其銀行帳戶，是否已涉嫌洗錢？再者，當陸方被害人已瞭解上述犯罪組織第三組工作人員所指稱之內容後，未立即掛斷電話，轉而向所屬檢察院查證，是否果真有「司法保證金」之機制？由於陸方被害人連續錯失三次「事後查證」之機會，最後，其銀行帳戶內之資金，遂被詐騙至犯罪組織之帳戶中。

（四）陸方被害人對於「電信詐欺」之名稱、概念、犯行模式、犯罪手法與犯罪損害等，未具有犯罪預防之意識；

（五）陸方被害人對於來電之發話者，究竟是否屬於「犯罪人」？無

法作出正確判斷，過於相信發話者所言，未具備「事後查證」之意識。

二、兩岸與第三地之跨境網路賭博線上遊戲，極具誘惑媚力，民眾極易沉迷其中而不知業已觸法

　　2013年12月13日，兩岸執法人員共同攜手合作，偵破我方最大宗的網路賭博「金船娛樂城案」；「金船娛樂城」是簽賭網站之站名，其犯罪之手法與方式，詳如下述[36]：

　　（一）它是屬於涉及兩岸與第三地之網路賭博犯罪案件，在此「金船娛樂城」簽賭網站內，賭客可以隨意購買與兌換各大簽賭網站之「籌碼」與「點數」；再者，賭客若持有非屬賭博屬性，而是屬於一般娛樂性質之博奕網站點數，「金船娛樂城」網站亦提供可將上述點數兌換成現金之服務[37]；此外，該賭博網站亦提供相當便利之賭資（金）交付機制，亦即，賭客可在我方各大超商付款，並列印繳費之單據，代表業已交付賭資，即可進行數百種網上博奕遊戲，令賭客相當著迷。

　　（二）「金船娛樂城」簽賭網站宛然成為華人地區之「地下網路賭博匯兌中心」；為何其具有「網路賭博匯兌中心」之屬性？因它公開販售與兌換各大簽賭網站之籌碼與點數。

　　（三）「金船娛樂城」的主嫌，均為我方民眾，但其網站之主機，則架設在加拿大；而其客服系統，則架設於陸方；是以，它以跨越兩岸與加拿大之經營模式，逃避被偵破之風險，運用分散被逮捕風險之方式，進行網上賭博網站之經營。

　　（四）本案之所以被我方偵破，主因在於我方刑事警察局偵查第9大隊第1組之偵查人員，主動發現該簽賭網站；之後，我方刑事警察局與陸方「網安局」相互交換該賭博網站之情資；我方在陸方「網安局」之協助下，取得該網站之重要情資，成功鎖定犯嫌在我方之網路IP，長期蒐證之

---

[36] 內政部刑事警察局，〈國內首宗兩岸合作偵破最大網站賭博第三方支付中心〉，2013年12月14日，內政部刑事警察局官網，http://www.cib.gov.tw/news/Detail/29436。

[37] 點數兌換成現金之行為，觸犯我方之刑法賭博罪。刑法第268條：「意圖營利，供給賭博場所或聚眾賭博者，處三年以下有期徒刑，得併科三千元以下罰金。」

後，將其偵破；在簽賭之金額部分，超過上億元新台幣，其危害性相當嚴重。

（五）「金船娛樂城」之犯罪手段，乃在其簽賭網站上宣稱，可協助線上玩家轉賣（轉售）點數，實際上，則是與其他網上簽賭網站相互掛勾，以外觀上，看似合法「代售」點數之手法，實則掩護「非法」遊戲點數之變現（將籌碼換回現金，即構成賭博罪[38]）。

（六）「金船娛樂城」之兌換點數機制，它連結多個知名線上賭博網站，包括：黃金俱樂部、皇家娛樂城、太陽遊戲城、運動娛樂王等；而其線上賭博之遊戲項目則包括：眞人百家樂、眞人三公、輪盤、骰寶、鬥地主、麻將、梭哈、21點、職棒球類簽賭與電子博奕遊戲，共百種以上，相當誘惑民眾簽賭。

（七）賭客支付賭金之方式，類似於第三方支付之手法，而變現線上博奕遊戲之點數。

執法機關在預防本案之網路賭博犯罪時，遭遇以下困境：

（一）該網站之主機，架設在加拿大，而非在兩岸；兩岸執法人員即使啓動「兩岸共同打擊犯罪及司法互助」機制，仍然無法查扣「金船娛樂城」之主機。

（二）利用類似於第三方支付手法，免除線上簽賭時，須以「上線」或「組頭」之方式，收取賭金，逃避交付賭金之風險。

（三）加入賭局之低門檻，與從事一般線上遊戲無異，容易令民眾誤

---

[38] 我方之電子遊戲場業管理條例第14條，亦有相關規定：

「電子遊戲場業得提供獎品，供人兌換或直接操作取得；限制級電子遊戲場每次兌換或取得獎品之價值不得超過新台幣二千元；普通級電子遊戲場每次兌換或取得獎品之價值不得超過新台幣一千元。

電子遊戲場業之兌換，不得有下列各款之行爲：

一、提供現金、有價證券或其他通貨爲獎品。

二、買回提供給客人之獎品。

獎品之價值以業者原始進貨發票作爲兌換獎品價值之依據。

獎品價值之上限，主管機關得依物價波動，逐年調整。

經中央主管機關許可之非營利性公益性團體，得經營公益收購站，收購限制級電子遊戲場所兌換之獎品。」

以爲於此「金船娛樂城」將點數或籌碼兌換成現金之行爲，未構成賭博罪。

（四）該網站以「代售」籌碼與點數之合法手法與外表，掩護非法的遊戲點數變現爲金錢，易令民眾誤以爲「金船娛樂城」係屬合法之網站，迷惑民眾之判斷能力。

三、兩岸跨境犯罪組織利用新興網路通話軟體進行犯罪計畫之溝通，查緝與監聽不易

以兩岸跨境毒品犯罪爲例，根據劉邦乾之研究[39]，我方之三級毒品K他命，在毒品市場之中，占有主流地位；我方之K他命主要來源地，係爲陸方；毒品犯罪組織在從事販運過程中，具有以下特色[40]：

（一）毒品犯罪組織會與黑幫組織進行策略性合作，亦即，黑幫之勢力，亦會介入兩岸跨境毒品犯罪組織；

（二）K他命從陸方運輸至我方之運毒路線，主要以海路運輸爲主；

（三）兩岸跨境之毒品犯罪組織，亦使用網路電話與新興通話軟體，諸如：QQ、SKYPE或LINE進行相互連繫，逃避查緝。

兩岸執法人員於預防兩岸跨境網路犯罪之過程中，就毒品犯罪與網路犯罪之結合而論，主要之執法問題如下所述：

（一）若就毒品犯罪而言，其利益龐大，極易吸引犯罪組織投入此一毒品市場，俾利獲取暴利；

（二）我方之民眾與學生，對於K他命之需求，相當龐大；亦即，就需求面，市場上有龐大之民眾愛好施用K他命；

（三）極爲少數之兩岸執法人員，甚至加入毒品組織犯罪行列中；

（四）毒品非常難以戒治，當我方民眾一涉及施用K他命之後，不易戒治，反覆施用，遂促使供給之陸方，不斷地輸出K他命；由於陸方不斷

---

[39] 劉邦乾，《海路毒品販運組織及其犯罪手法之研究》（台北：國立台北大學犯罪學研究所碩士論文，2013），頁5-130。

[40] 同上註。

輸出K他命，更促使我方K他命之氾濫；

　　（五）台灣海峽海面地理之便，利於兩岸毒品犯罪組織以隱匿之方式，運毒進入我方；

　　（六）假若兩岸跨境毒品犯罪組織分子使用QQ、SKYPE、WeChat與LINE相互連絡毒品販運計畫，因此等新興通話軟體保密性極強，無法監聽，常導致偵查中斷，無法繼續偵辦；

　　（七）假若兩岸跨境毒品犯罪組織之犯嫌，其使用QQ、SKYPE、WeChat與LINE相互連繫，在此情形下，如兩岸執法人員於其QQ、SKYPE、WeChat或LINE之發話方，或接收方之電腦或手機中，輸入監聽與搜索之電腦特殊軟體，以利監聽案情發展，此種之特種偵查作為，是否合憲？有無侵犯人權（通訊自由權與隱私權）？頗具爭議性。

四、兩岸執法機關，對於台灣跨境電信網路詐欺犯罪行為之偵查權、司法管轄權、懲處之刑度與司法互助等，漸缺乏共識，衝突時起

　　兩岸執法機關，對於台灣詐欺罪犯於兩岸外之第三地，諸如：罪犯位於非洲之肯亞，利用跨境電信網路設備，向大陸人民施詐之罪行的偵查權、司法管轄權、懲處之刑度與司法互助等，缺乏共識，衝突時起。本文茲以發生於2016年之肯亞跨境電信網路詐欺案為例，其跨境電信網路詐欺犯罪之手法與方式，詳如下述[41]：

　　（一）肯亞跨境電信網路詐欺案之犯罪人，係從中國大陸登機，飛至非洲之肯亞，利用非法入境之方式，進入肯亞。之後，利用肯亞之跨境電信網路設備，向中國大陸人民施詐[42]。

　　（二）本案之肯亞跨境電信網路詐欺案之被害人，全部均是中國大陸人民，無任何台灣人被害。根據筆者之觀察，此種犯罪手法，有可能會博取台灣人民之另類同情心，亦即，渠等尚非罪大惡極，因其犯罪對象，並

---

[41] 內政部刑事警察局，〈國內首宗兩岸合作偵破最大網站賭博第三方支付中心〉，2013年12月14日，內政部刑事警察局官網，http://www.cib.gov.tw/news/Detail/29436。

[42] 楊明暐，〈肯亞：中國入境，所以遣返中國〉，《中國時報》，2016年4月13日，A2版。

非台灣人民。台灣人民苛責本案之力道，有可能會被此種之吾等並非被害人，與事不關己之心態（又非我被騙），而未強力地加以非難。肯亞跨境電信網路詐欺案之犯罪人，善巧地掌握上述台灣人民之事不關己心態，其遭受犯罪非難之程度，有趨於較弱之情勢。

（三）因其犯罪之對象，並非台灣人民，亦即，犯罪結果地並非在台灣，故部分人士即主張，台灣無領域管轄權[43]。

（四）共計有45位之跨境電信網路詐欺案之台灣民眾，被遣返回中國大陸。

（五）在此45位之跨境電信網路詐欺案中，多位之犯罪人，其被起訴之罪名，係為無照經營電信業，但被肯亞法院判決無罪，仍遭肯亞警察扣留，交給中國大陸[44]。

（六）在本案中，事實上，此45位跨境電信網路詐欺案之犯罪人，其不法之犯罪所得，約為5億新台幣[45]，但肯亞司法系統，竟無法將其定罪。由此可看出肯亞之司法系統，無法有效地抗制此類跨境電信網路詐欺犯罪。

兩岸執法人員於預防兩岸跨第三地（如肯亞）之跨境網路電信詐欺案犯罪之過程中，主要執法問題如下所述：

（一）肯亞政府主張，跨境網路電信詐欺案之犯罪人，係從中國大陸登機，即從中國出境，故須遣返回中國大陸[46]。但，我國政府主張國籍國管轄權，應遣返回台灣，兩國之見解不一。

（二）不僅肯亞司法系統無法有效地抗制此類跨境電信網路詐欺犯罪（將多數犯罪人判決無罪），甚至是我國政府司法體系，亦無法有效地抗制、壓制與制裁此類跨境電信網路詐欺犯罪。

---

[43] 蕭博文，〈法界：有國人受騙，我才有審判權〉，《中國時報》，2016年4月13日，A2版。

[44] 唐筱恬、蕭承訓、蕭博文、林郁平，〈大陸辦詐欺罪，強行遣送台灣人。法部：符合刑事管轄原則〉，《中國時報》，2016年4月13日，A2版。

[45] 同上註。

[46] 楊明暐，同註42。

（三）跨境電信網路詐欺之犯罪人，似乎已掌握肯亞之司法系統，以及我國政府之司法體系，均無法有效地抗制、壓制與制裁此類之跨境電信網路詐欺犯罪，故令其有機可乘，遊走於兩國司法漏洞間，進而對中國大陸人民進行跨境電信網路詐欺犯罪。

（四）是否應將此45位跨境電信網路詐欺案之犯罪人，遣返回台灣，國內見解分為兩派，多數人之見解，主張應將此45位跨境電信網路詐欺案之犯罪人，遣返回台灣；少數人士，則持反對意見。中國大陸之意見，則幾乎均反對將此45位跨境電信網路詐欺案之犯罪人，遣返回台灣。

（五）我國政府由馬英九前總統下令，須將此45位跨境電信網路詐欺案之犯罪人，遣返回台灣，依據上述總統指令，我國組成一個協商團，共計有10人，由法務部國際及兩岸法律司之司長陳文琪女士領隊，至中國大陸進行協商，我方提出三項具體之要求：1.探視關押台嫌；2.查看卷證；3.遣返台嫌。中國大陸之主張：有關共同取證，以及遣返45位跨境電信網路詐欺案之犯罪人回台灣之部分，無法立即答應，須再協商[47]。

（六）究竟大陸地區是否屬於中華民國憲法上之固有領域？國內之見解不一，其所導致之管轄權見解，即會不同。假若，主張大陸地區仍是屬於中華民國憲法上之固有領域，則依據刑法第3條之規定，本法在中華民國領域內犯罪者，適用之。亦即，我國仍有領域管轄權及國籍國管轄權；反之，假若主張大陸地區並非屬於中華民國憲法上之固有領域，則無法依據刑法第3條之規定，主張我國仍有領域管轄權。此時，所適用之條文，即須變更為刑法第7條之屬人原則。依據刑法第7條之規定：「本法於中華民國人民在中華民國領域外犯前二條以外之罪，而其最輕本刑為三年以上有期徒刑者，適用之。」然而，由於刑法第339條之4之加重詐欺罪[48]，其

---

[47] 陳柏廷、林郁平、高興宇、唐筱恬，〈共同取證，將人送回台，要再談。我協商團：今探視關押台嫌〉，《中國時報》，2016年4月21日，A3版。

[48] 刑法第339條之4（加重詐欺罪）：
「犯第三百三十九條詐欺罪而有下列情形之一者，處一年以上七年以下有期徒刑，得併科一百萬元以下罰金：
一、冒用政府機關或公務員名義犯之。
二、三人以上共同犯之。
三、以廣播電視、電子通訊、網際網路或其他媒體等傳播工具，對公眾散布而犯之。

刑度為1年以上7年以下，不符合最輕本刑3年以上之罪之規定與要求，故此等犯罪人之犯罪行為，返台接受審判之結果，均是不罰[49]。是以，我國如主張九二共識，「一個中國，各自表述」之中華民國憲法上之傳統見解，較對我方有利，較能得出中華民國仍是具有領域管轄權之結論。

（七）有論者主張可依跨國移交受刑人法，將此45位跨境電信網路詐欺案之犯罪人遣返回台灣。然本法之適用，乃為國與國之移交，不適用兩岸之移交，故本文認為，最後有可能仍是循《兩岸共同打擊犯罪及司法互助協議》將嫌犯從中國遣返回台。

（八）根據中國刑法第266條之規定：「詐騙公私財物，數額較大的，處三年以下有期徒刑、拘役或者管制，並處或者單處罰金；數額巨大，處三至十年有期徒刑，並處罰金；數額特別巨大處十年以上有期徒刑或無期徒刑，並處罰金或沒收財產。」所謂數額特別巨大，即人民幣20萬元以上，本案之不法犯罪所得，約為5億新台幣，故假若由中國大陸審判此45位跨境電信網路詐欺案之犯罪人，有可能被判處無期徒刑，相較於我國刑法之科刑，恐有過度嚴格之情形，在此種情形下，此45位跨境電信網路詐欺案之犯罪人所受到之懲處，相較於國內跨境電信網路詐欺案之犯罪人之刑度，恐有不公平之處。據此，仍有必要將此45位跨境電信網路詐欺案之犯罪人遣返回台為佳，對於渠等基本人權之保障，較為周詳與完整。

第六節　從犯罪預防觀點研析兩岸跨境網路犯罪防制的未來可行對策

兩岸警察與公安機關對於兩岸跨境網路犯罪之犯防機制，如從犯罪預防觀點加以剖析，可採行之對策，如下所述[50]：

前項之未遂犯罰之。」

[49] 謝啟大，〈別鬧了，我國如何審判這些詐欺犯啊？〉，《聯合新聞網》，瀏覽日期：2016/04/22，http://udn.com/news/story/7339/。

[50] 王勁力，同註25，頁7-10。

一、加強與提升兩岸民眾對於兩岸跨境網路犯罪預防之意識、觀念與作法。

二、兩岸警察與公安機關宜於海峽兩岸共同打擊犯罪及司法互助協議中,加入防制兩岸跨境犯罪之犯罪預防(包括網路犯罪之預防)之內容與範疇。

三、兩岸警察與公安機關宜共同攜手合作制訂預防兩岸跨境犯罪(包括兩岸跨境網路犯罪之預防)之各式短、中、長期犯防計畫。

四、加大兩岸警察與公安機關對於違法網站之監控力道。

五、提升兩岸網路巡邏密度。

六、建構舉發兩岸跨境網路犯罪之系統。

七、建構兩岸網路巡邏志工之機制。

八、利用情境犯罪預防理論之觀點,建構兩岸治安機關監控網路犯罪之機制。

九、兩岸之執法部門均應更完善並妥適地規劃跨境網路犯罪之立法工作,以達到犯罪預防的效果[51],亦可參照澳門、加拿大與澳洲之立法例,考量制定專門抗制跨境網絡犯罪專法之可行性。

十、兩岸執法部門宜精進化跨境網路犯罪之預防機制,可行之作法,

王勛力,同註33,頁15。

孟維德、黃翠紋,《警察與犯罪預防》(台北:五南,2015)。

邱俊霖,同註24,頁7-11。

施文玲,〈社會交換理論之評析〉,《網路社會學通訊期刊》,第52期,2006年。

徐振雄,同註16,頁40-41。

許春金,同註5。

許春金,陳玉書,同註7,頁6-10。

許福生,《犯罪學與犯罪預防》(台北:元照,2016)。

黃秋龍,同註15,頁90-106。

廖福村,同註10,頁5-6。

劉邦乾,同註39,頁5-130。

蔡德輝、楊士隆,同註8。

鄧煌發,同註13,頁23。

鄧煌發、李修安,同註9,頁7-8。

戴雅真,〈台LINE犯罪頻,破案率1.86%〉,大紀元新聞,瀏覽日期:2014/12/24,http://www.epochtimes.com/b5/14/12/24/n4325452.htm。

51 如增修我方將刑法第266條所規範之公共「場所」或公眾得出入之「場所」之範圍,擴大包括至電腦網路。

雙方似可建立「跨境網路犯罪預防」實體及虛擬之交流平台，擴大辦理科學技術及實體法律之研討及交流。

十一、台灣執法部門宜重視跨境網路犯罪偵查人力之培育與在職訓練機制，同時，宜強化與提升跨境網絡犯罪偵查人力之專業素質與知能，俾利有效地抗制跨境網絡犯罪之惡行。

十二、持續與新興通話軟體之公司，諸如：QQ、SKYPE或LINE進行相互連繫，請其提供破解其通訊封包之解密軟體與技術給予我方警察之監聽機關。

十三、我方警察機關宜積極研議如何提升罪犯利用即時通訊軟體LINE犯罪之破案率（目前僅1.86%）。

十四、我國如主張九二共識，「一個中國，各自表述」之中華民國憲法上之傳統見解，對我方打擊跨境網路電信詐欺犯罪較有利。我方比較有憲法上之基礎，主張領域管轄權

第七節　結論

就兩岸跨境網路犯罪之定義與範疇方面，犯嫌之犯罪型態，除了危害他方之計算機系統網路（含網際網路系統），及其數據之保密性、完整性與可利用性之外，應另包括：濫用己方或他方之計算機系統網路（含網際網路系統）、網際網路功能與其數據之行為。在此種脈絡下，兩岸跨境通訊網路犯罪（Mobile Communications Network）等數位科技犯罪的範疇，亦應屬網路犯罪之一環。是以，如行為人透由手機與平板電腦等工具，濫用網際網路之系統，進行兩岸跨境之各式犯罪計畫，均屬於涉及網路犯罪之相關範疇內。

兩岸警察與公安在預防兩岸跨境網路犯罪之議題上，面臨以下困境：

一、陸方民眾對於如何預防與防制來自於我方之電信詐欺犯行，仍普遍未具有防範之意識與作法；

二、涉及兩岸與第三地之跨境網路賭博線上遊戲，極具誘惑媚力，民

眾極易沉迷其中，而不知業已違法；

　　三、兩岸跨境犯罪組織利用新興網路軟體，如：QQ、LINE、WeChat 與SKYPE等，進行犯罪計畫之聯繫，查緝與監聽不力，造成犯罪擴溢效應；

　　四、兩岸執法機關，對於台灣跨境電信詐欺罪犯罪行為之偵查權、司法管轄權、懲處之刑度與司法互助等，漸趨缺乏共識，衝突時起。

參考文獻

一、中文

王勁力，〈電腦網路犯罪偵查之數位證據探究〉，《檢察新論》，第13期，2013年。

王勁力，〈論我國高科技犯罪與偵查——數位證據鑑識相關法制問題研究〉，《科技法律評析》，第3期，2010年。

孟維德、黃翠紋，《警察與犯罪預防》（台北：五南，2015）。

邱俊霖，〈近年科技犯罪趨勢與犯制對策〉，《刑事雙月刊》，第65期，2015年。

施文玲，〈社會交換理論之評析〉，《網路社會學通訊》，第52期，2006年。

徐振雄，〈網路犯罪與刑法「妨害電腦使用罪章」中的法律語詞及相關議題探討〉，《國會月刊》，第38卷第1期，2010年。

許春金，《犯罪學》（台北：三民，2007）。

許春金、陳玉書，《犯罪預防與犯罪分析》，二版（台北：三民，2013）。

黃秋龍，〈中國大陸網路犯罪及其衝擊〉，《展望與探索》，第6卷第12期，2008年。

廖福村，《犯罪預防》（台北：警專，2007）。

劉邦乾，《海路毒品販運組織及其犯罪手法之研究》（台北：國立台北大學犯罪學研究所碩士論文，2013）。

蔡德輝、楊士隆，《犯罪學》（台北：五南，2014）。

鄧煌發，《犯罪預防》（桃園：中央警察大學，1997）。

鄧煌發、李修安，《犯罪預防》（台北：一品，2012）。

二、外文

Evans, K. Crime Prevention: A Critical Introduction. (USA: SAGE Publications Ltd, 2011).

Fennelly, L. & Crowe, T. Crime Prevention Through Environmental Design, Third Edition. (USA: Butterworth-Heinemann, 2013).

Mackey, D. & Levan, K. Crime Prevention. (USA: Jones & Bartlett Learning, 2011).

Schneider, S. Crime Prevention: Theory and Practice, Second Edition. (USA: CRC Press, 2014).

Steven P. Lab. Crime Prevention: Approaches, Practices, and Evaluations. 8th Edition. (USA: Routledge, 2013).

三、日文

日本広島県警察本部生活安全部生活安全企画課，防犯パトロールの手引き～安全て安心できるまちづくりのために～。

日本吉見町安全・安心まちづくり推進会議，吉見町防犯のまちづくり基本計画（平成25～29年度），2013年。

日本京都市文化市民局市民生活部くらし安全推進課，世界一安心安全・おもてなしのまち京都——市民ぐるみ推進運動，第2回推進本部会議資料，2014年。

日本東京都町田市市民部防災安全課，町田市安全安心まちづくり推進計画，2013年。

日本青森縣警察本部生活安全企画課街頭犯罪等抑止対策係，青森県犯罪のない安全・安心まちづくり推進計画，第3次（平成25～27年度），2013年。

日本春日部市，春日部市防犯のまちづくり推進計画（平成26～30年度），2014年。

四、網路資料

土城分局，〈刑事局偵破「三千萬城堡別墅機房」兩岸電信詐欺集團案，新北市政府警察局新莊分局〉，瀏覽日期：2015/10/01，http://www.xinzhuang.police.ntpc.gov.tw/cp-492-11757-18.html。

中華人民共和國公安部，〈公安部與美國警方聯合摧毀全球最大中文淫穢色情網站聯盟〉，瀏覽日期：2015/10/30，http://app.mps.gov.cn:8888/gips/contentSearch?id=2871356。

立法院，〈「防制網路霸凌」公聽會：立委王育敏召開公聽會，研商網路霸凌防制〉，瀏覽日期：2015/11/12，http://www.ly.gov.tw/03_leg/0301_main/public/publicView.action?id=6512&lgno=00004&stage=8。

刑事警察局偵查第9大隊，〈國內首宗兩岸合作偵破最大網站賭博第三方支付中心〉，瀏覽日期：2015/10/01，http://www.cib.gov.tw/news/Detail/29436。

林宜隆、葉家銘，〈論述ISMS資訊安全管理系統發展網路犯罪預防策略的新方法〉，發表於教育部TANet 2008研討會（台北：教育部，2008），瀏覽日期：2015/11/1，http://www.powercam.cc/show.php?id=678&ch=23&fid=119。

教育研究院，「雙語詞彙、學術名詞暨辭書資訊網」，瀏覽日期：2015/10/01日期：2015/10/05，http://gp.cmt.com.cn/detail/30561.html。

移民署，〈公務統計數據〉，瀏覽日期：2015/10/01，http://www.immigration.gov.tw/ct.asp?xItem=1291286&ctNode=29699&mp=1。

陳立昇，〈疾病篩檢基本概念〉，瀏覽日期：2015/10/05，http://www.hpa.gov.tw/BHPNet/Portal/File/ThemeDocFile/2007082059425/050427%E7%96%BE%E7%97%85%E7%AF%A9%E6%AA%A2%E5%9F%BA%E6%9C%AC%E6%A6%82%E5%BF%B5_2.pdf。

陳彥驊，〈濫用社群網站，人蛇集團效率高〉，《台灣醒報網站》，瀏覽日期：2015/10/01，https://tw.news.yahoo.com/%E7%A4%BE%E7%BE%A4%E7%B6%B2%E7%AB%99%E4%BE%BF%E4%BD%BF-%E4%BA%BA%E8%9B%87%E9%9B%86%E5%9C%98%E6%95%88%E7%8E%87%E6%8F%90%E5%8D%87-091523250.html。

楊秀莉，〈2013年中國內地與澳門網絡犯罪的刑法比較及完善建議〉，《一國兩制研究》第1期，瀏覽日期：2015/10/27，http://www.ipm.edu.mo/cntfiles/upload/docs/research/common/1country_2systems/2012_1/p176.pdf。

資策會科技法律研究所，〈加拿大「保護加拿大國民遠離網路犯罪法」生效，保障國民免受網路霸凌〉，瀏覽日期：2015/11/12，https://stli.iii.org.tw/ContentPage.aspx?i=6845。

維基百科，〈網路犯罪公約〉，瀏覽日期：2015/10/01，https://zh.wikipedia.org/wiki/%E7%B6%B2%E8%B7%AF%E7%8A%AF%E7%BD%AA%E5%85%AC%E7%B4%84。

台灣地區法規資料庫，瀏覽日期：2015/10/01，http://law.moj.gov.tw/Index.aspx。

戴雅眞，〈台LINE犯罪頻，破案率1.86%〉，瀏覽日期：2015/11/12，1.86%http://3318.3322.slyip.net/pk/index.php?url=1l1i181xyByKygy90hyD1A1VzNyX1-CzMx11QzPyoyBzu1j06zz1WzO1X1O0uyEygy9y41f1ozY1HyK1C0jyj0XyLywyJ0U0c1fyhyE0RyKymy0yi0Iylym1q1lyu141m1Gyk1ryE1CyR1FyQyoyIyXybyz141i-1Hyd0Kyj1tyN1xya。

Council of Europe, "Convention on Cybercrime", retrieved Oct 2, 2015 and Jun 5, 2015 from: http://conventions.coe.int/Treaty/Commun/QueVoulezVous.asp?NT=185&CM=11&DF=6/21/2007&CL=ENG.

Twelfth United Nations Congress on Crime Prevention and Criminal Justice, "Working paper prepared by the Secretariat on recent developments in the use of science and technology by offenders and by competent authorities in fighting crime, including the case of cybercrime, A/CONF.213/9", retrieved Oct 2, 2015 from: http://www.unodc.org/documents/crime-congress/12th-Crime-Congress/Documents/V1050320e.pdf.

從「源頭安全管理」觀點探討大陸地區人民來台之「國境人流管理」機制之現況與未來可行之發展對策

柯雨瑞*、蔡政杰**

第一節　前言

　　近年來，政府極力推動兩岸交流，除開放大陸地區人民來台觀光、健檢醫美，也放寬大陸地區人民來台從事專業活動、商務活動、社會交流活動等條件，使大陸地區人民來台之人數急轉直上，2007年時，單年度來台之大陸地區人民僅有29萬餘人，至2015年11月，單年度來台之大陸地區人民已高達將近400萬餘人（如圖3-1）[1]，短短8年間，大陸地區人民來台人數成長約13倍以上，且呈逐年成長之趨勢，對於如此龐大之入境人數如何落實國境管理，實為一大挑戰；更何況，兩岸之間政治關係仍處於緊張局勢，兩岸人民對於國家主權之爭點亦為各自表述，就國家安全之層次而言，如果僅一味地開放大陸地區人民來台，而忽略安全管理之作為，恐亦不符合台灣地區人民對於政府之寄望。

　　馬英九總統於2012年2月21日在總統府接見歐亞集團（Eurasia

---

*　中央警察大學國境警察學系專任教授。

**　內政部移民署新竹縣專勤隊副隊長、中央警察大學國境警察學系兼任講師。

[1]　資料來源：內政部移民署，〈公務統計數據〉，瀏覽日期：2015/04/20，http://www.immigration.gov.tw/ct.asp? xItem=1291286&ctNode=29699&mp=1。

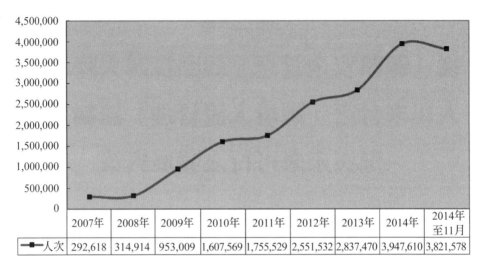

	2007年	2008年	2009年	2010年	2011年	2012年	2013年	2014年	2014年至11月
人次	292,618	314,914	953,009	1,607,569	1,755,529	2,551,532	2,837,470	3,947,610	3,821,578

圖3-1　2007年至2015年11月大陸地區人民入境台灣地區人數成長圖[2]

Group）總裁伊恩・布雷默（Ian Bremmer）時表示，政府將持續以「風險極小化、機會極大化」[3]作為原則，推展兩岸關係，並使其達到過去60年來最好及最穩定之時刻[4]。目前台灣政府在處理兩岸關係之安全管理準則，也幾乎都是遵循著「風險極小化、機會極大化」之方向前進。換言之，在執行兩岸事務時，仍須以降低風險為重，之後，始擴大兩岸交流之契機，而要降低風險，最好之方法，即須從加強安全機制著手。

　　開放兩岸交流是現階段政府執政重要績效之一，而最能直接展現成果之績效指標，就是大陸地區人民來台之人數，以及所帶來之經濟效益，大陸地區人民來台人數增加，理論上而言其經濟效益自然伴隨提升，也會帶

---

[2] 資源來源：內政部移民署，〈移民署官方網站業務統計數據〉，瀏覽日期：2015/04/30，http://www.immigration.gov.tw/ct.asp? xItem=1291286&ctNode=29699&mp=1。

[3] 「風險極小化、機會極大化」之重要特色如下：(1)它涉及風險管理工作；(2)它與「兩岸和解制度化、增加台灣對國際社會之貢獻以及結合國防與外交」之政策產生連動；(3)它是屬於「壯大台灣、連結亞太、布局全球」之一種方式。

[4] 請進一步參閱：中華民國總統府，〈全民焦點：兩岸和解──風險極小化、機會極大化〉，瀏覽日期：2013/03/04，http://www.president.gov.tw/Default.aspx?tabid=1103&rmid=2780&itemid=26540。

動國內各項產業之發展；例如：大陸地區商務人士來台，有助提升國內企業之商業利益；陸客來台觀光，則能增加在地消費，促進觀光相關產業發達；而近年來所開放之大陸地區人民來台接受健康檢查或醫學美容，除宣揚我國國際醫療品質之高水準，亦令醫院增加額外收入。

　　不過，政策指標通常都爲兩面刃，若來台之大陸人民素質，均在水準之上，當然能順利達到政策開放之預期成果；反之，若大陸人民來台後，即從事與許可目的不符之活動，造成社會問題，容易使台灣民眾對於政府極力推行之兩岸政策產生負面觀感，又若來台之大陸地區人民以特殊身分來台從事統戰工作，則將影響國家安全之層次。故本文即是從大陸地區人民來台人數增加之觀點，以及所產生之負面影響，探討源頭安全管理之重要性。而大陸人民來台之安全管理，屬於國境安全管理之一環，若從源頭管理之角度探討，則應著重在如何有效進行入境前之審查，令對我國有益之大陸地區人民來台，而將對我國可能有負面影響之大陸地區人民阻絕於境外；當然尚須依靠相當嚴謹之國境安全管理作爲[5]。

第二節　國境人流源頭安全管理概論

一、「源頭安全管理」之重要性

　　安全係一種抽象之感受，從不同之研究領域來探討各有其不同之定義，例如：以國土安全之研究範圍爲例，國土安全涉及探討國家面臨外在攻擊（如恐怖主義）、天災侵襲（如颱風、地震）時之預防、處理及從災害中迅速加以復原等善後狀況[6]；國土安全結合執法、災難、移民與反恐

---

[5]　根據謝立功教授之研究，兩岸關係雖趨緩，但中國大陸仍是持續對我進行情工滲透，從民國97年5月20日迄100年9月止，我國國安團隊已偵破國人遭中共吸收從事間諜案，共計約10件，中國大陸對台灣情蒐範圍擴大，我國仍需慎防中共情工人員來台之後，與國人進行勾聯布建，並蒐集相關國家安全情報。以上請參閱：謝立功，〈大陸地區人民來台現況及因應作爲〉，《展望與探索》，第9卷第9期，2011年，頁29-35。

[6]　國土安全研究係相當專業之領域，此處僅爲概念引述，國土安全之詳細理論，可進一步參閱：汪毓瑋，《國土安全（上）》（台北：元照，2013），頁1-75。陳明傳、蔡庭榕、孟維

議題[7]，在此國土安全研究領域來看，預防危害發生係安全之概念、即時處理進行中之危害係安全之概念、對於危害造成之損傷，進行善後復原亦是安全之概念，此為頗全面性之安全概念，亦所謂廣義之安全概念。

假若從另外一個研究領域加以探討，就犯罪行為造成個人傷害之觀點觀察，僅要個人身體有因犯罪行為而造成損傷，即無法稱為安全，亦即從個人之角度而言，安全係不容許有絲毫之傷害發生，此係屬於比較狹義之安全概念。不同之學者對於安全概念均會根據其研究領域限制而給予不同定義，故安全之概念，很難有一致之標準性[8]。然而，從眾多研究之通說上，大部分學者對於安全之概念，仍係比較趨向於狹義之安全，亦即安全應該係在於避免危害之發生，著重於保存主體現況之完整性，不容許安全維護之主體受到傷害或毀損，故比較偏重於預防性之安全，而要達到預防性之安全，配套之管理作為就顯得格外重要。

有關安全管理之定義，計有以下數種：1.運用最少之資源，達到無意外事件之最大效益[9]；2.係為實現安全之目的，而透由組織及運用人力、物力、財力等各種物質資源之過程，它利用計畫、組織、指揮、協調、控制等管理機能，控制來自於人之不安全行為，避免發生傷亡事故，保證人們之生命安全與健康[10]。

而源頭安全管理屬於風險管理之一環，所謂事出必有因，欲找出解決問題之道，必然先要探索問題發生之起因，也就是要追尋問題之源頭。在台灣地區國境人流管理之制度上，雖已有相當完備之法令，但是，若遇有心人士以偽變造身分或持假證件申請來台，沒有做好源頭安全管理之作

德、王寬弘、柯雨瑞、許義寶、謝文忠、王智盛、林盈君、高佩珊，《移民理論與移民行政》（台北：五南，2016）。陳明傳、駱平沂，《國土安全之理論與實務》（桃園：中央警察大學，2010），頁56-201。陳明傳、駱平沂，《國土安全導論》（台北：五南，2010），頁21-165。

[7]　汪毓瑋，《國土安全（上）》（台北：元照，2013），頁1-75。

[8]　安全之定義，可參閱楊翹楚，《移民政策與法規》（台北：元照，2012），頁273-276。

[9]　王曉明，〈安全管理理論架構之探討〉，發表於風險管理與安全管理學術研討會（桃園：中央警察大學、政治大學公共行政學系合辦，2006），頁16。

[10]　此部分有關安全管理之定義，係改寫來自於：安全管理網，〈安全管理之定義〉，瀏覽日期：2013/08/12，http://www.safehoo.com/Manage/Theory/201003/40388.shtml。

爲，仍然是防不慎防。處理問題之最佳方法，即是避免問題發生。梅可望博士於處理警察業務基本原則中提及，其第一重要原則，即是「事前預防重於事後處置」[11]之觀念。而要達到事前預防之效果，除找出問題之源頭外，更要進一步將安全管理與問題源頭作有效之結合。

二、國境人流源頭安全管理

有關於國境人流之「源頭安全管理」（source security management）之定義，乃指爲實現安全之目的，由組織及運用人力、物力、財力等各種軟、硬體資源之過程，並利用設計、規劃、計畫、組織、指揮、協調、控制等管理之機能與機制，從人流與資訊流移動之源頭端開始著手，高度控制來自於人流與資訊流之不安全行爲，避免民眾及社會發生傷亡事故，達到確保民眾生命安全與健康之目標。

國境人流之源頭安全管理，根據本文綜合相關文獻資料之研究，它具有以下重要特色：1.終極之核心目的，係要實現人流與資訊流安全之目標；2.國境人流之源頭安全管理所處理之標的物，係爲國境人流與資訊流，而非國境物流；3.它涉及資源之有效運用，諸如：組織及運用人力、物力、財力等各種軟、硬體資源；4.運用科學管理之各式機能，諸如：設計、規劃、計畫、組織、指揮、協調、控制等機制；5.從人流與資訊流移動之源頭端開始著手管理；6.高度控制來自於人流及資訊流之不安全行爲；7.避免民眾及社會發生傷亡事故，儘量達到無意外事件之最大效益；8.確保民眾生命安全與健康之目標，讓民眾處在無憂無慮之狀態中。

以國境人流管理而言，人員之入出境管理，大致上可分爲四大階段：1.入境前之身分審查；2.入境時證照查驗；3.入境後之居停管理；4.必要時之強制驅逐出國之出境手段[12]。在此四個階段中，入境前之身分審查及入

---

[11] 梅可望博士提出處理警察業務之五大基本原則爲：(1)事前預防重於事後處置；(2)主動重於被動；(3)經常重於臨時；(4)最先5分鐘重於最後5分鐘；(5)運用民眾力量與運用警察力量並重。參考梅可望等人合著，《警察學》（桃園：中央警察大學，2008），頁67-69。

[12] 有關入出國（境）管理制度及其流程之機制，王寬弘教授認爲：係指針對入出一國國境之人、物（包含貨物及交通工具）所施行措施之總稱。就人之管理部分，約略可含括入出國前

境時之證照查驗，係屬於預防性之安全管理作為，進一步而言，若要達到阻絕非法於境外，落實源頭安全管理，則要從入境前之身分審查階段做起。

國際間對於跨國之人口移動均有一定之管理規範，本國人欲進入其他國家之前，須獲得該國之同意，取得該國核發之簽證或事先同意以免簽證方式進入該國，否則，基於國家主權之行使，係有權拒絕其他國家之人民進入國內。國家在核發外國人簽證之前，最重要之處，乃是先審查入境者之身分，確認其入境後，不會對國家及社會造成危害，而基於阻絕非法於境外之安全概念，審發簽證之工作，一般均係在原屬國進行，由申請人在原屬國向欲入境國家派駐當地國之駐外使領館申請簽證，此種境外申請簽證之管理作為，在國境人流之管理上，即屬於源頭安全管理之作為。

另外，除簽證申請之外，在國際機場之人流安全管理作為上，大多先進國家均利用資訊系統之運作來達到源頭安全管理之效果，例如美國政府規定，所有進入或離開美國之飛機均必須向海關及邊境保護署提交電子艙單，而美國之海關及邊境保護署有架設一個入口網站，專門在處理電子艙單之訊息，此網站系統稱為電子航前旅客資訊系統（Electronic Advance Passenger Information System, eAPIS）；又例如加拿大在旅客入出境資訊管理之部分，由加拿大國境事務署（CBSA）負責，採用航前旅客資訊系統（Advance Passenger Information, API）及旅客資訊系統（Passenger

---

之申請許可，入出國當時之國境管理，入國後之居停留管理，以及必要時出國之強制。以上請參閱：王寬弘，〈大陸地區人民進入台灣相關入出境法令問題淺探〉，發表於2011年人口移動與執法學術研討會（桃園：中央警察大學國境警察學系）。王寬弘，〈大陸地區人民進入台灣相關入出境法令問題淺探〉，《國土安全與國境管理學報》，第17期，2012年，頁155-185。王寬弘，〈移民與國境管理〉，收錄於陳明傳、蔡庭榕、孟維德、王寬弘、柯雨瑞、許義寶、謝文忠、王智盛、林盈君、高佩珊等合著，《移民理論與移民行政》（台北：五南，2016）。此外，可進一步參閱以下之重要文獻：許義寶，《入出國法制與人權保障》，二版（台北：五南，2014）。汪毓瑋，〈從歐盟聯合調查組之運作探討跨境執法合作之發展〉，《國土安全與國境管理學報》，第20期，2013年，頁105-149。謝立功，《由國境管理角度論國土安全防護機制》，行政院國家科學委員會補助專題研究計畫成果報告，2007年，頁6-7。蔡政杰，《開放大陸地區人民來台觀光對我國國境管理衝擊與影響之研究》（桃園：中央警察大學外事警察研究所（國境組）碩士論文，2012）。Singapore Immigration & Checkpoints Authority. ICA annual report 2009. (Singapore: ICA, 2009), pp. 65-70。

Information System, PAXIS），用來查詢和分析旅客姓名紀錄（PNR）資料。

　　就我國而言，目前內政部移民署亦成立「入出國查驗監控中心」，採用航前旅客資訊系統（Advance Passenger Information System, APIS），用此項系統，過濾旅客之資料[13]。以上這些系統，最主要之功能，即是在於當旅客從出發國登機之際，相關資料即會立即傳輸到目的國，由目的國進行背景查核及安全分析，在旅客尚未到達目的國之前，該國已經知道哪些旅客具有危害性，待旅客到達後，即可拒絕入境，或作其他處置，此均為國境人流源頭安全管理之重要措施之一。

第三節　兩岸交流仍存在非常巨大之安全性問題

　　根據日本平成25年（2013年）防衛省《防衛白皮書》第一篇第一章第三節有關於中國部分（含台灣）之文獻內容指出，中國大陸對於台灣問題之認知，係認為這是牽涉中國大陸國家主權之「核心問題」，故對於此一課題，中國大陸特別加以重視之。中國大陸軍事能量之現代化之主要目標之一，即在於阻止台灣之獨立[14]。

　　中國大陸最優先面臨之課題，係為處理台灣之獨立問題，及當台灣宣布獨立之時，對於支援台獨運動之外國軍隊能進行有效阻止。簡而言之，中國人民解放軍最主要之建軍目標，即要：1.殲滅台獨；2.阻止外國軍隊支援台獨[15]。

　　中國大陸在國防預算方面，就2013年而言，國防預算約略為7,202億人民幣，約為3兆5,484億新台幣。就台灣而論，我國之國防預算約略為

---

[13] 參閱蔡政杰，《開放大陸地區人民來台觀光對我國國境管理衝擊與影響之研究》（桃園：中央警察大學外事警察研究所（國境組）碩士論文，2012）。

[14] 日本防衛省，〈防衛白書〉，瀏覽日期：2013/08/26，http://www.mod.go.jp/j/publication/wp/wp2013/pc/2013/index.html。

[15] 同上註。

3,145億新台幣[16]，兩者相差約為11倍。中國大陸所公布之國防預算，持續地快速增長。過去10年以來，國防預算業已成長4倍；過去25年以來，國防預算成長之規模，業已高達33倍（參表3-1）。

海峽兩岸之軍力，具有以下特色[17]：

一、就陸軍軍力而論，儘管中國人民解放軍擁有壓倒性之兵力數量，但其向台灣本島進行登陸攻擊之能力，卻是有限。亦即，上述之兵力，其登陸作戰能力有其侷限性。中國人民解放軍為了解決上述缺點，近年來，

表3-1　2013年海峽兩岸軍力之比例

		中國大陸	台灣	倍數比
總兵力		約230萬人	約29萬人	7.9倍
陸上戰力	陸上兵力	約160萬人	約20萬人	8倍
	戰車	98A/99型、96/A型、88A/B型，合計約8,200輛	M-60型、M-48A/H型，合計約1,420輛	5.8倍
海上戰力	艦艇	146.9萬噸級約970艘	21.7萬噸級約360艘	2.7倍
	驅逐艦、巡防艦	約80艘	約30艘	2.7倍
	潛水艇	約60艘	約4艘	15倍
	海軍陸戰隊兵力	約1萬人	約1.5萬人	0.67倍
空中戰力	作戰飛機	約2,580架	約510架	5倍
	現代戰鬥機	J-10*268架，Su-27/J-11*308架，Su-30*97架，以上第四世代戰鬥機合計為673架。	Mirage幻象2000*57架，F-16*146架，經國號*128架，以上第四世代戰鬥機合計為331架。	2倍
國防預算		3兆5,484億新台幣	3,145億新台幣[17]	11倍
參考	兵役役期	2年	1年	2倍

註：本表引自於日本平成25年（2013年）防衛省防衛白皮書[19]，並經由作者重新再加以整理兩者軍力之倍數比率。

---

[16] 林郁方，〈新增軍事投資偏低〉，《中央通訊社》，2012年9月1日。

[17] 同上註。

[18] 同註14。

[19] 同註14。

努力地建造大型之登陸艦，以提升其登陸作戰之能力。

　　二、關於中國人民解放軍海、空軍軍力方面，中國不僅具有壓倒性之海、空軍數量，且近年來，亦著實地強化其現代化。就台灣而論，海、空軍軍力之優勢，在於重視質之面向，然而，由於中國人民解放軍海、空軍正強化其現代化，故台灣海、空軍軍力之優勢，並不突出。

　　三、中國人民解放軍所擁有之多數短距離導彈，在射程方面，均能涵蓋台灣。對於來自中國大陸之導彈威脅，日本防衛省認為，台灣國防部缺乏有效之對處與回應措施。

第四節　開放大陸地區人民來台概況

　　1989年台灣開放大陸地區人民可以來台探親，但當時因為兩岸人民對彼此生活狀況瞭解有限，再加上當時政治因素之影響，一直到2007年之前，台灣社會之氛圍，仍無法友善對待大陸地區人民，在如此時空背景下，台灣政府對於大陸地區人民來台申請案件審查均相當嚴格，台灣地區人民對於大陸地區人民之來台，則懷有高度之不信任感與輕視[20]；那時，台灣政府對於大陸政策，係採閉鎖態度，造成當時之台灣民眾，普遍認為來台之大陸地區人民絕大部分，均是心懷不軌、另有企圖，因此，兩岸人民之間鮮有交流，彼此對待之態度，亦不友善。

　　2008年5月，馬英九先生當選中華民國總統，以開放兩岸交流為主要施政方針，且以兩岸政策作為施政績效，逐漸開放兩岸各階層人民之交流，使來台之大陸地區人民人數大幅增加，兩岸交流日趨平穩。行政院大陸委員會亦曾委託國立政治大學選舉研究中心於2012年11月30日至12月3日以電話訪問台灣地區20歲以上成年民眾，共完成1,070個有效樣本[21]，其

---

[20] 而早期來台之大陸地區人民是相當沒有地位，男性大陸地區人民常被稱為「阿六仔」（閩南語發音），大多被認為是來台灣非法打工賺錢；女性大陸地區人民，年紀稍長者，會被稱為「大陸婆仔」（閩南語發音），大多被誤認為係來台騙取老榮民之退休金；年紀較輕之女性大陸地區人民，被稱為「大陸妹」，稍有姿色者，即會被誤認為係來台從事性交易。

[21] 政治大學選舉研究中心，《「民眾對當前兩岸關係之看法」民意調查》，行政院大陸委員會

中對於「對兩岸交流速度之看法」，認為「剛剛好」之民眾有39.8%，另有31.7%之民眾認為「太快」，17.8%之民眾認為「太慢」。至於有高達3成以上之民眾會認為兩岸交流開放太快，可以從兩方面來觀察，一是兩岸主要交流之法令修正頻率與其他法令比較下，高出許多；另外，從修法之內容考察，可明顯發現法令之管制作為，係逐步寬鬆化（如表3-2）；另一方面則是可從近幾年來大陸地區人民來台人數增加之情形看出開放之幅度（如圖3-1至圖3-4）。

　　另外，根據上述國立政治大學選舉研究中心之實證統計調查，民眾認知大陸政府對我政府之態度，「不友善」（52.2%）比例高於「友善」（28.2%）；而在對我人民態度上，有44.4%之民眾認為不友善，38.8%之民眾認為友善，亦清楚顯示多數之台灣民眾，對於大陸仍是存有一定程度之疑慮與不安全感，此和政府一心想開放兩岸政策之方針是有衝突性，亦說明政府在開放兩岸交流之同時，仍需提出相對之安全管理配套措施，俾利令民眾可安心接受兩岸開放之交流，而非對於兩岸開放之狀況，抱持恐懼、懷疑、不信任與擔憂之態度。

　　另外政府於2012年1月始開放大陸地區人民以健檢醫美事由申請來台，開放至今，以該事由來台總人數雖然不多，但成長速度頗快，且因其安全管理機制似存有疏漏之虞，因此，本文亦將其列為主要研究指標之一。健檢醫美事由首年開放時，對大陸地區人民並無設定任何條件，只要是大陸地區之人民，均可透由行政院衛生福利部公告合格之醫院，代申請或委託綜合或甲種旅行社代至入出國及移民署（2015年1月2日已更名為內政部移民署）申請，當年開放來台總人次計有5萬3,901人，平均每月來台人次為4,491人。

　　然而，因來台健檢醫美陸客違規情況嚴重[22]，2012年12月政府修正法令，將來台健檢醫美之陸客比照來台個人旅遊之陸客，限制申請資格[23]，

　　委託研究案（台北：國立政治大學選舉研究中心執行，2012）。信賴度為95%，抽樣誤差在±2.99%。

[22] 將於之後實務分析章節深入討論相關違規情形。

[23] 申請資格需年滿20歲，且具一定之財力證明文件：參閱大陸地區人民進入台灣地區許可辦法

表3-2　大陸地區人民申請來台法規修正頻率一覽表[24]

法規名稱	修正法令頻率
大陸地區人民進入台灣地區許可辦法[25]	1.2008年4月16日修正。 2.2009年6月8日及8月12日各修正1次。 3.2010年1月15日修正。 4.2011年5月24日及12月20日各修正1次。 5.2012年12月28日修正。 6.2013年12月30日與「跨國企業內部調動之大陸地區人民申請來台服務許可辦法」、「大陸地區專業人士來台從事專業活動許可辦法」及「大陸地區人民來台從事商務活動許可辦法」整併，修正發布全文。
大陸地區人民在台灣地區依親居留長期居留或定居許可辦法	1.2008年3月7日修正發布全文。 2.2008年11月14日修正。 3.2009年8月12日修正。 4.2010年1月15日修正。 5.2012年11月23日修正。
大陸地區人民來台從事觀光活動許可辦法	1.2008年6月20日修正。 2.2009年1月17日、12月1日各修正1次。 3.2010年8月16日修正。 4.2011年6月22日修正。 5.2012年1月20日修正。 6.2013年4月22日及7月30日各修正1次。 7.2015年3月26日修正。

第48條規定。

[24] 筆者自行查閱各項法規沿革，及筆者本身曾參與部分法規修正之經驗，自行彙整製表。大陸地區人民來台辦法相當繁雜，本表僅就筆者個人於移民署服務所見，以目前大陸地區人民來台之主要法規臚列整理，並未將大陸地區人民來台之依據辦法全數臚列。

[25] 有關於大陸地區人民進入台灣之入出國法源：在憲法位階爲憲法增修條文第11條；在法律位階爲台灣地區與大陸地區人民關係條例；在行政命令位階爲依據司法院釋字第497號解釋指出：中華民國81年7月31日公布之台灣地區與大陸地區人民關係條例係依據80年5月1日公布之憲法增修條文第10條（現行列爲第11條）「自由地區與大陸地區間人民權利義務關係及其他事務之處理，得以法律爲特別之規定」所制定，爲國家統一前規範台灣地區與大陸地區間人民權利義務之特別立法。內政部依該條例第10條及第17條之授權分別訂定「大陸地區人民進入台灣地區許可辦法」及「大陸地區人民在台灣地區定居或居留許可辦法」，明文規定大陸地區人民進入台灣地區之資格要件、許可程式及停留期限，係在確保台灣地區安全與民眾福祉，符合該條例之立法意旨，尚未逾越母法之授權範圍，爲維持社會秩序或增進公共利益所必要，與上揭憲法增修條文無違，於憲法第23條之規定亦無牴觸。以上請參閱：王寬弘，〈大陸地區人民進入台灣相關入出境法令問題淺探〉，發表於2011年人口移動與執法學術研討會（桃園：中央警察大學國境警察學系）。王寬弘，〈大陸地區人民進入台灣相關入出境法令問題淺探〉，《國土安全與國境管理學報》，第17期，2012年，頁155-185。

表3-2 大陸地區人民申請來台法規修正頻率一覽表（續）

法規名稱	修正法令頻率
大陸地區專業人士來台從事專業活動許可辦法	1.2008年7月31日、10月31日及12月30日各修正1次。 2.2009年6月5日及6月28日各修正1次。 3.2010年1月15日修正。 4.2011年5月6日修正。 5.2012年10月24日修正。 6.2013年12月30日整併。
大陸地區人民來台從事商務活動許可辦法	1.2009年6月5日修正。 2.2010年4月2日修正。 3.2011年5月16日修正。 4.2012年1月20日修正。 5.2013年1月25日修正。 6.2013年12月30日整併。
跨國企業內部調動之大陸地區人民申請來台服務許可辦法	1.2010年4月2日修正。 2.2013年12月30日整併。

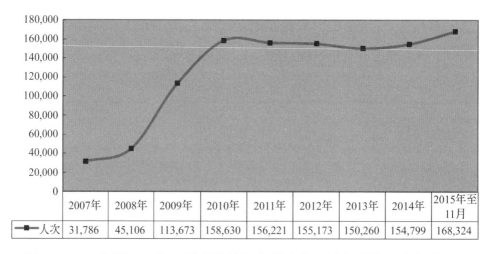

	2007年	2008年	2009年	2010年	2011年	2012年	2013年	2014年	2015年至11月
人次	31,786	45,106	113,673	158,630	156,221	155,173	150,260	154,799	168,324

圖3-2 2007年至2015年11月大陸地區專業人士入境台灣地區人數成長圖[26]

---

[26] 資源來源：內政部移民署，〈移民署官方網站業務統計數據〉，瀏覽日期：2015/04/30，http://www.immigration.gov.tw/ct.asp? xItem=1291286&ctNode=29699&mp=1。

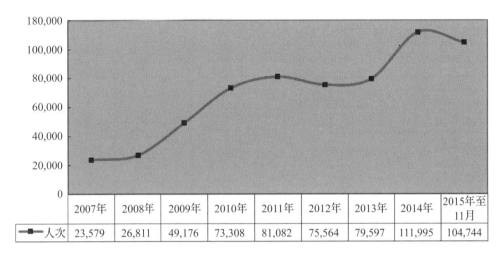

	2007年	2008年	2009年	2010年	2011年	2012年	2013年	2014年	2015年至11月
人次	23,579	26,811	49,176	73,308	81,082	75,564	79,597	111,995	104,744

圖3-3　2007年至2015年11月大陸地區商務人士入境台灣地區人數成長圖[27]

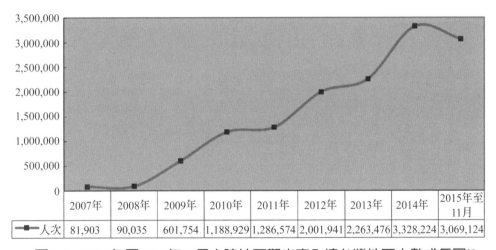

	2007年	2008年	2009年	2010年	2011年	2012年	2013年	2014年	2015年至11月
人次	81,903	90,035	601,754	1,188,929	1,286,574	2,001,941	2,263,476	3,328,224	3,069,124

圖3-4　2007年至2015年11月大陸地區觀光客入境台灣地區人數成長圖[28]

---

[27] 同上註。

[28] 同上註。

並且比照觀光局管理旅行業之模式，規定醫院須向移民署繳納保證金，一旦代申請之陸客有逾期停留或違規情形，即扣繳保證金，若該醫院未繳納保證金，即停止其代申請之業務[29]，惟2015年至11月份單年度大陸地區人民來台健檢醫美之總人次計5萬5,106人，平均每月來台人次為5,010人，比修法前之人數略多，可見修法後並無有效降低大陸地區人民來台醫美健檢之人數。

第五節　大陸地區人民來台源頭安全管理之探討與分析

　　觀察兩岸之歷史背景，可理解台灣與大陸之交流係無法避開政治因素之影響；從大陸地區人民來台人數之增長，亦不難看出台灣之社會及相關產業已經對其產生相當之依賴性；從民調之內容可發現，台灣地區人民對於大陸之交流仍然存有戒心，並不放心兩岸可進行全面之開放交流。故，不論從歷史、現況或民意調查各層面來探討，政府對於大陸地區人民來台之安全管理仍然不宜有所鬆懈，越開放兩岸交流之路，越需要重視安全管理，始能因應民意，掌握現況。

　　本文探討之大陸地區人民來台之安全管理，主軸在於跨境人流管理作為，偏向於狹義之安全管理概念，屬於預防性之安全管理，其最好之管理作為，當屬於採取境外管理之源頭安全管理概念，最理想之狀況，就是比照外交部於其他國家核發簽證之作法，在大陸地區設立辦事處，核發大陸地區人民入出境許可證，如此一來，在大陸地區即可做好源頭安全管理，阻絕非法於境外，亦是跨境人流管理之安全準則。但是，以目前兩岸談判之過程來看，要在大陸地區設立辦事處，並且審發入出境許可證，還需仰賴行政院大陸委員會及海峽兩岸交流基金會再持續與陸方溝通，其設立辦事處之可行性與困難處，將於次節文中深入探討。

　　然而，在尚未於大陸地區設立辦事處之前，想達到源頭安全管理之目

---

[29] 參閱大陸地區人民進入台灣地區許可辦法第49條規定。

標，恐怕只能退而求其次，透過官方之交流管道，由大陸公安部及所屬相關單位先行審查欲來台之大陸地區人民身分背景及文件；雖然兩岸政府在政治關係上之互信基礎尚嫌不足，由大陸官方自行審核來台對象之背景，從國安角度看來，仍有相當之疑慮。但是，如果僅從社會安全面來看，兩岸早已於2009年4月26日在南京市簽署「海峽兩岸共同打擊犯罪及司法互助協議」，對於打擊犯罪，維護中華人民安全有著共同之信念，而且台灣內政部警政署刑事警察局與大陸公安部刑偵局已有多次跨境合作打擊犯罪之成功經驗，所以，在跨境人流安全管理之部分，只要大陸官方肯協助審核來台者之身分及文件，其安全性一定會高於完全由台灣官方之境內審查。舉例而言，欲來台之大陸地區人民若持用大陸虛設公司所開立之在職證明作為申請文件，台灣官方很難去實質查證該公司之真實性，往往僅能就書面資料程式審查後，許可來台；但是大陸官方若能協助審查，則可透過大陸相關政府機關查明該在職證明之真偽，杜絕不法。以下即是要以目前尚無法在大陸設立辦事處之前，就現行法令面與實務面，來進行源頭安全管理之探討。

一、法令面

依「台灣地區與大陸地區人民關係條例」第10條規定，大陸地區人民申請來台採許可制，並授權相關主管機關訂定子辦法予以規範；檢閱「大陸地區人民進入台灣地區許可辦法」相關附表及「大陸地區人民來台從事觀光活動許可辦法」等大陸地區人民申請來台之相關子辦法規定，可從其申請入出境許可證之應備文件發現，大陸地區人民申請來台之發證機制可分為以下兩類：

（一）台灣先發入出境許可證，大陸再憑核發大陸居民往來台灣通行證（以下簡稱大通證）及其簽注[30]，如團聚、探親、專業、商務等交流。

---

[30] 大陸地區人民要從大陸地區出境來台，必須持用大陸居民往來台灣通行證，不能使用大陸護照，且仍要依來台之事由向大陸出入境管理部門申請簽注，每一事由簽注代碼均不同，如來台定居之簽注事由代碼為『D』，來台團體旅遊之簽注事由代碼為『L』，來台個人旅遊之簽注事由代碼為『G』……等，出境時，由大陸出入境部門人員查驗通行證及簽注後，始能出境來台。

　　（二）大陸先核發大通證及其簽注，台灣再憑核發入出境許可證，如團體旅遊、自由行等交流。

　　從源頭安全管理之角度加以觀察，大陸地區人民申請來台，其檢附之文件，若未在大陸地區先進行實質審核[31]，以現代科技之發達，偽變造文件之技術亦越來越高超之情況下，台灣官方欲從單方面檢驗申請文件之眞實性，難度頗高，很容易讓有心人士利用此一漏洞申請來台。如欲透過海基、海協兩大會機制協助查證，因申請案件都有一定之時效性，恐緩不濟急，再加上外界各方之壓力，造成台灣官方在審查大陸文件時，若在一定審案效期內，無法查出不法證據，就只能認定其爲合法，同意發給入出境許可證，大陸人民再持憑入出境許可證至大陸公安部門申請大通證及簽注，此時，公安部門見到申請人已持有台灣核發之入出境許可證，自然會認爲台灣官方已審核過申請人之身分無誤，如申請人並非遭大陸限制出境之對象，公安部門將不會再深入追查申請人之身分背景。所以，上述之發證機制，其實是消極性之安全管理作爲，並不符合源頭安全管理之觀念。然而，大部分來台之大陸地區人民，均是以這種「消極性安全管理作爲」之審核方式入境，危安之風險相當高，值得政府部門重視之。

　　但在台灣方面，勢必不會依照陸方之管理機制照單全收，而要求來台之大陸地區人民必須事先提出申請，經審核通過後，核發入出境許可證，作爲簽證之性質，而在大陸地區人民入境時，台灣亦不會將入出境查驗章蓋在大通證上，而是蓋在台灣核發之入出境許可證之上，如此作爲，就台灣立場而言，大陸地區人民來台仍是要經過申請簽證之概念行爲，亦是作出主權之表現；兩岸雙方之國境管理機制即在如此之各自表述，互不干涉之規範下，平穩之交流。

　　然而，大陸方面要審批大陸地區人民來台之大通證和簽注，除2008年始開放之觀光事由外，以其他事由來台之部分，均須先由台灣審發入出境

31　本處所稱實質審核，是指除了就文件本身眞偽予以辨識外，尚可就文件之出處追查求證。如銀行開立之存款證明，可以大陸官方之身分，直接聯繫開立證明之銀行或指定之機構，查明其是否曾開立該單號之存款證明。若相同文件直接在台灣審核，恐怕只能就文件本身眞偽審查，無法進行實質審核。

許可證，大陸方面始會審批大通證及簽注；而觀光政策由於近年來始推動，且爲達到具體之成果，雙方在一開始之協議中，便談妥由陸方先核發大通證及簽注，台灣再核發入出境許可證，因此審批許可之流程上，是具有差異性與變異性，而觀光政策所推行陸方先發證之措施，始係源頭安全管理之作爲，亦爲一般國際上認知之國際人流管理機制。假若，先暫不考量陸方蓄意安排人士來台進行諜報之可能性，若由陸方先行審批大通證及簽注，至少，尚能初步審核來台大陸地區人民之背景虛實，所附財力、專業等證明文件之眞僞，且大陸官方較瞭解大陸地區人民之生活民情，亦較容易查出不合乎常理之申請案件，杜絕不法之大陸地區人民申請來台。

　　反之，若由台灣先行審發入出境許可證，僅能就大陸地區人民所附文件進行書面審查，對於所附文書之眞僞，亦僅能靠兩岸公證、驗證制度把關，但兩岸公證、驗證之內容有簽署協議規定，並非所有文書均可經由公證、驗證制度處理，亦會造成前文所提司法檢察官所擔憂之處，審查內容偏向程式（形式上之程式）審查，而非實質內容眞實性之審查，其審查效用並不大，存有頗大之風險性與不確定性；尤其對於初次來台，在台完全無任何紀錄之對象而言，僅要申請資格符合，幾乎全數發證，如此，兩岸人民關係條例第10條所定之入境許可制，在實質上反而成爲入境報備、事後追懲制，對於安全管理是否得當，是相當值得討論。

二、實務面

　　「消極性之安全管理作爲」固然有其風險性，但至少仍由兩岸雙方之入出境管理部門審核合法之證件，亦能達到一定程度之管理效用，但事實上，台灣媒體屢屢報導大陸地區人民透過各類交流事由來台後，從事與許可目的不符之活動，而追究其原因，大部分均是因爲源頭管理之作爲不足所致，以下列出近年來一部分之媒體案件：

（一）2013年5月13日自由時報頭版：來台健檢醫美，中國假僧民詐財。

（二）2013年5月20日自由時報B4版：大陸金光黨，假元寶騙法師305萬。

（三）2013年5月31日自由時報A29版：中國祈福黨落網，反嗆台灣人亦騙錢。

（四）2013年7月19日聯合報A2版：陸客來台健檢醫美，滯留行方不明人數最多。

（五）2013年9月18日中時電子報：人肉鑑價師，給大陸應召女標行情。

（六）2014年5月30日TVBS電子報：假自由行真賣淫，陸女3天就被逮。

（七）2014年12月5日民視電子報：陸客偷廟宇金牌，贓物藏海邊石縫。

（八）2015年3月14日民視電子報：假觀光（陸客自由行）真賣淫，應召站通訊軟體攬客。

（九）2015年4月1日中時電子報：大陸4賊流竄龍山寺，專扒日本客。

（十）2015年4月19日聯合報A5版：假邀請，真觀光，兩岸人頭社團，年賺佣金千萬。

近年來媒體報導大陸地區人民來台之違法案件，多以觀光、專業商務、醫美健檢等事由申請來台，而絕大部分違法之大陸地區人民，均係預謀犯案，鮮有臨時起意而犯案者，亦就是這些違法之大陸地區人民在還沒來台之前，就已經打算來台後將進行犯罪之行為，然而，因缺乏源頭管理之機制，致使已有犯罪動機之大陸地區人民仍然可以順利申請來台，根據媒體報導內容分析，渠等申請來台之常見違法方式如下：

（一）使用偽變造之證明文件：如身分證明、在職證明、存款證明。

（二）利用台灣空頭公司或邀請單位申辦來台。

（三）兩岸人蛇集團先出錢，讓大陸女子以合法程序申辦來台觀光或健檢醫美，再控制其行動，從事賣淫行為。

另外，近兩年以健檢醫美事由來台賣淫之大陸女子有增加之趨勢，經研究發現，大陸境管機關並未就大陸地區人民來台健檢醫美一事，與台灣

主管機關達成共識，故，陸方並不會審批大陸地區人民以健檢醫美事由來台之簽注，等於從源頭處，即無任何審核身分之管理作為；又健檢醫美並未如陸客自由行有居住城市之限制，故若設籍在未開放個人旅遊之城市，或係生活水準較低之對象，即可透過健檢醫美之管道申請來台；至於財力證明之部分，因為不需經過大陸境管機關之審查，故多用偽造之財力證明資格文件申請來台。再者，因為大陸境管機關不肯審發人民來台健檢醫美之簽注，故經我方許可來台健檢醫美之對象，即不能持大陸居民往來台灣通行證從大陸地區直航來台，而是持用大陸護照，紛紛從香港入境來台，如此，又缺少在源頭端之出境查驗管理作為，亦形成安全管理上之大漏洞；以上種種因素，其重點均脫離不了「源頭安全管理」。

第六節　結論

　　「安全」係一個很簡單易懂之概念，但知易行難，尤其要將安全擴展到國家之層次，更需面面俱到。國境人流之安全管理，已係國家安全之層級，稍有不慎，很容易引發國安危機，甚至影響到國際關係。我國國民於2012年11月獲得美國同意免簽入境美國，在全球近200個國家中，僅有30幾個國家獲得美國同意免簽入境美國，而我國又是唯一未有邦交國之國家，如此之高規格待遇，難道係為用美牛換來之代價[32]？相信對國境安全稍有研究之人均會同意，以美國如此重視安全之國家，絕不可能犧牲國家安全，以換取商業利益，更何況以我國之貿易需求，又能提供美國多少之經濟利益？能獲得美國同意免簽之主要原因，除我國在人口販運防制之表現優異外，在國境人流管理之成效亦是主因之一，包括採用自動通關系統（e-Gate）、航前旅客資訊系統（APIS）等，這些均係安全管理措施上之

---

[32] 〈美簽換美牛？歐巴馬：台列免簽〉，《民視新聞》，瀏覽日期：2013/07/29，http://tw.news.yahoo.com/%e7%be%8e%e7%b0%bd%e6%8f%9b%e7%be%8e%e7%89%9b-%e6%ad%90%e5%b7%b4%e9%a6%ac-%e5%8f%b0%e5%88%97%e5%85%8d%e7%b0%bd-060117904.html。

資訊系統，亦呈現出我國對於國境線上安全管理之決心。

一、大陸地區人民申請來台，應由陸方先行審發通行證，我方再審發許可證，以符源頭安全管理之要旨

　　然而，就如前文所述，在兩岸如此開放之狀況下，我方對於大陸地區人民來台之管理機制仍嫌不足，至2014年3月止，仍有2,317人在台行方不明，部分民意代表更直接指出，這些行方不明之大陸人士將會造成國家危安[33]，國安局亦承認有如此多大陸人民停留在台，的確有相當之安全顧慮[34]，可見大陸人民來台之管理作為，確實有其重要性，而其重點即在於缺乏源頭安全管理。就本文之研究結果而言，在兩岸政策持續開放之狀況下，兩岸入出境管理之作為，亦應越來越有制度化，首重即在改革兩岸人民往來之發證機制，在前文內容，本文已從源頭管理角度，探討發證機制之利弊情形，因此，在未於大陸地區設置辦事處，並派員審核許可證之前，其最佳方法，仍是應持續與大陸方面進行積極與良性之溝通，比照陸客來台觀光模式，不分大陸地區人民來台之事由，均應由大陸方面先行審批大通證及簽注。

二、簽署兩岸境管協議

　　雖然在與陸方之信任基礎不足之前提下，如此之源頭安全管理方式並非完美，但至少可減少許多動機不單純之大陸地區人民來台機率，對國境安全管理上有實質之功效。而且，陸客觀光之發證程式已有前例，可見陸方對於如此之發證程式並非不能接受，僅要循例持續溝通，或採個點突破，欲令陸方接受，並非不可能之事，當然最簡化之方法，是兩岸境管機

---

[33] 台聯黨於2014年3月14日上午舉行記者會，指出馬政府上任以來，中國人士在台逾期居留人數不斷增加，至今仍有2,317位中國人士在台行蹤不明，國安陷入危機。參閱：〈2317位中國人行蹤不明，台聯：國安危機〉，《蘋果日報》，瀏覽日期：2014/03/14，http://www.appledaily.com.tw/realtimenews/article/new/20140314/360040/。

[34] 國安局第三處組長黃永睿會中表示，這些人潛存在台，有相當安全顧慮，國安局非常重視，已統合相關情資單位，成立不同專案機制。參閱：〈陸人在台行方不明，國安局查處〉，《中央通訊社》，瀏覽日期：2014/03/14，http://www.cna.com.tw/news/aipl/ 201403140164-1.aspx。

關可以透過溝通協商方式，簽署境管協議（或備忘錄），將法令規定明文化，甚至內國法化，誠如本文一再強調，兩岸交流已經發展到相當規模，兩岸在國境管理作為不應該仍是各自為政，應朝向以相互攜手合作、建立共識、相互支援及共創安全為理想目標，如同兩岸共同打擊犯罪之意旨一般，均係為兩岸人民安全所努力。故就境管合作部分，理應簽署協議，制訂兩岸合作之範圍，詳細規範兩岸人民入出境之管理作為，令兩岸人民有所遵循，減少境管問題發生，使人民確實體會到兩岸合作之成果。透過大陸先審發大通證及簽注，進行實質審核後，再由台灣來審發入出境許可證，始能達到源頭管理之效果。

三、建立兩岸境管資訊交流平台

即使兩岸境管協議之門檻可能較高，但是，建立兩岸資訊交流之平台，卻是需要積極推動之作為，一來可作為兩岸互設辦事處之資訊安全管理平台，再者，就兩岸國境人流管理資訊平台而論，假若兩岸能共同建構一套跨境之國境人流管理資訊系統，則能大幅度地提升兩岸國境人流管理之實際成效，並強化兩岸政府間之交流與合作，促進兩岸合作，可謂互蒙其利，可創造雙贏局面。

跨境人流管理資訊係相當具有高度之即時性，兩岸在人流管理之作為上有何改變，均應該透過資訊交流平台令對方有所因應，若資訊來不及傳遞，所影響之處，即是兩岸人民入出境之權益，亦會打擊到兩岸入出境管理機關人員之工作士氣，因此建議可仿照歐盟「第2代申根資訊系統」（The second generation Schengen Information System，簡稱SIS II）之模式，建立資訊交流平台，令兩岸政府認為可相互公開之境管資訊，可互通有無，掌握彼此最新動態，除達到安全管理之效果，亦可減少人民無法入出境之困境發生，加速通關之速度與提升安全性。

四、兩岸互設辦事機構，於境外審發大陸地區人民來台之許可證

大陸前海協會會長陳雲林先生，在2013年1月時，即提出欲在1年內，

爭取互設兩會辦事處之議題，其設立之宗旨則在於服務民眾[35]。在陸方拋出此一議題之後，兩岸官方對於互設辦事處之作業亦隨即展開。至2013年4月11日，行政院根據兩岸人民關係條例第6條規定，通過「大陸地區處理兩岸人民往來事務機關在台灣地區設立分支機構條例」，為兩岸互設辦事處奠定之法源依據，陸委員副主委張顯耀先生亦表示，兩岸兩會互設分支機構仍積極爭取辦證功能，雙方已同意即日起展開業務溝通，但何時完成協商，我方並沒有時間表[36]，此亦正式推翻陳雲林先生先前所提，1年內完成之主張；至2013年5月，陸委會副主委吳美紅女士（時為陸委會主任秘書兼發言人）亦在媒體上公開表示[37]，兩岸兩會已就互設辦事處主要業務功能交換意見清單，提供經貿、旅遊、文化、教育、社會等各項協助與服務，至於在辦理旅行證件服務方面，雙方將會深入討論，另人道探視之問題，涉及雙方內部法律問題，仍有歧視，尚需溝通。

　　從海、陸雙方在媒體上之發言內容觀察，兩岸對於互設辦事機構確實有其推動之共識，但是對於辦事機構之性質、功能及立場，仍存有許有需要溝通之問題點，尤其在本文主要探討之發證功能上，似乎沒有共識，因為大陸地區核發台灣之入出境許可證，若解讀為簽證之性質，則屬於國家主權之行使，大陸方面是不可能同意的，雙方欲化解彼此之歧見，恐非短期內可以達成之目標。因此，原先海、陸兩會已經同意將互設辦事處之議題，正式列入兩會之協商議程，外界推估，應會在兩岸兩會第十次高層會談展開談判，但第十次高層會談，業已在2014年2月28日落幕，雙方簽署「海峽兩岸地震監測合作協議」及「海峽兩岸氣象合作協議」，然而從陸委會對外之新聞稿來看，對於互設辦事處之議題隻字未提，似乎是陷入膠著狀態。兩岸關係是如此，台灣內部對於兩岸互設辦事處之阻礙亦不小，2013年6月立法院臨時會內政、司法及法制委員會聯席會遭在野黨杯

---

[35] 林克倫，〈陳雲林提時間表：「爭取年內互設兩會辦事處〉，《聯合報》，2013年1月13日，A4版。

[36] 李明賢、陳柏廷，〈海協駐台機構可享外交特權〉，《中國時報》，2013年4月12日，A17版。

[37] 藍孝誠，〈兩會互設辦事處獲共識〉，《中國時報》，2013年5月17日，A17版。

葛,無法審查「大陸地區處理兩岸人民往來事務機關在台灣地區設立分支機構條例」,陸委會還爲此發表新聞稿,表示遺憾,雖然國內民衆有7成以上贊成兩岸互設辦事處,另有8成民衆認爲互設辦事處應具有發證之功能[38],但兩岸互設辦事處之進展,似呈膠著不進之狀態。

　　兩岸互設辦事處在內、外交攻下,顯得困難重重,行政機關彼此間之團結與良性溝通,更顯重要。而在大陸地區設置辦事處具備發證之功能,絕對有其必要性,因爲惟有在大陸地區設置辦事處進行入境前之身分實質審查,始能達到管理實效,否則,在台灣之移民行政機關,僅憑書面資料審查批准遠在大陸地區之申請人,在安全顧慮上,確實是令人擔憂之問題[39]。

　　目前兩岸互設辦事機構之議題,在2015年11月7日兩岸領導人馬英九與習近平在新加坡之「馬習會」後,相關推動工作已見曙光,本文認爲:其爲正確之兩岸政策方向,因欲於國境人流管理之作爲上實施源頭安全管理,達到維護國家安全之要求,則駐陸設立辦事機構審發來台許可證,係必要且必須之功能,甚至對於結婚申請來台之大陸地區人民,均應比照駐外館處之作法,在駐陸辦事機構先進行面談,或許要獲得陸方之同意並不容易,但我方仍須不斷地朝此方向逐步推進,實不宜輕言放棄。

　　茲以我方審發許可證功能爲例,主要係確認申請人之身分背景,及入台後是否會有危害國家及社會安定之虞,至於陸方介意之審發許可證動作,我方可行之因應措施,可作以下之重點考量:1.是否須在駐陸辦事機構,由我方移民官直接審發?2.或是由駐陸視窗之我方移民官,僅負責核對申請人資料及初審工作,再將申請案件以保密電郵、保密傳眞或外交郵袋方式,寄回或傳送台灣,由移民署審發許可證。我方可採取陸方亦能接

38　行政院大陸委員會102年6月18日編字第039號新聞稿聲明內容。

39　近來,曾有台北地檢署某檢察官因偵辦醫美健檢來台詐財之大陸地區人民案件,來電詢問筆者申請案件之流程及審核之規定,該檢察官瞭解申請流程之後,對於政府機關僅單純審查書面資料,而未查證其資料之眞實性,即可同意令大陸地區人民入境之行政作爲,感到非常不可思議與驚訝,甚至表示,如此之審核過程,當然會造成有如此多大陸地區人民可自由自在在台行乞、詐財甚至街頭賣藝之情形發生。從司法檢察官偵辦案件之角度來看,如此思維邏輯的確有其道理存在。

受之模式，如此，我方亦達到源頭安全管理之效果，陸方亦不用擔心主權之問題……諸如此類作爲，均可廣泛討論作爲政策參考，我方實不宜輕言放棄落實源頭安全管理之機會與途徑。

另外，大陸配偶申請來台需在駐陸機構面談功能，陸方在意之處，仍係主權之行使問題，而我方在意之部分，則係人流之安全問題，故，若將「面談」之用詞，轉換爲「兩岸婚姻輔導」或其他較爲中性之用詞，如此感受，會減少很大之衝突，美其名，爲令大陸地區人民瞭解台灣民情，及台灣配偶之生活狀況，避免被台灣配偶欺騙赴台，故先由駐陸辦事機構進行婚姻輔導或其他來台事由之會談，但實際上，即是面談之效用，能達到防制假結婚，或來台從事與申請目的不合之活動案件發生，且能避開兩岸關係之敏感神經，諸如此類之替代方案，亦均可討論，作爲政策參考。故，兩岸互設辦事機構增加審發入出境許可證及面談功能，並非完全行不通，事在人爲，宜瞭解兩岸深層之關係，避開地雷區，並以兩岸共同之利益爲考量進行談判，始能得到雙贏之氛圍。

兩岸關係存在不確定性之政治因素，欲平穩且安全之發展，確實係一門相當大之學問與課題，期望透過本文之研究成果，達到拋磚引玉之效果，令國境人流管理中之源頭安全管理議題，能逐漸浮現，令兩岸互設辦事機構審發入台證，及進行面談之功能，可受到相當高度之重視，逐步形成政府政策之參考指標，有助於兩岸常態化之交流。

參考文獻

一、中文

內政部入出國及移民署，《移民行政白皮書》（台北：移民署，2009）。

王智盛，〈大陸地區人民來台的國境管理機制——以管制理論分析〉，發表於2012
　　年國境管理與執法學術研討會（桃園：中央警察大學國境警察學系）。

王智盛，〈兩岸互設辦事處之前景與展望〉，《亞太和平月刊》，第5卷第2期，
　　2013年。

王智盛，〈中共兩會對台政策解析〉，《亞太和平月刊》，第6卷第4期，2014年。

王智盛，〈兩岸制度性整合的可能性——「粵港合作框架」與「海峽西岸經濟區」
　　的比較分析〉，《亞洲研究》，第68期，2014年。

王寬弘，〈大陸地區人民進入台灣相關入出境法令問題淺探〉，發表於2011年人口
　　移動與執法學術研討會（桃園：中央警察大學國境警察學系）。

王寬弘，〈大陸地區人民進入台灣相關入出境法令問題淺探〉，《國土安全與國境
　　管理學報》，第17期，2012年。

王寬弘，〈我國打擊人口販運查緝困境之研究——以警察及移民機關為例〉，發表
　　於2012年人口移動與國境執法學術研討會（桃園：中央警察大學國境警察學
　　系）。

王寬弘，〈移民與國境管理〉，收錄於陳明傳、蔡庭榕、孟維德、王寬弘、柯雨
　　瑞、許義寶、謝文忠、王智盛、林盈君、高佩珊等合著，《移民理論與移民行
　　政》（台北：五南，2016）。

王曉明，〈安全管理理論架構之探討〉，發表於風險管理與安全管理學術研討會，
　　（桃園：中央警察大學、政治大學公共行政學系合辦，2006）。

吳學燕，《移民政策與法規》（台北：文笙，2011）。

汪毓瑋，〈台灣「國境管理」應有之面向與未來發展〉，發表於2008年國境安全與
　　人口移動學術研討會（桃園：中央警察大學國境警察學系）。

汪毓瑋，〈移民與國境管理〉，發表於2012年國境管理與執法學術研討會（桃園：
　　中央警察大學國境警察學系）。

汪毓瑋，〈從歐盟聯合調查組之運作探討跨境執法合作之發展〉，《國土安全與國
　　境管理學報》，第20期，2013年。

汪毓瑋，《國土安全（上）》（台北：元照，2013）。

汪毓瑋，〈國土安全理論與實踐之發展〉，《國土安全與國境管理學報》，第23
　　期，2015年。

林克倫，〈陳雲林提時間表：「爭取年內互設兩會辦事處〉，《聯合報》，2013年1
　　月13日，A4版。

林盈君，《看不見的世界：人口販運》（台北：翰蘆，2015）。

邵宗海，《兩岸關係史，兩岸關係研究》，二版（新北：新文京，2012）。

高佩珊，〈美國移民問題分析〉，《國土安全與國境管理學報》，第24期，2015
　　年。

梅可望等人合著，《警察學》（桃園：中央警察大學，2008）。

許義寶，〈論人民之入出國及其規範〉，《中央警察大學警學叢刊》，第40卷4期，
　　2010年。

許義寶，〈論人民出國檢查之法規範與航空保安〉，《中央警察大學國土安全與國
　　境管理學報》，第17期，2012年。

許義寶，〈論人民出境安全檢查與航空保安〉，發表於2012年國境管理與執法學術
　　研討會（桃園：中央警察大學國境警察學系）。

許義寶，《入出國法制與人權保障》，二版（台北：五南，2014）。

許義寶，〈論移民之概念與其基本權利之保障〉，《中央警察大學國土安全與國境
　　管理學報》，第22期，2014年。

許義寶，〈移民人權保障之立法規範——以入出國及移民法爲例〉，發表於2015年
　　人口移動與執法學術研討會（桃園：中央警察大學移民研究中心）。

陳明傳、蔡庭榕、孟維德、王寬弘、柯雨瑞、許義寶、謝文忠、王智盛、林盈君、
　　高佩珊，《移民理論與移民行政》（台北：五南，2016）。

陳明傳、駱平沂，《國土安全之理論與實務》（桃園：中央警察大學，2010）。

陳明傳、駱平沂，《國土安全導論》（台北：五南，2010）。

黃慶堂，〈專技移民與投資移民對我國經濟之影響〉，發表於第二屆國境安全與人
　　口移動學術研討會（桃園：中央警察大學國境警察學系，2008）。

楊翹楚，《移民政策與法規》（台北：元照，2012）。

蔡政杰，《開放大陸地區人民來台觀光對我國國境管理衝擊與影響之研究》（桃
　　園：中央警察大學外事警察研究所（國境組）碩士論文，2012）。

謝立功，《由國境管理角度論國土安全防護機制》，行政院國家科學委員會補助專
　　題研究計畫成果報告，2007年。

謝立功，〈大陸地區人民來台現況及因應作為〉，《展望與探索》，第9卷第9期，
　　2011年。

謝立功、張先正、汪毓瑋、謝文忠、柯文麗，《美國移民政策之發展》（新北市：
　　人類智庫，2013）。

謝銘元，《中共發展史：中國大陸研究》，三版（新北市：新文京，2012）。

簡建章，〈入出國許可基本問題之研究〉，《中央警察大學國境警察學報》，第6
　　期，2006年。

林郁方，〈新增軍事投資偏低〉，《中央通訊社》，2012年9月1日。

藍孝誠，〈兩會互設辦事處獲共識〉，《中國時報》，2013年5月17日，A17版。

李明賢、陳柏廷，〈海協駐台機構可享外交特權〉，《中國時報》，2013年4月12
　　日，A17版。

二、外文

Collyer, M. "States of insecurity: Consequences of Saharan transit migration", Working Paper No. 31, (UK: Centre on Migration Policy and Society (COMPAS), University of Oxford, 2006).

Huang, W. C. Broken Bonds: Crime and Delinquency of Foreign Immigrants in Taiwan, (Diss, Criminal Justice College, Sam Houston State University, USA, 2013).

Huntington, Samuel P. Who Are We? The Challenges to America's National Identity, (NY: Simon & Schuster, 2004).

Office of the Secretary of Defense of U.S.A. Annual Report to Congress–Military and Security Developments Involving the People's Republic of China 2012, (USA: Office of the Secretary of Defense, 2012), pp. 1-44.

Redpath, J. "Biometrics and International Migration" in R. Cholewinski, R. Perruchoud and E. MacDonald (Eds.), International Migration Law: Developing Paradigms and Key Challenges, (The Hague: Asser Press, 2007), pp. 427-445.

Singapore Immigration & Checkpoints Authority. ICA annual report 2009, (Singapore: ICA, 2009), pp. 65-70.

三、網路資料

中國台灣網，瀏覽日期：2006/07/22，http://www.sina.com.cn。

中華民國總統府，〈全民焦點：兩岸和解——風險極小化、機會極大化〉，瀏覽
　　日期：2013/03/04，http://www.president.gov.tw/Default.aspx?tabid=1103&rmid
　　=2780&itemid=26540。

內政部移民署，〈公務統計數據〉，瀏覽日期：2015/04/20，http://www.immigration.
　　gov.tw/ct.asp?xItem=1291286&ctNode=29699&mp=1。

內政部移民署，〈移民署官方網站業務統計數據〉，瀏覽日期：2015/04/30，http://
　　www.immigration.gov.tw/ct.asp?xItem=1291286&ctNode=29699&mp=1。

反分裂法，〈解放軍將領表示：說白了就是不讓我們向台灣扔核彈〉，瀏覽日期：
　　2006/07/22，http://peacehall.com/forum/boxun2005a/223580.shtml。

日本防衛省，〈防衛白書〉，瀏覽日期：2013/08/26，http://www.mod.go.jp/j/publica-
　　tion/ wp/wp2013/pc/2013/index.html。

王翰靈，〈反分裂國家法的非和平方式條款〉，瀏覽日期：2006/07/22，http://www.
　　chinatopnews.com/MainNews/Opinion/2005_4_15_7_53_34_622.html；chinese-
　　newsnet.com。

安全管理網，〈安全管理之定義〉，瀏覽日期：2013/08/12，http://www.safehoo.com/
　　Manage/Theory/201003/40388.shtml。

陶堅，〈第十四屆海峽兩岸關係學術研討會大會發言〉，瀏覽日期：2006/07/22，
　　http://webcast.china.com.cn/webcast/created/451/4_1_0101_asc.htm。

黃宇潔，〈毒茶連環爆，逾7成國人每週仍喝飲1杯以上〉，《TVBS》，瀏覽日期：
　　2015/05/13，https://tw.news.yahoo.com/%E6%AF%92%E8%8C%B6%E9%80%A3
　　%E7%92%B0%E7%88%86-%E9%80%BE7%E6%88%90%E5%9C%8B%E4%BA
　　%BA%E6%AF%8F%E9%80%B1%E4%BB%8D%E5%96%9D%E9%A3%B21%E6
　　%9D%AF%E4%BB%A5%E4%B8%8A-133400892.html。

維基百科，〈2013年台灣毒澱粉事件〉，瀏覽日期：2013/07/04，http://zh.wikipedia.
　　org/wiki/2013%E5%B9%B4%E5%8F%B0%E7%81%A3%E6%AF%92%E6%BE
　　%B1%E7%B2%89%E4%BA%8B%E4%BB%B6#.E6.BA.90.E9.A0.AD.E7.AE.A1.
　　E7.90.86。

〈陸人在台行方不明，國安局查處〉，《中央通訊社》，瀏覽日期：2014/03/14，
　　http://www.cna.com.tw/news/aipl/201403140164-1.aspx。

〈美簽換美牛？歐巴馬：台列免簽〉，《民視新聞》，瀏覽日期：2013/07/29，
　　http://tw.news.yahoo.com/%e7%be%8e%e7%b0%bd%e6%8f%9b%e7%be%8e%e7
　　%89%9b-%e6%ad%90%e5%b7%b4%e9%a6%ac-%e5%8f%b0%e5%88%97%e5%8

5%8d%e7%b0%bd-060117904.html。

〈2,317位中國人行蹤不明，台聯：國安危機〉，《蘋果日報》，瀏覽日期：2014/03/14，
http://www.appledaily.com.tw/realtimenews/article/new/20140314/360040/。

第四章

從國境人流管理觀點探討我國對於大陸地區人民來台觀光之管制機制之現況、弱點與未來可行發展之對策

柯雨瑞*、蔡政杰**

第一節　前言

　　我國對於大陸地區人民來台係採許可制，大陸地區人民來台須向內政部移民署申請經審查許可後，由內政部移民署（以下簡稱移民署）發給申請人入出境許可證，用以持憑入出境我國。而大陸地區人民來台事由相當繁雜，概可分為「觀光」、「社會交流」、「專業交流」、「商務活動交流」、「醫療服務交流」及「居留定居」等六大類，而近年來，以第一類觀光事由申請來台之大陸地區人民為數為多。

　　一、「觀光」：分為第一類[1]、第二類[2]、第三類[3]及個人旅遊[4]等四類事由[5]。

*　中央警察大學國境警察學系專任教授。

**　內政部移民署新竹縣專勤隊副隊長、中央警察大學國境警察學系兼任講師。

[1]　第一類：可經由團進團出之方式申請來台觀光。

[2]　第二類：大陸地區人民經由第三國家中轉來台觀光。

[3]　第三類：旅居在國外之大陸地區人民向我國駐外館處提出申請來台灣觀光。

[4]　「個人旅遊」一詞為大陸地區人民來台從事觀光活動許可辦法之法律用詞，通常旅行業者或媒體習慣將陸客個人旅遊，稱作「自由行」。

[5]　各類別觀光型態，將另於文章內作說明。

二、「社會交流」：分爲探親、團聚、奔喪、探視等四類。

三、「專業交流」：分爲宗教教義研修、教育講學、投資經營管理、科技研究、藝文傳習、協助體育國家代表隊培訓、駐點服務、研修生、短期專業交流等九類事由。

四、「商務活動交流」：分爲演講、商務研習、履約活動、跨國企業內部調動服務、短期商務活動交流等五類事由。

五、「醫療服務交流」：分爲就醫、健康檢查及美容醫學等二類事由。

六、「居留定居」：分爲依親居留、長期居留及定居等三類事由。

自馬英九先生當選第十二任中華民國總統，其團隊執政便積極地改善兩岸關係，且採取階段性之方式推動放寬兩岸政策，其中在陸客來台觀光方面，經過協商程序後，雙方同意大陸地區人民自2008年7月18日起可經由團進團出之方式申請來台觀光（即爲第一類觀光），而且根據兩岸簽署之海峽兩岸空運協議，大陸地區人民可以直接由大陸機場飛抵台灣機場，正式邁向大三通之通航階段。第一類觀光初期每日開放陸客來台人數爲3,000人，內政部移民署每日實際受理申請案件上限爲4,311件，至2011年1月1日起，開放人數調整爲4,000人，內政部移民署每日實際受理申請案件上限爲5,840件[6]，而自開放日起至2012年3月止，總入境人數達346萬458人，總出境人數達343萬3,402人，較以往第二類及第三類觀光之陸客來台人數比例，明顯呈大幅度成長之情形。而在陸客來台之人數如此迅速成長之情況下，國內媒體卻對於桃園機場之各項設施老舊、漏水問題，以及內政部移民署查驗系統跳電問題均有大篇幅報導予以評論[7]，對比之下，突

---

[6] 每日開放第一類觀光人數爲3,000人，一年365日總計開放第一類觀光人數爲109萬5,000人；以行政院人事行政局公布每年上班日爲254日爲基數平均計算，內政部移民署每日可受理申請第一類觀光人數4,311人。自2011年1月1日起，內政部移民署將第一類觀光人數調整爲每日4,000人，再依據上述之算法，每日可受理申請之人數爲5,840人。

[7] 林志偉，〈機場有瀑布，管線漏水，員工成落湯雞〉，瀏覽日期：2011/10/21，http://www.tvbs.com.tw/news/news_list.asp?no=betty00455201109 05163059。
姚介修、羅添斌，〈移民署境管電腦凸槌，當機36小時，丟臉丟到國際〉，瀏覽日期：2011/10/21，http://www.libertytimes.com.tw/2009/new/ jan/7/today-life1.htm。

顯出我國國境管理之諸多問題之所在。

第二節　我國對陸客來台之國境人流管理機制之現況分析

我國國境管理之制度包括入國前之護照與簽證之核發，入出國當時之國境管理，入國後之居停留管理，以及必要時運用強制驅逐出國（境）之管理（制）手段[8]。若將國境管理之對象限縮於陸客，則對於陸客管理程序上可區隔為入境前管理、入出境時管理、入境後管理及出境後管制，茲分述如下：

一、入境前管理

就國際現況而言，人民欲前往其他國家，須向欲進入國家派駐原籍國之使領館或辦事處申請簽證，由使領館人員審查申請人資格及背景，確認資格符合及無危害國家安全之虞者，始核發簽證令申請人進入該國；因此，簽證原則上均在國境外審發，才能落實源頭安全管理，阻絕危害於境外。但是我國與大陸地區關係特殊，並不以國家對國家之立場處理相關事務，陸客來台，並不以護照及簽證作為入出境文件，而是持大陸核發之大陸居民往來台灣通行證（具護照性質）及我國核發之入出境許可證（具簽證性質）來台；又兩岸政治情況特殊，目前並無互相派駐入出境管理單位人員作入出境許可之審核，因此，只能透過兩岸旅行社作為橋樑，由台灣接待社幫陸客向內政部移民署提出申請。

但這樣一來，內政部移民署人員只能就書面資料審查，無法具體瞭解陸客之身分背景，且因申請案件量龐大，又有審核期間之限制，根本無法深入追查陸客來台之動機，且根據上揭數據統計，我們可以發現申請案件核准率相當高，第一類觀光陸客申請案件核准率到達97.49%，自由行陸

---

[8] 蔡庭榕，《警察百科全書（9）外事與國境警察》（桃園：中央警察大學出版社，2000），頁155。

客申請案件核准率到達94.1%，幾乎是在審核應備文件無誤，且未曾在台有違法紀錄者，即同意其來台觀光，等到陸客入境發生危害後，始正式接觸陸客且進一步瞭解陸客來台之動機，此種處理危害於境內之作為，就國境安全管理之角度而言，具有相當風險性。

二、入境時管理

外來人口於入出境我國時，需出示護照、簽證或其他文件接受查驗通關，此為最基本之入出境管理作為。另外，在國境線上對於不同之入出境對象又會有其他不同之管理作為，舉例而言，對於初次結婚來台之大陸配偶，在入境時，即需由台灣配偶陪同一起在機場接受面談；因案受管制出境之外國人，在出境接受查驗時，查驗系統即會顯示列管資料，拒絕其出境……等，諸如種種入出境時之管理作為，目的均在於確認入出境對象之身分，及發覺入出境對象是否有違法情形或危害國家社會之虞。

而陸客入出境之管理作為可以用申請類別作為區隔，第一類陸客為團體旅遊，需團進團出且有大陸領隊帶隊[9]，因此，在入出境之管理作為上，除證照查驗外，尚必須請其出具團員名冊，核對領隊身分及團員是否均已入出境，若因故未搭同一班機而提早或延遲入出境團員，是否另有處理作為；若是個人旅遊陸客，除證照查驗外，則需查明是否有申請隨行人員，隨行人員有無同時入出境，若因故未搭同一班機而提早或延遲入出境隨行人員，是否另有處理作為……等。

三、入境後管理

除來台停留超過3個月以上或在台居留之外來人口，內政部移民署會

---

[9]　大陸地區人民來台從事觀光活動許可辦法第5條第1項規定：「大陸地區人民來台從事觀光活動，除個人旅遊外，應由旅行業組團辦理，並以團進團出方式為之，每團人數五人以上四十人以下。」；
　　同法第6條規定：「大陸地區人民符合第3條第1款或第2款規定者，申請來台從事觀光活動，應由經交通部觀光局核准之旅行業代申請，並檢附下列文件，向移民署申請許可，並由旅行業負責人擔任保證人：一、團體名冊，並標明大陸地區帶團領隊。二、……（下略）」

在一定期間內執行查察登記以外[10]，我國對於短期在台停留之外來人口並無相關管理規定。而對陸客來台觀光之相關法令上，亦僅有約束帶團導遊在發現陸客有違規違常情形時，應立即通報外[11]，對於陸客本身並無特別管理之規定。

因此，在對於陸客入境後之管理作為上，第一類陸客部分，原則上是交由台灣接待社負責陸客在台活動及行為，遇有違法情形時，再通報相關單位處理；而個人旅遊部分，則是在陸客住宿時，由旅宿業者負責登記陸客基本資料，每日晚上送交當地轄區派出所備查，所以個人旅遊之陸客在台旅遊期間，是未有任何追蹤管理機制。而不論是第一類陸客或個人旅遊陸客，在申請入境時，即需在內政部移民署線上管理系統登錄預定入出境日期及行程，所登錄之資料將和入出境查驗系統結合，若陸客未按預定行程出境時，查驗系統會自動顯示未出境之資訊，若陸客逾15天未出境時，查驗系統則會顯示陸客在台逾期停留[12]。但根據上揭數據統計，同期在台旅遊之陸客人數相當多，以第一類觀光來看，自2008年7月開放第一類觀光後，截至2015年10月底為止，統計入境總人次為1,019萬餘人，但同期出境人數竟只有839萬餘人，表示同期將近180萬名陸客在台境內旅遊；另自由行陸客部分，自2011年6月開放陸客來台自由行之後，截至2015年10月底為止，同期入境人數為304萬餘人，同期出境人數竟只有301萬餘人，而同期在台灣境內旅遊之人數亦達3萬餘人；以台灣國安團隊之能量，恐怕無法完全掌控如此龐大數量之旅客在台活動之情形，對於國境線上與國

[10] 內政部入出國及移民署實施查察及查察登記辦法第3條第1項規定：「入出國及移民署對在我國停留期間逾三個月、居留或永久居留之台灣地區無戶籍國民、外國人、大陸地區人民、香港及澳門居民，應於其停留期間逾三個月、取得居留證、永久居留證或辦理居留住址、服務處所變更登記之日起一個月內執行查察登記。」

[11] 大陸地區人民來台從事觀光活動許可辦法第22條第1項規定：「旅行業及導遊人員辦理接待符合第3條第1款、第2款或第5款規定經許可來台從事觀光活動業務，或辦理接待經許可自國外轉來台灣地區觀光之大陸地區人民業務，應遵守下列規定：……（前略）六、發現團體團員有違法、違規、逾期停留、違規脫團、行方不明、提前出境、從事與許可目的不符之活動或違常等情事時，應立即通報舉發，並協助調查處理。……（下略）」

[12] 陸客來台觀光停留期間自入境之翌日起算15日，但通常旅遊行程只會安排7至10日，若陸客未依預訂出境日期出境，移民署查驗系統會顯示未出境資訊，但仍不算逾期停留；自入境之翌日起算第16日，查驗系統始會顯示逾期停留資訊。

境內之安全管理實在存有非常大之安全上隱憂。

四、出境後管制

　　若陸客在國內有發生違法違規情形，在依法論處後，最終手段仍應將其強制出境，避免將不法之人繼續留在國內，影響國家社會安定。而對於來台有違法違規情形之陸客，在其出境後，亦應有相關之管制再入境作為，以避免明知不法之對象，再次入境對國家社會造成危害。其對於陸客出境後管制之作為，依據大陸地區人民來台觀光許可辦法（下簡稱觀光許可辦法）第16條之規定：

　　「大陸地區人民申請來台從事觀光活動，有下列情形之一者，得不予許可；已許可者，得撤銷或廢止其許可，並註銷其入出境許可證：

　　（一）有事實足認為有危害國家安全之虞。

　　（二）曾有違背對等尊嚴之言行。

　　（三）現在中共行政、軍事、黨務或其他公務機關任職。

　　（四）患有足以妨害公共衛生或社會安寧之傳染病、精神疾病或其他疾病。

　　（五）最近五年曾有犯罪紀錄、違反公共秩序或善良風俗之行為。

　　（六）最近五年曾未經許可入境。

　　（七）最近五年曾在台灣地區從事與許可目的不符之活動或工作。

　　（八）最近三年曾逾期停留。

　　（九）最近三年曾依其他事由申請來台，經不予許可或撤銷、廢止許可。

　　（十）最近五年曾來台從事觀光活動，有脫團或行方不明之情事。

　　（十一）申請資料有隱匿或虛偽不實。

　　（十二）申請來台案件尚未許可或許可之證件尚有效。

（十三）團體申請許可人數不足第五條之最低限額或未指派
　　　　大陸地區帶團領隊。

（十四）符合第3條第1款、第2款或第5款規定，經許可來台
　　　　從事觀光活動，或經許可自國外轉來台灣地區觀光
　　　　之大陸地區人民未隨團入境。

（十五）最近三年內曾擔任來台個人旅遊之大陸地區緊急聯
　　　　絡人，且來台個人旅遊者逾期停留。但有協助查獲
　　　　逾期停留者，不在此限。

　　前項第一款至第三款情形，主管機關得會同國家安全局、交
通部、行政院大陸委員會及其他相關機關、團體組成審查會審核
之。」

第三節　我國針對國境人流管理之弱點可行之因應對策

　　陸客來台觀光之影響層面相當廣泛，最重者莫過於國家安全層面之影響；其次，政治面之影響亦相當重要，對於國境管理之衝擊，雖非列為第一順位之重要影響，但其重要性完全無法加以輕忽之；再其次，始是社會層面之影響，以及經濟層面之衝擊。更進一步來講，國家安全之影響，是屬於政策性之影響，兩岸政策之方向，對國家安全之本質會產生重大之影響力，而陸客來台觀光亦是兩岸政策之一部分，所以對國家安全亦是有一定之影響性存在。而政治層面之影響，是屬於主權觀念之影響，常在主權相關之議題上打轉，如陸客之思維模式是台灣為中國之一部分，但我國之思維模式則是大陸為中華民國之一部分，陸客來台觀光之政治性亦不在話下。

　　在社會層次面之影響，以陸客不文明行為與「全球在地化」來解釋最明確不過，從陸客到全球各國旅遊，許多不文明現象一再發生，包括缺乏公德心、隨地吐痰、亂丟垃圾、大聲喧嘩、爭先恐後、狼吞虎嚥、恣意抽菸、胡亂殺價、穿睡衣外出、衛生習慣不佳、潑辣不講理、集體抗爭罷

機、將飯店物品攜回、小孩隨地便溺、脫鞋斜躺在公共座椅、天熱穿著內衣四處行走，除造成陸客形象嚴重受損外，亦令其他國家感到尷尬，甚至造成當地民眾之反感和衝突，其行逕雖不違法，卻已造成國家之間文化衝突不斷，引發爭議[13]，對社會衝擊影響是相當大。

本文綜合上述之相關論述，臚列以下具體可行之對策：

一、明確兩岸政策方向，掌握陸客來台主導權

陸客申請來台觀光資格之霸王條款，亦是觀光許可辦法第3條第5款之規定，大陸地區人民僅須經陸方核發大通證者，即具有申請來台之資格，再加上我國對於陸客來台之人數未落實總量管制，換句話說，陸方欲核准何人來台，及其來台之人數，均由陸方在決定，我國幾乎是照單全收，或許持反對意見者會認為，我國仍有審核機制存在，並不是將陸客來台觀光之申請案件全數核准。但從前文審核通過之高比率數據來看，可能包括申請文件不齊備、申請人同時申請專業或商務事由入境、行程變更自行撤案等情形，並不全然因審核時，被發現有不予許可入境之情形，而予以駁回處分；另外由於陸客旅遊之機制，是完全由陸方官方在掌握，它並不是一個自由市場，陸客來台是被操作性之結果。從此兩點來看，不難發現陸客來台主導權目前陸方掌控之成分居多。

我國在接受由陸方主導來台觀光陸客之資格條件及人數以後，所影響之範圍，將不限於我國之觀光產業，因觀光是一種複雜之社會現象，涉及到社會、政治、經濟、文化、歷史、地理、法律等各個領域，如果產業面而言，主要涉及到之產業有旅行業、旅館業、休閒娛樂業、文化產業、餐飲業、交通運輸、保險業……等，由主要產業所牽涉之次要產業，如旅行業會涉及到服務業（call center）、網路業（訂房系統）、郵遞業（寄送簽證、機票）等；旅館業會涉及到製造業（旅館用品，如毛巾、肥皂）、

---

13 范世平，《大陸觀光客來台對兩岸關係影響的政治經濟分析》（台北：秀威圖書公司，2010），頁50-58。范世平，《大陸地區人民來台管理機制之研究》，行政院研究發展考核委員會委託研究案（台北：中華亞太菁英交流協會執行，2011），頁271-280。

洗衣業（定期清洗床單、被單）、清潔業（外包清潔公司）等；交通運輸業會涉及到石化業（車輛用油）、維修業（車輛定檢）、貿易業（大車用底盤、輪胎）等，這些均足以影響我國整體民生經濟結構之傳統產業，在看似單純之觀光活動背後，其產業網絡似乎並不單純。

我國現階段與陸方關係正處於和平相處狀態，陸方開放大批陸客來台觀光，對我國大部分產業而言，均屬於利多之作爲，反應在民間之聲音亦均讚聲大於罵聲，所以政府之政策亦隨陸客來台之人數越趨開放，而此一批批之陸客，已經逐漸成爲我國產業結構中之一部分，一旦陸客來台之結構面有任何變化，我國政府爲不違背主流民意所趨，勢必跟著改變政策方向，如此，我國政策容易隨著陸方之主導而轉向，此亦是陸方最擅於運用的觀光外交手段，將觀光客在地化、社會化，進而影響該國之產業層面，對於經濟能力較弱小之國家，甚至能掌控該國之經濟脈動，此爲本研究所發現之一大問題所在。

如欲重新掌握陸客來台之主導權，兩岸政策之方向是非常重要的關鍵因素，因它影響各個行政機關執行兩岸事務之動態。因此就國境管理之角度來看，國家安全局應在不受政策方向之影響下，就陸客來台之安全性作完整且客觀評估，提供給陸客觀光之兩個政策主導機關——行政院大陸委員會及交通部觀光局作政策指導，建立明確且安全之兩岸政策，令各個行政機關在執行兩岸事務上能有所遵循。

二、簽署兩岸境管協議，加強國境管理合作[14]

兩岸往來關係已相當之密切，人員往來進出亦相當頻繁，截至2010年9月爲止，兩岸已簽署18項協議（含補充性協議）、3項備忘錄，但未有一項是專門針對國境管理項目簽署之協議，僅在2009年4月26日簽署之「海峽兩岸共同打擊犯罪及司法互助協議」中，在合作範圍有關雙方同意著重

---

[14] 有關於國境管理之雙邊協議方面，美國與墨西哥及加拿大均有簽定相關之重要國境管理之雙邊協議，可作爲兩岸參考之用。此方面之文獻，可參閱汪毓瑋，〈移民與國境管理〉，發表於2012年國境管理與執法學術研討會（桃園：中央警察大學國境警察學系），頁57-70。汪毓瑋，〈台灣「國境管理」應有之面向與未來發展〉，發表於2008年國境安全與人口移動學術研討會（桃園：中央警察大學國境警察學系），頁5-10。

打擊犯罪項目中，提及打擊跨境有組織犯罪、劫持航空器、船舶及涉恐怖活動等犯罪，另在人員遣返方式規定中，算是與國境管理有所關聯，但亦非屬國境管理主軸。由於兩岸人流往來密度已相當高，應可在國境管理之作為上有所規範，如兩岸在通關查驗方面可比照美國與加拿大之模式，簽署通關協議，提高國境之安全性及通關速度[15]，若礙於國家主權之政治因素，不能以國境或邊境為由簽署協議，亦可配合兩岸關係條例以地區對地區之方式簽署，若不能以獨立事由簽署，亦可以架構在兩岸共打之機制下簽署境管協議，雖然國境管理之主要目的是在於預防犯罪為主，但是預防始是打擊之本，若能在兩岸共打之機制下納入預防犯罪相關之補充協議，並在其中規範境管議題，如此才能提升兩岸國境管理之安全與品質，以及加快兩岸人民通關之速度。

三、加強陸客申請案件審核機制，以達到源頭管理為目標

我國目前對於陸客來台觀光之申請案件審核機制，不論是從審核人員層面，或是從審核作業流程看來，均過於缺乏危機意識，很容易造成國家安全之漏洞產生，而主要原因是在於執政者認為兩岸之間已是相當友善關係，使得行政機關已將陸客來台之狀況視為常態，而漸漸失去危機觀念，始會令陸客申請來台之程序越來越簡便，對我國之行政機關越來越予取予求，始會令毫無接受安全訓練及專業知識之約聘僱人員及資訊人員負責審查陸客來台觀光申請案，若以目前陸客來台之數量與申請案件審查之速度作一比較，是可以大膽假設，大多數之陸客來台觀光之申請案件，恐係未進行全面性之審查，即給予發證。否則，依目前之審核人數及其人員背景，欲每日消化數千件，甚至接近萬件之陸客來台觀光之申請案件，實是近乎一件不可能之任務，但仍達到將近98%之核准發證率，令人對國境管理之安全頗感到憂心。

---

[15] 加拿大與美國之間訂有NEXUS計畫，是由加拿大國境事務署（The Canada Border Services Agency, CBSA）及美國海關及邊境保護署（U.S. Customs and Border Protection, CBP）之間建構之關聯系統，它的設計是專程對於低風險性、曾經許可之對象，快速在美國與加拿大之間陸、海、空管道通關使用。

　　雖然陸客來台觀光是政策性開放，各行政機關為迎合政策執行，必須負起政策執行之成敗責任，但行政機關亦必須是本著各別之行政職權下盡力去達到政策之要求，而不是為執行國家政策而疏忽機關本身之職責；尤其當各行政機關，甚至於整個政府團隊，更甚至於是民間企業、民眾，均已經將陸客來台觀光視為常態，而把陸客當成是我們日常生活中之朋友一般，完全未有保防危機意識後，此完全達到陸方所欲達到之社會面之統戰成果，滲透於無形，每一名陸客來台觀光所得到看似片面而無用之資料，回到大陸經過陸方專業人員整合後，即會轉化為有用之情報資料，此為國境管理所難以防範之層面，但所涉及之部分，卻是比國境安全更為高層次之國家安全。站在國家立場，是很難去對全民灌輸保防之概念，但至少，對於負責陸客來台相關業務之行政機關人員，宜進行全面之保防教育，當然亦包括陸客來台觀光申請案件之審核人員。

　　申請案件之審核人員是整個審核機制之核心，案件之審核可以透過電腦資料來輔助判斷，但是絕對無法僅憑電腦之審核，而賦予准駁，重點仍在於人。建議應由適當之人做適當之事，審核案件是如此重要之工作，應由經過國家考試合格之專業公務人員來負責審核，而非僅由非專業性之約聘僱人員或委外人員來進行審核，即使因人力不足須由約聘僱人員或委外人員審核，亦應聘用與國安體制有合作關係且具有專才之民間團體人員來負責審核，而非為搶救失業率，僱用由縣市政府就業輔導中心推薦之一般民眾來進行重要之申請案件審核，更不能以資訊外包人員來進行申請案件之審核。整個陸客來台觀光之申請審核機制，必須先加強審核人員之專業性，以求符合審核體制，再來對於審核流程進行全面性檢討。而既然是入境申請案件之審核，審查重點應是以國家安全作第一優先考量，而非以國家政策、人民福祉、人權保障等因素作為案件審核之優先考量，如此，完備整體之審核機制，才能為國境管理之安全機制再添一份保障。

四、在大陸地區設立辦事處，完善「事前管理」之能量

　　另外，我國「境外管理」之風險控管機制未能完善建立，由於在政策思維上並未完全落實，亦導致在管理機制之調整上尚未完善「事前管理」

之風險控管機制[16]。境外管理等同於核發許可證之事前管理，即是所謂之源頭管理，但是欲落實陸客來台之源頭管理，即必須在大陸地區設立辦事處及配置工作人員，其所涉及之層面相當廣泛，但不論其難度為何，均應以此作為目標管理，將入出境許可之作為回歸正常化之源頭管理，才能落實國境安全管理之目的。

五、有效使用國境管理之資訊設備及系統，執行陸客入出境查驗等工作

　　內政部移民署為求國境管理之作為能與國際接軌，目前正全面更新國境資訊系統，建置航前旅客資訊系統（APIS）、自動通關系統（e-Gate），並配合旅客生物特徵辨識功能進行比對使用，在國境管理之設備及系統建置上，無疑已達國際化之水準，但是在使用之層面上卻未能普及，是比較可惜之地方。

　　以APSI而言，雖然內政部移民署和航空公司之間已經開始在進行資料傳輸比對，亦確實能有效達到旅客入境前之身分掌握，但若欲更進一步運用APIS之資訊，必須透過國際組織，如國際航空運輸協會（International Air Transport Association, IATA）來進行與各國之間之資料交換，尤其我國在國際上非屬強國，若不透過IATA來與各國進行APIS之資料交換，而欲與各國之間進行P2P（Point to Point）之資料交換，恐怕難與各國逐一商議，且如美國，亦是透過IATA來進行APIS資料交換，再者，不同之國家有不同之資料格式，以我國單一之APIS，恐怕亦難以一一比對資料。目前，我國係礙於經費編列之問題，無法與IATA進行資料交換，建議應由行政院以上之層級介入協調經費之編列方式，必須透過IATA作資料交換，才能令APIS發揮更大之作用，亦才能實際與國際之國境管理措施接軌，以達到安全預防之作用。

　　另外，在自動通關系統（e-Gate）設備之使用上，目前僅開放國人註

---

[16] 范世平，《大陸地區人民來台管理機制之研究》，行政院研究發展考核委員會委託研究案（台北：中華亞太菁英交流協會執行，2011），頁271-280。范世平，《大陸觀光客來台對兩岸關係影響的政治經濟分析（台北：秀威圖書公司，2010），頁50-58。

冊使用，但就國境管理之角度來看，安全管理之對象主要是外來人口，再
者，以目前陸客來台之數量如此龐大，已造成國境線上查驗人力嚴重不
足，有如此之設備，若不能開放給大陸地區人民或其來外來人口通關使
用，易令人感覺是浪費國境管理之資源，但是使用自動通關設備的確是須
有配套措施，才能達到快速且安全之通關作用。因此，建議可比照美國與
加拿大模式，建立一套旅客信任制度，對於經常往來我國，且無安全顧慮
之虞旅客（包含大陸地區人民及其他外來人口），開放可於網路上註冊使
用我國自動通關設備，以提升設備之使用性，及增加國境管理之效能。不
過，對於目前使用自動通關系統之對象，並無給予任何通關憑證，亦未在
護照上加蓋入出境章戳之作法，似乎不妥，入出境之對象仍應有相關書面
入出境紀錄較爲妥適，不應只由電腦紀錄其入出境時地。建議可比照美國
或加拿大之方式，將自動通關系統視爲輔助人工查驗系統，可選擇由系統
自動出具一紙入出境憑證貼紙，可令旅客自行黏貼在護照內頁；或是在自
動通關系統之外，仍需有查驗人員對旅客之護照加蓋入出境章戳，惟不必
再查驗身分，如此一來亦不會耽誤查驗時間，既能快速通關，亦能顧及安
全性，對於國境管理而言是相當具有助益之作爲，可行性極高。

六、國安團隊建置之大陸人士資訊系統互享資源，應開放供基層之
執法人員使用

　　一般陸客來台對於國家安全影響並不大，若基於國安之顧慮，應是大
陸地區具有黨政軍背景等身分較爲機敏之人士，而對於大陸機敏人士之管
理需求，前提在於能夠精確而快速之判斷其是否具備機敏身分，而我政府
相關國安機關均有所謂「大陸人士資料庫」[17]。以國安團隊之運作模式，
在國家安全至上之前提下，建立大陸人士資料庫應有資料共享之平台，但
由於第一線執法人員目前並無從查詢大陸機敏人士身分，因此，應僅有相
關業務單位及主辦人員始有查詢權限。

　　但是，實務上陸客來台之後，若在地方上有從事任何可疑之行爲被發

---

[17] 王智盛，〈大陸地區人民來台的國境管理機制——以管制理論分析〉，發表於2012年國境管
理與執法學術研討會（桃園：中央警察大學國境警察學系），頁57-70。

現者，通常到場處理之人，均為第一線之基層執法人員，如派出所員警或內政部移民署專勤隊人員。因到場之基層執法人員無法查詢大陸機敏人士身分，只能就所持之相關證件進行調查，若該大陸機敏人士所持之證件合法，且從事之活動僅屬可疑，並無違法，基層執法人員只能任其離去繼續活動，至多僅作內部紀錄留存，並不會把此一類案件向上陳報，即使有向上陳報，此類案件陳報層級通常並不會到達有權限查詢「大陸人士資料庫」之業務單位，即因如此，往往忽視陸客在台所作之情報蒐集工作。

因此，對於國安團隊所建立之「大陸人士資料庫」，除橫向之資訊分享外，亦應縱向廣泛加以使用，若恐機密資料外洩，則在帳號管理及資料分級閱覽之程序上，均可有所設限，就重要資料之本質而言，應是合法合理之分享，以達到資料蒐集目的，發揮最佳之效果，而非過度保密使用，浪費資源。

七、我國有必要於大陸地區先行採集陸客及其他大陸身分人士之生物特徵，並回傳台灣國內國境管理機關，以利陸客及其他大陸身分人士入境時比對之用

根據大陸地區人民按捺指紋及建檔管理辦法第3條第1項之規定，大陸地區人民申請進入台灣地區團聚、居留或定居者，應按捺指紋；未按捺指紋者，不予許可其團聚、居留或定居之申請。另外，依據內政部移民署公告之大陸地區人民按捺指紋建檔方式之規範，申請來台團聚、依親居留、長期居留或定居時，須按捺左、右手拇指指紋；其他事由如來台觀光、商務、參觀、訪問，及6歲以下兒童不須按捺。依據上述相關之規定，按捺指紋之對象，係指：1.來台團聚；2.依親居留；3.長期居留；4.定居；但不包括陸客。

目前之實況，因諸多之因素，如部分立委反對等[18]，截至2012年上半年為止，我國尚未於大陸地區先行採集陸客之生物特徵辨識資訊。由於無法順利地採集陸客之生物特徵資訊，故亦無法回傳台灣國內，以利陸客入

18　Yonyshell，〈生物辨識，藍委：陸客是恐怖分子嗎？〉，瀏覽日期：2012/05/18，http://www.wretch.cc/blog/tonyshell/6361820。

境時比對之用，此會導致國境安全管理產生頗大之缺失及風險。觀諸美國及日本等先進之國家，均有對外國旅客採集生物特徵之機制，它已是國際社會上，國境人流管理機制中之國際主流之趨勢與先進作法[19]。

　　故台灣實有必要於大陸地區先行採集陸客之生物特徵[20]，並結合陸客自動通關之機制，作為陸客入境時，自動通關比對之用。它具有以下效能：1.加速通關之速度，令陸客入境時，感受到尊嚴及高尚之對待；2.強化台灣國境人流管理效能；3.減少國境事務大隊移民官之工作及心理層面之巨大壓力；4.解決目前事前審查之諸多弊端（已如前文所述）。

　　由於美國、日本、英國、阿拉伯酋長聯合大公國及其他國家等，對於外國旅客均會蒐集其生物特徵辨識資料，此種之國境人流管理之作法，事實上，已是一種國際之主流作為，廣受全球各地人士接受。是以，台灣為提升國境人流管理之效能與能量，有必要在大陸地區受理陸客來台觀光，及其他來台事由之入出境許可證之申請作業；於陸客申請之時，對陸客及其他大陸身分人士按捺指紋及拍攝人臉照片[21]，並回傳台灣。同時，亦宜賦予陸客及其他大陸身分人士，於國際及相關機場及港口自動通關之機

---

[19] Wikipedia, "US-VISIT", retrieved May 18, 2012 from: http://en. wikipedia.org/wiki/US-VISIT. Border Security System Left Open, retrieved Nov 21, 2015 from: http://www.wired.com/2006/04/border-security-system-left-open/.
Electronic Privacy Information Center, "Spotlight on Surveillance: US-VISIT Rolls Out the Unwelcome Mat", retrieved Nov. 21, 2015 from: https://epic.org/privacy/surveillance/spotlight/0705/.
Jonah Czerwinski, "GAO on Sentinel, US-VISIT, DOS Visas", retrieved May 18, 2012 from: http://www.hlswatch.com/2007/08/05/gao-on-sentinel-us- visit-dos-visas/.
Matt Billeri & Abel Sussman, "Biometrics in Travel and Transportation", retrieved May 19, 2012 from: http://identity.utexas.edu/media/id360/ID360-2012-MatthewBilleri-Presentation.pdf.
Shreesh Kumar Pathak, "Concept of Border Management", retrieved May 16, 2012 from: http://jnu.academia.edu/ShreeshKumarPathak/Papers/139942/Concept_of_Border_Management.

[20] 有關採集陸客之生物特徵之相關文獻，尚可參閱施明德，《實施個人生物特徵蒐集對入出境通關查驗流程之影響》（台北市：內政部自行研究報告，2010），頁1-75。鍾錦隆，〈防止陸客及外國人士逃跑，政府擬引進生物特徵照片〉，瀏覽日期：2012/05/18，http://news.rti.org.tw/index_newsContent.aspx?nid=158345。王智盛，〈兩岸互設辦事處之前景與展望〉，《亞太和平月刊》，第5卷第2期，2013年。

[21] 鍾錦隆，〈防止陸客及外國人士逃跑，政府擬引進生物特徵照片〉，瀏覽日期：2012/05/18，http://news.rti.org.tw/index_newsContent.aspx?nid= 158345。

制，並將上述兩者功能結合，俾利陸客及其他大陸身分人士於入境時，能快速通關。

八、有效掌控蒐集特殊大陸人士在台從事相關違法行為之情事

台灣正式開放陸客自由行之時程，係為2011年6月之後。在此之前，根據國家安全局於立法院所提供之相關資訊顯示，中國大陸之相關情治單位，為達到對台灣進行情蒐之目的，常以官方、民間、學者……等各種不同之方式來台，直接之目的，則為進行情報蒐集。在實際現況中，事實上，亦有數個嚴重案件，已遭地檢署起訴[22]。上述所論，係為台灣未正式開放陸客自由行前之情形，是以，由以往的經驗可得知，有必要掌控特殊大陸人士在台從事相關違法之行為，避免彼等侵害台灣之國家主權利益[23]。

根據內政部移民署統計，2014年查獲大陸人士來台從事違法行為之人數，總計已高達2,788人，比2013年的1,415人高出近1倍，相關違法情形如下所述[24]：

1. 逾期居停留1,492人最多；
2. 偽、變造或冒領證件618人；
3. 假結婚492人；
4. 非法工作91人；
5. 從事色情工作29人；
6. 其他違法行為66人。

---

[22] 耿豫仙，〈陸客6月自由行，國安局長：行蹤難掌控〉，瀏覽日期：2012/05/15，http://www.epochtw.com/11/5/27/166512.htm。

[23] 謝立功教授亦有類似之主張，謝教授認為：我國實有必要確實掌握大陸特定人士在台從事與申請目的不符之活動，或違反兩岸關係條例等有關違法（規）、違常之有關情資線索與事證。以上資料，請進一步參閱謝立功，〈大陸地區人民來台現況及因應作為〉，《展望與探索》，第9卷第9期，2011年，頁29-35。謝立功，《由國境管理角度論國土安全防護機制》，專題研究計畫成果報告（台北：行政院國家科學委員會，2007），頁6-7。葉宗鑫，〈政府人流管理機制之考察與我國制度之省思〉，發表於兩岸經貿研究中心族群與文化發展學術研討會（台北：行政院退除役官兵輔導委員會，2004）。

[24] 鍾麗華，〈中客來台違規，暴增一倍〉，瀏覽日期：2015/11/18，http://news.ltn.com.tw/news/politics/paper/912263。

　　於2015年上半年，亦已查獲1,124件陸客違規行為。自從2008年以來，台灣正式開放陸客來台觀光，截至2012年上半年為止，陸客常發生與治安相關之違法行為，最常發生之違法類型，係為脫團，其次則為較為零星少見之犯行，諸如：違法拍攝軍事要地，此部分之犯行，我方通常是用柔性勸導之方式，禁止陸客違法拍攝行為，罕見將其移送檢察及警察機關偵辦。於2015年7月，曾發生自由行之陸客楊○○，以操控之無人機，撞擊台北101大樓之危險行為[25]。

　　就脫團而論，從2008年以來，陸客下落不明之脫團人數，約有100多人左右；至2012年3月為止，約剩40多人下落不明，脫團率是十萬分之三，所查獲之脫團陸客，均未涉及國家安全。雖然，來台之陸客，從過去經驗，未涉及國安，不過，防制中國之情報蒐集工作，我方仍宜戒慎恐懼為佳[26]。

　　在違法拍攝軍事要地部分，花蓮空軍基地因位處於風景秀麗之七星潭旁，易遭導遊及陸客雙方從圍牆外，或從對面大賣場頂拍攝基地內相關之地形、軍機數量及起降情形[27]，上述行為，恐有違反「要塞堡壘地帶法」第4條及第5條之規定，即非受有國防部之特別命令，不得為測量、攝影、描繪、記述及其他關於軍事上之偵察事項；上開行為，依據同法第9條之規範，可論以「測繪要塞處所罪」，即犯第4條第1款或第5條第1款之規定，處1年以上、7年以下有期徒刑。

　　是以，政府主管機關有必要對導遊及陸客加強宣導，及於適當地點裝設高解析度之攝錄影機，以免導遊及陸客觸犯「要塞堡壘地帶法」第4

---

[25] 同上註。

[26] 陳培煌，〈移民署：查獲脫團陸客無涉國安〉，瀏覽日期：2012/05/18，http://tw.news.yahoo.com/%E7%A7%BB%E6%B0%91%E7%BD%B2-%E6%9F%A5%E7%8D%B2%E8%84%AB%E5%9C%98%E9%99%B8%E5%AE%A2%E7%84%A1%E6%B6%89%E5%9C%8B%E5%AE%89-034911068.html。

張永泰，〈逾期不歸陸客是否影響台灣國安？〉，瀏覽日期：2012/05/18，http://www.epochtimes.com/b5/12/3/8/n3534142.htm%E9%80%BE%E6%9C%9F%E4%B8%8D%E6%AD%B8%E9%99%B8%E5%AE%A2%E6%98%AF%E5%90%A6%E5%BD%B1%E9%9F%BF%E5%8F%B0%E7%81%A3%E5%9C%8B%E5%AE%89-。

[27] Youtube，〈中華民國規定禁止窺視軍事基地！七星潭陸客窺拍、賣場遠眺！〉，瀏覽日期：2012/05/19，http://www.youtube.com/watch?v=fpy5MzrWcmg。

條、第5條及第9條之相關規定；同時，有效保障花蓮空軍基地等相關要塞堡壘地帶之軍情與安全。

九、內政部移民署宜適度擴增陸客來台申請案件之專業審核人力名額

陸客來台申請案件為內政部移民署之主要業務工作之一，其申請案件之准駁，乃屬行政機關之行政處分作為，影響人民權益甚大，而申請案件審核人員掌有准駁之權限，其重要性自然不在話下。然而，目前內政部移民署囿於人力及專業之因素，在審核工作上尚有補強之處，且審核人力亦明顯不足，宜適度擴增。內政部移民署自101年起舉辦公務人員特種考試移民行政人員考試，至今每年錄取人數均達百人以上，錄取人員在接受為期1年之完整教育訓練後，即可分派內政部移民署任職，屆時對於人員之專業性及人力均有相當大之助益。

再者，內政部移民署乃屬全國性之行政機關，各縣、市均有所屬之外勤站、隊，通常，市區單位與郊區或離島單位之業務量差異甚大，但因應各單位基本勤、業務人數之需求，單位人數與業務量並不是完全成正比，亦即，郊區或離島單位人員之工作負擔，通常會比市區單位人員較為輕鬆。由於目前陸客來台申請案件係全面採線上申請、審核及發證之方式，故內政部移民署可考量將陸客來台申請之案件，透過電腦指定給郊區或離島單位正職人員進行審核，如此並不影響代申請旅行社之申請程序或發證程序，即可提升審核人員之專業性，也可稍微平衡市區單位與郊區或離島單位之業務工作量，理論上，應為可行之道。

倘若上述工作調整確有窒礙難行之時，仍應以擴增人力為優先，續增聘約僱人員進行申請案件審核工作，惟須連同現職審核案件之約聘僱人員一同辦理專業訓練為上策，內容除審核案件之相關法令及專業審核技術之教授外，其他法學素養、公務倫理及風紀觀念等課程，亦一併納入訓練範疇，才能達到其審核申請案件所需之專業性。

第四節　結論

經綜合整理前述所提及之相關觀點與論述，本文提出以下之結論與建議；首先，在結論方面，兩岸間之經濟、社會、文化、體育、宗教、觀光等之交流與互動關係，近年來，隨著馬總統之執政，有呈現良性之互動交流。然而，兩岸之緊密相依，並不意味中國業已放棄武力攻台。兩岸在政治及軍事上，仍處於高度緊張之關係。

尤其在軍事方面，根據前文所提及美國政府「向美國國會提交例行性年度報告──2012年涉及中華人民共和國之軍事及安全發展」（Annual Report to Congress–Military and Security Developments Involving the People's Republic of China 2012）之內容，顯示中國人民解放軍在攻台作戰任務方面，不斷在強化能量、力道與軍備，以打擊台灣及對抗可能介入台海軍事衝突之美軍，隨時為攻台及排除第三國干涉勢力作準備[28]。中國人民解放軍對台準備發動點穴戰，用以攻擊台灣之對台導彈之數量（包含巡弋飛彈），截至2015年止，約在1,500枚至1,800枚之間。在如此之氛圍下，實難導出兩岸已遠離戰爭之風險。比較正確及務實之觀察，兩岸軍事衝突之風險，似乎並未降低，持續不斷升高中。

---

[28] 中國大陸對台灣之政治主權主張，除了使用軍事手段加以解決之外，似乎，中國亦可朝更具有文明化及人性化之方式解決，如政治民主化之方向改革，當兩岸之民主政治均頗為成熟時，兩岸政府與民眾對於台灣主權之議題，有可能會是另外一種之解讀方式。再者，戰爭是一種殺人之行為，使用軍事手段──戰爭，以解決政治主權之不同主張，是非常不明智之作法。即使是防衛方之中華民國國軍之部隊，從佛教之觀點，亦是有爭議性的。根據暢懷法師之護生見解，吾人不能主張：為了保家衛國，可以殺生。假若某一位中華民國軍人，曾受佛教五戒，五戒之中，包括：不殺生戒。面對人民解放軍之攻擊，如何處理？暢懷法師主張，則其須退捨不殺生戒，或將佛教戒律中之五戒全捨掉，之後，該位曾受佛教五戒之中華民國軍人，始可以參戰，這樣，或許，比較圓滿一點。本文認為，即使退捨不殺生戒，在戰場上，殺人之行為（包括殺死人民解放軍之攻台軍人），仍是一種殺生之行為。個人肯定暢懷法師之見解，只要是殺人之行為，即使是為了保衛中華民國之國家主權，就構成嚴重殺生之定義，均是殺生，未來，必須接受殺生之果報，諸如：亦被他人所殺害，成為被殺害之對象。請參見暢懷法師，〈法師開示篇──學佛答問：暢懷法師解答〉，瀏覽日期：2015/11/19，http://webcache.googleusercontent.com/search?q=cache:KU_86isD9agJ:www.bya.org.hk/quarterly/148/enlighten_1.htm+&cd=6&hl=zh-TW&ct=clnk&gl=tw。相對而論，中國用侵略之殺人手段，以解決對台灣之政治主權主張之目標（此目標尚具有高度爭議性），手段與目標之關聯性方面，似乎是更加地不符合比例原則。是以，最不明智與不理性之作法，始使用軍事手段──戰爭，以解決兩岸之政治主權爭議。

　　另外，依據「一〇四年中共軍力報告書」之數據，中國對台所部署之各式短程彈道及巡弋飛彈，則增至為1,500枚。與民國100年至103年相比較之結果，成長了百餘枚[29]。亦即，兩岸在政治及軍事上之對立，是持續惡化與升高之間，中國持續地提升武力攻台之能量。

　　以上之相關資料均顯示，兩岸在政治及軍事上，仍處於極高度對抗之關係中，事實上，兩岸間之經濟、社會、文化、體育、金融、宗教、教育、觀光……等之良善交流，並未減緩兩岸在政治及軍事上之對立，中國對台實施兩面手法。是以，針對陸客來台觀光之課題，台灣仍應強化國境人流管理之作為。在陸客自由行部分，我國之政策目標，即所謂「機會極大化，風險極小化」之原則，全力降低安全風險，本文亦非常支持上述陸客來台觀光之政策。

　　不過，在國境人流管理之作為部分，似乎仍有改善空間。大陸地區人民來台觀光對國境管理之影響層面，如下所述：1.簡化陸客申請文件，可能造成身分查核不實；2.陸客申請案件審核之人力及專業性不足，影響入境前之身分安全查核；3.法令修正頗為過速，執法人員因應不及，影響國境安全之執法；4.我方危機意識與心防漸弱（失）。上述國境人流管理之缺失部分，台灣仍有精進空間。

　　另外，就建議而論，本文臚列以下具體可行之建議，以作為政府施政參考之用：1.明確兩岸政策之方向，掌握陸客來台主導權；2.簽署兩岸境管協議，加強國境管理合作；3.加強陸客申請案件審核機制，以達到源頭管理為目標；4.在大陸地區設立辦事處，完善「事前管理」之能量；5.有效使用國境管理之資訊設備及系統，執行陸客入出境查驗等工作；6.國安團隊建置之大陸人士資訊系統互享資源，應提供給基層執法人員使用；7.我國有必要於大陸地區先行採集陸客及其他大陸身分人士之生物特徵，並回傳台灣國內國境管理機關，以利陸客及其他大陸身分人士入境時比對之

---

[29] 羅添斌，〈國防部「中共軍力報告書」出爐：1,400變1,500枚，中國增加對台飛彈〉，瀏覽日期：2015/10/19，http://webcache.googleusercontent.com/search?q=cache:kt1tVfpAMTkJ:news.ltn.com.tw/news/focus/paper/911648+&cd=3&hl=zh-TW&ct=clnk&gl=tw。曹郁芬、蘇永耀，〈對台短程飛彈，已部署1200枚〉，瀏覽日期：2012/06/27，http://www.libertytimes.com.tw/2012/new/may/19/today-t3.htm。

用；8.有效掌蒐特殊大陸人士在台從事相關違法行為之情事；9.內政部移民署宜適度擴增陸客來台申請案件之專業審核人力名額。

參考文獻

一、中文

王智盛，〈大陸地區人民來台的國境管理機制——以管制理論分析〉，發表於2012年國境管理與執法學術研討會（桃園：中央警察大學國境警察學系）。

王智盛，〈兩岸互設辦事處之前景與展望〉，《亞太和平月刊》，第5卷第2期，2013年。

王智盛，〈中共兩會對台政策解析〉，《亞太和平月刊》，第6卷第4期，2014年。

王智盛，〈兩岸制度性整合的可能性——「粵港合作框架」與「海峽西岸經濟區」的比較分析〉，《亞洲研究》，第68期，2014年。

王寬弘，〈國境安全檢查若干法制問題之探討〉，發表於2012年國境管理與執法學術研討會（桃園：中央警察大學國境警察學系）。

王寬弘，〈國家安全法上國境安檢之概念與執法困境〉，《國土安全與國境管理學報》，第20期，2013年。

王寬弘，〈入出國證照查驗意義與相關職權之比較〉，《國土安全與國境管理學報》，第22期，2014年。

吳學燕，《移民政策與法規》（台北：文笙書局，2009）。

李震山等編著，《入出國管理及安全檢查專題研究》（桃園：中央警察大學出版社，1999）。

汪毓瑋，〈台灣「國境管理」應有之面向與未來發展〉，發表於2008年國境安全與人口移動學術研討會（桃園：中央警察大學國境警察學系）。

汪毓瑋，〈移民與國境管理〉，發表於2012年國境管理與執法學術研討會（桃園：中央警察大學國境警察學系）。

汪毓瑋，〈從歐盟聯合調查組之運作探討跨境執法合作之發展〉，《國土安全與國境管理學報》，第20期，2013年。

汪毓瑋，〈國土安全理論與實踐之發展〉，《國土安全與國境管理學報》，第23期，2015年。

林盈君，《看不見的世界：人口販運》（台北：翰蘆，2015）。

施明德，《實施個人生物特徵蒐集對入出境通關查驗流程之影響》（台北：內政部自行研究報告，2010）。

范世平，《大陸觀光客來台對兩岸關係影響的政治經濟分析（台北：秀威圖書公司，2010）。

范世平，《大陸地區人民來台管理機制之研究》，行政院研究發展考核委員會委託研究案（台北：中華亞太菁英交流協會執行，2011）。

高佩珊，〈美國移民問題分析〉，《國土安全與國境管理學報》，第24期，2015年。

許義寶，〈論人民出國檢查之法規範與航空保安〉，《中央警察大學國土安全與國境管理學報》，第17期，2012年。

許義寶，〈論人民出境安全檢查與航空保安〉，發表於2012年國境管理與執法學術研討會（桃園：中央警察大學國境警察學系）。

許義寶，〈論人民之入出國及其規範〉，《中央警察大學警學叢刊》，第40卷4期，2010年。

陳明傳，〈我國移民管理之政策與未來之發展〉，《文官制度季刊》，第6卷第2期，2010年。

陳明傳，〈公私協力之國土安全管理發展之研究〉，發表於2012年國境管理與執法學術研討會（桃園：中央警察大學國境警察學系）。

陳明傳，〈移民理論之未來發展暨非法移民之推估〉，《中央警察大學國土安全與國境管理學報》，第22期，2014年。

陳明傳、蔡庭榕、孟維德、王寬弘、柯雨瑞、許義寶、謝文忠、王智盛、林盈君、高佩珊，《移民理論與移民行政》（台北：五南，2016）。

葉宗鑫，〈政府人流管理機制之考察與我國制度之省思〉，發表兩岸經貿研究中心族群與文化發展學術研討會（台北：行政院退除役官兵輔導委員會，2004）。

蔡庭榕，《警察百科全書（9）外事與國境警察》（桃園：中央警察大學，2000）。

謝立功，《由國境管理角度論國土安全防護機制》，專題研究計畫成果報告（台北：行政院國家科學委員會，2007）。

謝立功，〈大陸地區人民來台現況及因應作為〉，《展望與探索》，第9卷第9期，2011年。

簡建章，〈入出國許可基本問題之研究〉，《中央警察大學國境警察學報》，第6期，2006年。

二、外文

Collyer, M. "States of insecurity: Consequences of Saharan transit migration", in the Working Paper No. 31, (UK: Centre on Migration Policy and Society (COMPAS), University of Oxford. 2006).

Huang, W. C.. Broken Bonds: Crime and Delinquency of Foreign Immigrants in Taiwan, (Dissertation, Criminal Justice College, Sam Houston State University, USA, 2013).

Huntington, Samuel P. Who Are We? The Challenges to America's National Identity, (NY: Simon & Schuster, 2004).

Office of the Secretary of Defense of U.S.A. Annual Report to Congress–Military and Security Developments Involving the People's Republic of China 2012, (USA: Office of the Secretary of Defense, 2012), pp. 1-44.

Redpath, J. "Biometrics and International Migration" in R. Cholewinski, R. Perruchoud and E. MacDonald (eds.), International Migration Law: Developing Paradigms and Key Challenges, (The Hague :Asser Press, 2007), pp. 427-445.

Singapore Immigration & Checkpoints Authority. ICA annual report 2009, (Singapore: ICA, 2009), pp.65-70.

松隈清，《國際法概論》（東京：酒井書店，2000）。

三、網路資料

Border Security System Left Open, retrieved Nov. 21, 2015 from: http://www.wired.com/2006/04/border-security-system-left-open/.

Electronic Privacy Information Center, "Spotlight on Surveillance: US-VISIT Rolls Out the Unwelcome Mat", retrieved Nov. 21, 2015 from: https://epic.org/privacy/surveillance/spotlight/0705/.

Jonah Czerwinski, "GAO on Sentinel, US-VISIT, DOS Visas", retrieved May 18, 2012 from: http://www.hlswatch.com/2007/08/05/gao-on-sentinel-us-visit-dos-visas/.

Matt Billeri & Abel Sussman, "Biometrics in Travel and Transportation", retrieved May 19, 2012 from: http://identity.utexas.edu/media/id360/ID360-2012-MatthewBilleri-Presentation.pdf.

Shreesh Kumar Pathak, "Concept of Border Management", retrieved May 16, 2012 from: http://jnu.academia.edu/ShreeshKumarPathak/Papers/139942/Concept_of_Border_Management.

Wikipedia, "US-VISIT", retrieved May 18, 2012 from: http://en.wikipedia.org/wiki/US-VISIT.

Yonyshell，〈生物辨識，藍委：陸客是恐怖分子嗎？〉，瀏覽日期：2012/05/18，
　　http://www.wretch.cc/blog/tonyshell/6361820。

Youtube，〈中華民國規定禁止窺視軍事基地！七星潭陸客窺拍、賣場遠眺！〉，瀏
　　覽日期：2012/05/19，http://www.youtube.com/watch?v=fpy5MzrWcmg。

內政部移民署，〈業務統計資料〉，瀏覽日期：2015/12/05，http://www.immigration.
　　gov.tw/ct.asp?xItem=1084082&ctNode=29699&mp=1。惟自2014年起，移民署即
　　未公開申請及核准數據。

王定傳，〈移民署約僱人員收賄百萬，放行中國旅客〉，瀏覽日期：2012/05/15，
　　http://tw.news.yahoo.com/%E7%A7%BB%E6%B0%91%E7%BD%B2%E7%B4%
　　84%E5%83%B1%E4%BA%BA%E5%93%A1%E6%94%B6%E8%B3%84%E7%
　　99%BE%E8%90%AC-%E6%94%BE%E8%A1%8C%E4%B8%AD%E5%9C%8B
　　%E6%97%85%E5%AE%A2-203546905.html。

台灣貴豪旅行社股份有限公司，〈陸客來台相關資訊──申請流程〉，瀏覽日期：
　　2015/11/10，http://www.amsito.com.tw/event_01.aspx?ID=192。

林志偉，〈機場有瀑布，管線漏水，員工成落湯雞〉，瀏覽日期：2011/10/21，
　　http://www.tvbs.com.tw/news/news_list.asp?no=betty00455201109 05163059。

姚介修、羅添斌，〈移民署境管電腦凸槌，當機36小時，丟臉丟到國際〉，瀏覽日
　　期：2011/10/21，http://www.libertytimes.com.tw/2009/new/jan/7/today-life1.htm。

耿豫仙，〈陸客6月自由行，國安局長：行蹤難掌控〉，瀏覽日期：2012/05/15，
　　http://www.epochtw.com/11/5/27/166512.htm。

張永泰，〈逾期不歸陸客是否影響台灣國安？〉，瀏覽日期：2012/05/18，http://
　　www.epochtimes.com/b5/12/3/8/n3534142.htm%E9%80%BE%E6%9C%9F%E4
　　%B8%8D%E6%AD%B8%E9%99%B8%E5%AE%A2%E6%98%AF%E5%90%A
　　6%E5%BD%B1%E9%9F%BF%E5%8F%B0%E7%81%A3%E5%9C%8B%E5%
　　AE%89-。

曹郁芬、蘇永耀，〈對台短程飛彈，已部署1200枚〉，瀏覽日期：2012/06/27，
　　http://www.libertytimes.com.tw/ 2012/new/may/19/today-t3.htm。

陳培煌，〈移民署：查獲脫團陸客無涉國安〉，瀏覽日期：2012/05/18，http://
　　tw.news.yahoo.com/%E7%A7%BB%E6%B0%91%E7%BD%B2-%E6%9F%A5%E
　　7%8D%B2%E8%84%AB%E5%9C%98%E9%99%B8%E5%AE%A2%E7%84%A1
　　%E6%B6%89%E5%9C%8B%E5%AE%89-034911068.html。

暢懷法師，〈法師開示篇──學佛答問：暢懷法師解答〉，瀏覽日期：2015/11/19，

http://webcache.googleusercontent.com/search?q=cache:KU_86isD9agJ:www.bya.
org.hk/quarterly/148/enlighten_1.htm+&cd=6&hl=zh-TW&ct=clnk&gl=tw。

鍾錦隆，〈防止陸客及外國人士逃跑，政府擬引進生物特徵照片〉，瀏覽日期：
2012/05/18，http://news.rti.org.tw/index_newsContent.aspx?nid= 158345。

鍾麗華，〈中客來台違規，暴增一倍〉，瀏覽日期：2015/11/18，http://news.ltn.com.
tw/news/politics/paper/912263。

羅添斌，〈國防部「中共軍力報告書」出爐：1400變1500枚，中國增加對台飛
彈〉，瀏覽日期：2015/10/19，http://webcache.googleusercontent.com/search?q
=cache:kt1tVfpAMTkJ:news.ltn.com.tw/news/focus/paper/911648+&cd=3&hl=zh-
TW&ct=clnk&gl=tw。

| 第五章 |

兩岸反恐合作與國境管理
——從中國大陸「反恐怖主義法」探討之[*]

王智盛[**]

第一節　前言

一、恐怖主義分子跨境流動的新挑戰

　　2015年11月13日星期五的深夜，法國首都巴黎遭遇該國近代最嚴重的恐怖攻擊，接連發生多起槍擊案與爆炸案，襲擊事件共造成來自26個國家的127人當場遇難，3人到院後不治，99人重傷，368人受傷[1]。除了當今頭號恐怖組織「伊斯蘭國」（Islamic State, IS）已出面認帳外，希臘也證實其中一名恐怖分子疑似以敘利亞難民身分由希臘入境歐洲[2]，此外，在法國總統歐蘭德13日深夜宣布全國進入緊急狀態，恢復邊境控管措施[3]。這

---

[*]　本文原載於2015年11月22日「第十一屆恐怖主義與非傳統安全」學術研討會，經與會學者專家指正後略以修改定稿，在此感謝與會學者專家之指正與建議。

[**]　中央警察大學國境警察學系助理教授。

[1]　維基百科，https://zh.wikipedia.org/wiki/2015%E5%B9%B411%E6%9C%88%E5%B7%B4%E9%BB%8E%E8%A5%B2%E6%93%8A%E4%BA%8B%E4%BB%B6。〈巴黎恐攻歐盟各國聯手逮同夥　自殺炸彈客疑持敘利亞護照入境歐洲〉，《風傳媒》，瀏覽日期：2015/11/18，http://www.storm.mg/article/73903。

[2]　同上註。

[3]　在恢復邊境控管方面，法國邊防與海關將加強陸海空口岸出入人員、行李與車輛的檢查，等同方法中止規範歐洲聯盟人員與貨品自由流通的「申根協定」效力。歐朗德強調，邊境管控旨在確保無人擅入法境犯罪，搜捕企圖離境的巴黎恐攻共犯。參見〈法進入緊急狀態 邊境控管〉，《中時電子報》，瀏覽日期：2015/11/18，http://www.chinatimes.com/newspape

個被號稱是「法國版的911事件」，突顯出了恐怖主義分子透過便利的跨境流動帶來恐怖攻擊的潛在風險，也對全球人流管理帶來新的挑戰。

其實在2014年9月，沙烏地阿拉伯籍男子Baghlaf Saeedahmed從中國大陸上海搭機飛抵高雄小港機場，遭我移民官發現身分爲列管國際恐怖分子而遭送離境一案[4]，就已經突顯出兩岸在跨境人流管理上的漏洞與不足。本案係因我國與美國早於2011年簽訂「恐怖分子篩濾資訊交換協議」，得以互相交換恐怖分子名單，並和我2012年啓用的「航前旅客資訊系統」（Advance Passenger Information System, APIS）結合篩濾，方得以阻絕恐怖分子於境外[5]。但深究該男爲何得以自上海輕易地登機來到台灣，據信還是因爲中國大陸迄今未與美國設立相關機制、通報恐怖分子名單，造成境管漏洞所致。

二、兩岸國境人流管理與反恐合作的可能性

從2001年911恐怖襲擊事件到2014年極端恐怖組織IS的快速擴張，十餘年來，國際反恐局勢日趨嚴峻和複雜，尤其是2014年IS的全球招募行動以及與此相伴的大規模恐怖分子跨境流動，再一次證明恐怖分子已成爲國際人口流動中最危險的構成部分，從而使得國際反恐面臨更加嚴峻的挑戰。在全球化人口流動的背景下，如何防範和控制恐怖分子的跨境流動，業成爲國際反恐新興的重要課題[6]。而自2008年以降，兩岸人流往來頻密，但由於兩岸之間的邊境人流管理始終缺乏合作機制，恐怖分子在兩岸之間流動（無論是從國外經台灣轉往大陸、或從大陸經台灣轉往第三國）都存在著風險，不僅台灣容易成爲恐怖分子中轉過境的目標之一，兩岸人流管理也可能形成國際反恐的重要缺口。時值今年1月中國大陸正式通過「反恐怖主義法」（以下簡稱「反恐法」），其中對於反恐邊境管理和國

---

rs/20151115000343-260102。

4　〈恐怖分子高雄入境 移民署掌握〉，《中央社》，瀏覽日期：2015/11/18，http://www.cna.com.tw/news/firstnews/201409180123-1.aspx。

5　同上註。

6　戴長征、王海濱，〈國際人口流動中的反恐問題探析〉，北京《中國人民大學學報》，第2期，2009年，頁107。

際合作部分有著具體規劃，雖然該法內容在恐怖主義定義、反恐作為與人權保障等面向仍有相當爭議，但若能藉由其立法過程與制度設計探索兩岸人流管理與反恐合作的可能性，仍有其價值。

第二節　理論基礎

一、全球化與國際人流管理的趨勢變遷

　　隨著經濟全球化的逐漸深入和解除管制思維的普及，「開放邊界」成為20世紀末期以降國家和邊境地區經濟發展的新要求。當時的邊境管理制度以方便人員、貨物的出入境往來為主要訴求，邊界呈現出開放到最大限度的趨勢。很多國家在當時放鬆了對邊境地區和人員出入境事務的管理，例如在北美地區，北美自由貿易協定（NAFTA）成員國之間簽署了便捷過境宣言（Smart Border Declaration），對經常由陸地口岸和機場出入境的過境者實施NEXUS快速通道制度[7]；在歐盟，接受申根公約的各成員國，則對歐盟公民取消了內部的出入境邊防檢查，實現人員貨物的自由流動[8]。

　　但自911事件之後，國家與民眾對於安全問題的關注已經開始超越經濟自由化──更精準地說，經濟全球化不僅僅關乎經濟利益，還對安全構成威脅和問題（Higgott, 2004），因此，全球化也不能僅從放鬆監管和自由化的新自由主義經濟角度來看，還要以國家安全的角度來思考。時至今日，便捷的跨境流動不再被強調為對經濟繁榮的貢獻，而更多地被人

---

[7]　NEXUS卡是頒發給美國或者加拿大公民（包括永久居民）用於美加邊境快速過關的卡，該計畫由美國和加拿大聯合推出，卡片則由美方負責發行。持有者只要在邊境或機場拿出NEXUS卡，讓儀器掃描認證後便可通關，過程大約僅需10秒。參見維基百科，瀏覽日期：2015/11/18，https://zh.wikipedia.org/wiki/NEXUS%E5%8D%A1。

[8]　根據「申根邊境法」（Schengen Borders Code）的有關規定，成員國之間需要移除所有障礙以保證內部邊境的交通通暢，申根國之間的邊境檢查站被關閉，並且大部分都被移除。因此，旅客搭乘水上、陸上以及空中交通工具在申根國之間行動時，無須再受邊境防衛隊的身分檢查。參見維基百科，瀏覽日期：2015/11/18，https://zh.wikipedia.org/wiki/%E7%94%B3%E6%A0%B9%E5%8C%BA#.E5.86.85.E9.83.A8.E8.BE.B9.E5.A2.83.E5.88.B6.E5.BA.A6。

們視為一種必須降低的風險。隨著安全化的推進，邊境不再是寬鬆流動的通道，而是需要「強化」的重要議題；國家被重新看做是「有邊界的、組織化的空間」，必須對外界潛在威脅進行嚴密控制和過濾（Graham, 2004）。

　　而近年來國際恐怖主義活動在國際人口流動不斷加強的背景下越來越猖獗，世界各國面臨的國際恐怖主義的威脅日益擴大。如何看待國際人口流動給非傳統安全領域帶來的挑戰，特別是跨國人口流動中的國際恐怖主義問題，已經成為國際社會所面臨的重要問題。Heyman（2004）就提出了各國在反恐壓力下對於國際人流管理的三個重要趨勢：首先，有關移民、毒品和現金之類的各種跨境流動越來越多被當作是非傳統安全議題來處理；其次，各國致力於推動生物特徵識別技術等先進技術在邊境控制方面的應用，用於鑑別具有潛在危險的人，並加快經常旅客的出入境速度；最後，出於國家安全方面的考慮，各國的邊境管理執行更全面、有效的安全檢測，關注更大範圍內疑似存在風險的人物。

二、恐怖分子跨境流動的類型分析

　　隨著全球化人口流動的便捷，國際恐怖分子實施恐怖襲擊的跨境流動途徑也隨之更加隱蔽化、多樣化，使得國際社會的反恐機構很難及時採取防範措施。一般而言，恐怖分子滲透到目的國實施恐怖襲擊的入境方式，有下列三種類型[9]：

（一）非法入境方式潛入

　　此又可分為偷渡和持偽造證件兩種：偷渡主要是在兩國或多國領土邊界、領海沿岸接壤的偏僻地區，這些地區往往成為非法入境的首選之地；而偽造證件則是利用現代網路資訊技術，製造假護照或簽證來達到入境的目的。

---

[9]　相關類型的分析，參考自徐軍華，〈論防範和控制恐怖分子跨境流動的國際法律規制——以伊斯蘭國為例的分析〉，武漢《法學評論》，第2期，2015年，頁13。

（二）利用合法簽證入境

合法入境一般指通過獲取臨時簽證，如短期出國旅遊、家庭團聚、留學、商務考察等，以合法的方式進入目的國。由於偷渡的風險較高，加以在全球化人口流動的趨勢下，世界各國無不強調給予合法入境旅客的便捷性，故目前國際恐怖主義分子在發動大規模恐怖襲擊事件時，都更傾向於利用合法入境的方式進入目的國，以減少恐攻計畫失敗的可能性。

（三）濫用難民地位入境

此種途徑在上述巴黎恐怖攻擊事件中受到歐盟各國側目。至於恐怖分子「濫用難民地位」，又可以分為以下兩種方式：「虛假避難」和「違背難民義務」。「虛假避難」（Bogus Asylum-seeking），是指編造認定難民的主觀因素以騙取有關國家的信任，從而獲取難民身分以進入目的國[10]。由於認定難民的主觀因素，即「因有正當理由畏懼由於種族、宗教、國籍、屬於某一社會團體或具有某種政治見解的原因而遭受迫害」[11]，非常寬泛且有較大的彈性空間，使得恐怖分子透過「虛假避難」入境到目的國成為可能。至於「違背難民義務」，則是指所謂的真實難民，在進入避難國以後，被恐怖主義犯罪集團拉攏或說服，從而實施恐怖犯罪行為，而這一種方式目前被認為是避難國最難防範的方式之一。

以上三種類型，在不同的情勢下或針對不同的國家來說，恐怖分子所採用的具體行為方式可能不同。911事件以後，由於歐美等西方國家收緊移民政策並加強移民管制措施，對偷渡的打擊力度加大，在這種情況下，恐怖分子可能會更多地採用後兩種方式；至於對移民政策偏鬆和移民管制措施相對不嚴的國家而言，恐怖分子則會直接選擇偷渡入境的方式。

---

[10] 參見1951年「關於難民地位的公約」第1條第1款。

[11] 參見1951年「關於難民地位的公約」第1條第6款。

三、打擊恐怖分子跨境流動的國際合作機制

　　自911事件以降，國際社會在打擊國際恐怖主義活動方面加強了多邊安全合作機制，試圖以此減少恐怖主義襲擊的可能性。其中，又以聯合國積極嘗試建構的國際規約和建制為主，聯合國近年來在預防和控制恐怖分子的跨境流動方面，努力建設的國際合作機制主要包括[12]：

（一）資訊交流和情報共用機制

　　聯合國要求會員國按照國內法和國際法，通過雙邊或多邊機制，緊密交流關於恐怖分子或恐怖網路的作業情報[13]；此外，聯合國還促請會員國要求在其境內營運的航空公司將旅客資訊預報提供給國家主管部門，以發現相關決議所指認可能具有恐怖分子身分的個人，通過民用飛機從其領土出發，或企圖入境或過境的情況，並進一步將資訊與這些人的居住國或國籍國分。

（二）起訴和懲罰機制

　　為了確保將任何參與資助、籌劃、籌備或實施恐怖主義行為或參與支持恐怖主義行為的人繩之以法，聯合國安理會第217號決議：決定所有會員國均應確保本國法律和條例規定嚴重刑事罪，使其足以適當反映罪行的嚴重性，用以起訴和懲罰下列人員和行為：1.為了實施、籌劃、籌備或參與恐怖主義行為，或提供或接受恐怖主義培訓而前往或試圖前往其居住國或國籍國之外的另一國家的本國國民，以及為此前往或試圖前往其居住國或國籍國之外的另一國家的其他個人；2.本國國民或在本國領土內以任何方式直接或間接地蓄意提供或蒐集資金，並有意將這些資金用於或知曉這些資金將用於資助個人前往其居住國或國籍國之外的另一國家，以實施、籌劃、籌備或參與恐怖主義行為，或提供或接受恐怖主義培訓；3.本國國民或在本國領土內蓄意組織或以其他方式協助個人前往或試圖前往其居住

---

[12]　同註9，頁16-17。

[13]　參見聯合國安理會2014年第2178號決議。

國或國籍國之外的另一國家，以便實施、籌劃、籌備或參與恐怖主義行為，或提供或接受恐怖主義培訓。

（三）能力建設機制

聯合國要求各國幫助建設國家能力，以應對外國恐怖主義戰鬥人員所構成的威脅，包括防止和制止外國恐怖主義戰鬥人員跨越陸地和海洋邊界的旅行，尤其是那些鄰近外國恐怖主義戰鬥人員武裝衝突地區的國家，並鼓勵會員國開展雙邊援助，幫助這些國家建設國家能力。

上述直接針對恐怖分子跨境流動的具體措施和國際合作機制的制度設計，是聯合國和國際社會在認識到當代國際恐怖主義發展的新趨勢並基於共識所達成的。這些措施和機制的規定可以說是面對IS快速擴張之後，國際社會作出的反應，其並為各國國內反恐立法的發展提供了進一步行動參照的方向。

第三節　中國大陸反恐法有關人流管理的內容與爭點

一、中國大陸反恐立法的進程

中國大陸長年面對分離主義的威脅，早在1997年10月實施的刑法，就已經將「恐怖組織」寫入之中；次在911事件後的2001年12月，通過刑法修正案，增設了「資助恐怖活動」罪名，強化對於組織領導恐怖組織犯罪的懲罰力度；2011年10月，中國全國人大常委會通過「關於加強反恐怖工作的決定」，明確定義恐怖活動，且對有關主管機關以及涉恐財產的凍結加以規定。2012年3月，刑事訴訟法修正案對恐怖活動犯罪的追訴、管轄、會晤律師以及違法所得沒收程式方面亦進行了系列單獨規定，以適應打擊恐怖犯罪活動需要。此外，「外國人入境出境管理法實施細則」、「金融機構報告涉嫌恐怖融資的可疑交易管理辦法」、「武裝員警法」、「反洗錢法」、「國家安全法實施細則」中也都有散落有關反恐的相關條

款[14]。

　　依據中共反恐法的立法說明，儘管其現行法律對反恐怖主義有關工作作了規定，但分散在不同的法律之中，需要進一步完善規範；根據總體國家安全觀的要求，在現有法律規定的基礎上，制定一部專門的反恐怖主義專法不僅有利於預防工作的推動，亦可產生事前嚇阻及事後取證與定罪等效果，且能完善反恐體制與運作機制，進而可以落實及有效打擊措施[15]。有鑑於此，中國大陸「反恐怖主義法草案」經大陸第十二屆全國人民代表大會常務委員會第11次會議初次審議通過，於2014年11月3日公布，向社會徵求意見；並於2015年2月26日將該草案「二審稿」提請第十二屆「全國人大」常委會第13次會議審議通過，最後於2016年1月1日由中國國家主席習近平正式公布施行。

二、中國大陸反恐法有關人流管理的內容

（一）總體略述

　　中國大陸反恐法分成總則、工作機構與職責、安全防範、情報資訊與調查、應對處置、認定恐怖活動組織和人員、反恐怖主義國際合作、保障與監督、法律責任與附則等十章，共計有106條[16]。

（二）有關反恐與人流管理的內容

　　主要落實在該法的兩個部分：

　　1. 在第三章「安全防範」方面，草案第36條至第39條，規範了國（邊）境管控與防範境外風險，包括邊防管理職責、出入境監管、境外利益保護、駐外機構內部安全防範等。除授權各級人民政府和軍事機關應當

---

[14] 汪毓瑋，〈中國大陸制定首部反恐怖主義法草案之探討〉，台北論壇基金會，瀏覽日期：2015/11/18，http://140.119.184.164/print/P_196.php；任永前，〈我國反恐立法走向初探〉，北京《法學雜誌》，第11期，2014年，頁23；杜邈，〈中國反恐立法的回顧與展望〉，《西部法學評論》，第6期，2012年，頁42。

[15] 〈關於「中華人民共和國反恐怖主義法（草案）」的說明〉，《中國人大網》，瀏覽日期：2015/11/18，http://www.npc.gov.cn/npc/lfzt/rlys/2014-11/03/content_1885127.htm。

[16] 同上註。

在重點國（邊）境地段和口岸設置攔阻隔離網、視頻圖像採集和防越境報警設施外，對於抵離國（邊）境前沿、進出國（邊）境管理區和國（邊）境通道的人員、交通運輸工具、物品，以及沿海地區出海船舶、港澳船舶、來靠大陸的台灣船舶查驗，防範和打擊恐怖活動[17]；此外，該法也授權相關部門對於恐怖活動人員和恐怖活動嫌疑人員，不予許可出境或撤銷廢止出入境、並得依法扣留其物品之權[18]；最後，該法也要求相關主管部門應當建立境外投資合作、旅遊等安全風險評估制度，對境外中國公民以及駐外機構、設施、財產加強安全保護，防範和應對恐怖襲擊[19]。

　　2. 在第七章「反恐怖主義國際合作」部分，由於開展反恐怖主義工作，必須並行推進國內國際兩條戰線，強化反恐怖主義國際合作。因此，該法在第73條至第77條中，規定了與有關國際組織開展反恐怖主義政策對話、情報資訊交流，依法開展反恐怖主義執法合作和國際資金監管合作[20]；針對涉及恐怖活動犯罪的刑事司法協助、引渡和被判刑人移管，也特別要求依照有關條約和法律規定執行[21]；另較為特別的，則是授權邊境地區的市、縣人民政府及其主管部門，報經國務院或者中央有關部門批准後，可以與相鄰國家的地區、主管部門開展反恐怖主義情報資訊交流、執法合作和國際資金監管合作[22]；最後，也是最引起世界各國側目的，則是在本法中具體明確規範：中共得由國務院公安部門、國家安全部門、中國人民解放軍、中國人民武裝員警部隊派員出境執行反恐怖主義任務[23]。

三、外界對中國大陸反恐法的質疑與爭點

　　中共自十八屆四中全會高舉「依法治國」大旗後，也努力從法制面完

---

[17] 中華人民共和國反恐怖主義法第36條，瀏覽日期：2016/02/28，該法全文參：中國人大網，http://www.npc.gov.cn/npc/lfzt/rlys/2014-11/03/content_1885073.htm。

[18] 中華人民共和國反恐怖主義法第37條、第38條。

[19] 中華人民共和國反恐怖主義法第39條。

[20] 中華人民共和國反恐怖主義法第74條第1項。

[21] 中華人民共和國反恐怖主義法第75條。

[22] 中華人民共和國反恐怖主義法第74條第3項。

[23] 中華人民共和國反恐怖主義法第76條、第77條。

整闡述其「總體國家安全觀」，而在國家安全法制的建構上，自2014年下半年起，已陸續出版「反恐怖主義法草案」、「境外非營利組織管理法草案」、「網路安全法草案」，並正式通過「反間諜法」和新版「國家安全法」，讓習近平主政後的中共國家安全政策和法制越見清晰。然相較於「反間諜法」和新版「國家安全法」均是在短短不到半年內，完成草案初審、公開意見徵求到二審[24]，最為特別的，則是反恐法自2014年11月初審通過，並公開徵求意見，到2015年2月中共兩會前完成二審後，持至2016年1月1日才正式公布施行。筆者以為，此與該草案受到國際社會的質疑與壓力有密切相關。外界對於反恐法的質疑批評，主要是認為雖然該法規定「反恐怖主義工作應當依法進行，依法懲治恐怖活動，尊重和保障人權，維護公民的合法權利和自由」，但中共藉由該法肆意踐踏人權相當明顯，主要落在以下幾點：

（一）該法於「初審稿」中，對於什麼是恐怖主義的定義過於模糊而寬泛，可以說是無所不包，引起外界譁然。因此，在「二審稿」後，中共全國人大法律委員會雖已把反恐法「初審稿」中有關「影響國家決策、製造民族仇恨、顛覆政權、分裂國家的思想、言論和行為」等刪除，修改為「通過暴力、破壞、恐嚇等手段，製造社會恐慌、危害公共安全或者脅迫國家機關、國際組織的主張和行為」，凸顯在「二審稿」中，並且落實在最終的定案中。對此，中共把恐怖主義的範圍限定在「社會與公安」此一層面，而非「初審稿」中所強調的國家、民族、政權等「政治」層面[25]，降低外界對於此反恐法是中共藉以打壓少數民族的工具（極端宗教主義），或是專門針對台獨、疆獨、藏獨與港獨等分離活動（分離主義），以減少政治的敏感性。

（二）該法對於電信與金融產業的控制幅度過大。依照該法原本草案之規定，大陸當局將推行「全面的、永久性之數碼通信監視」。其中強調

---

[24] 例如，「反間諜法」從2014年6月27日由中共國安部報國務院審批，同年11月1日由全國人大常委會完成修法程序正式通過，前後不過四月餘；而「國家安全法」自2015年5月公布草案到7月1日完成立法、7月2日由習近平正式頒布，更只花了兩個月左右的時間。

[25] 范世平，〈中國大陸制訂反恐怖主義法之觀察〉，載於行政院大陸委員會《大陸情勢雙週報》，瀏覽日期：2015/11/18，http://www.mac.gov.tw/public/Attachment/551216324728.pdf。

在中國大陸境內提供之電信業務、網路服務，應當將相關設備、境內用戶數據留存在中國大陸境內；此外，發現含有恐怖主義內容的訊息，要保存相關紀錄，並向公安機關或者有關主管部門報告[26]。這使得許多國外企業認為，未來若要在中國落地經營，就要將伺服器與用戶數據保留在中國境內，而且必須為系統安裝「後門」程式，以便當局「監控」。對此，美國總統歐巴馬在2015年3月2日接受路透社訪問時，就嚴詞批評反恐法「將迫使所有外國公司，包括美國公司交出用戶數據，讓中國政府可以窺探或保留用戶數據」，並直指中國政府「若想與美國做生意，就必須改變有關政策」[27]。此也逼使著中國公安部必須在該法正式通過施行後，再三出面澄清「反恐法不會侵犯企業知識產權或損害公民網路言論自由」[28]。

　　（三）**對於中國依反恐法派兵進行海外反恐的疑慮**。在上述該法第七章反恐怖主義國際合作的相關條文中，已賦予解放軍與武警在有關國家達成協議的前提下，於非戰爭型態時出境執行任務之依據。此部分看似合情合理，但的確賦予解放軍海外派兵的模糊授權。且值得注意的是，中國大陸在反恐作為上，一向對參與歐美國家主導的「多邊機制」顯得意興闌珊。誠如中國國際問題研究院副院長阮宗澤在巴黎恐攻事件後表示：「和國際社會進行合作，透過道義上的譴責，以及同聯合國有關機構的反恐機制加強合作，也是大勢所趨……中國願同國際社會共同打擊恐怖主義，但是不會參加個別國家或任何一方領導的反恐行動，更不會透過兵力、飛機去參與。」[29]換言之，長期以來除了在上海合作組織架構下所簽署的「打擊恐怖主義、分裂主義和極端主義上海公約」（簡稱「上海公約」）外[30]，中國其實更強調反恐的「雙邊合作」，而反恐法透過海外派兵的授

---

[26] 中華人民共和國反恐怖主義法（草案）第15條、第16條。

[27] 〈陸制定反恐法 歐巴馬開砲〉，《中時電子報》，瀏覽日期：2015/11/18，http://www.chinatimes.com/newspapers/20150304000113-260203。

[28] 〈中國公安部：反恐法不會侵犯企業知識產權或損害公民網路言論自由〉，《國際日報》，瀏覽日期：2015/11/18，http://www.chinesetoday.com/big/article/1087233。

[29] 〈陸學者：堅持反恐 不派兵參與〉，《中時電子報》，瀏覽日期：2015/11/18，http://www.chinatimes.com/cn/newspapers/20151115000778-260301。

[30] 「打擊恐怖主義、分裂主義和極端主義上海公約」簡稱「上海公約」，簽署於2001年6月15

權機制,更強化中國大陸以「雙邊合作」反恐的路線,凸顯中國大陸強調反恐雙邊合作的意向。

四、對中國大陸反恐法人流管理內容的評析

撤除上述反恐法的人權及政治爭議,其實該法對於中國大陸在反恐議題上的人流管理和國際合作,的確提出較過往清晰且集中的法制路徑。在邊境「安全防範」上,主要是透過法律賦予國境線上「CIQS」(Customs、Immigration、Quarantine、Security)的海關、證照查驗、檢疫及安全檢查工作機關執行相關任務的權力,主要仍屬其國家邊境管理公權力的單邊行為,而與「合作」較無相關。但在「國際合作」篇章上,相關條文明確界定了中國大陸與其他國家或國際組織在反恐國際合作上的可能作為,包括開展反恐怖主義政策對話、情報訊息交流,依法開展反恐怖主義執法合作和國際資金監管合作等,雖然提供了中國與其他國家或國際組織進行國際反恐的藍圖,但究其本質,其實和上述「上海公約」第6條「合作並相互提供協助的義務」、以及第7條「情報交換義務」差別不大。且若進一步考察人流管理與反恐合作的關聯性,其實在反恐法中並不明顯,反而是在中國大陸2012年6月30日通過並於2013年7月1日實施的「中華人民共和國出境入境管理法」(以下簡稱「出境入境管理法」)中更為突出。

故嚴格說來,出境入境管理法才是中國大陸在國境人流管理與反恐作為中耦合最為密切的一部法律,其中許多內容涉及管控涉恐人員,並有系統地全面梳理中國出入境管理法律積極應對反恐的舉措[31];而反恐法則是中國反恐布局中位階較高的政策性法律;而若要全面性檢視中國在「總體

日。「上海公約」簽署方為上海合作組織的成員國。公約以謀求地區穩定、打擊「三股勢力」(恐怖主義、分裂主義和極端主義)為基本宗旨。內容分為序言、正文、附件三個部分。其中,涉及反恐、反暴的內容主要集中在「三股勢力基本內涵的界定」、「反恐反暴機制的建立」、「公約適用範圍的擴大與發展」等方面。參見張立哲,〈上海公約:中亞反恐安全法律機制評析〉,《伊犁師範學院學報(社會科學版)》,第33卷第2期,2014年,頁66。

31 為本文限於研究主題及篇幅,對此茲不贅述。可參劉國福,〈我國出入境管理法的反恐怖主義探究和展望〉,北京《學習論壇》,第30卷第3期,2014年,頁77-80。

國家安全觀」下的反恐和國家安全的聯繫關係，筆者以爲，更要把「反恐怖主義法」、「境外非營利組織管理法草案」、「網路安全法草案」、「反間諜法」和新版「國家安全法」等一系列的「國家安全法制建設」納入分析。但持平來說，對於中國大陸近年來積極從各個面向（包括國境人流管理與國際合作）建構反恐法制，吾人仍應給予重視與肯定。

第四節　對兩岸國境人流管理與反恐合作的思考

一、中國大陸參與國際反恐合作建置的借鏡

　　911事件後，聯合國安全理事會第4385次會議即依據聯合國憲章第7章通過第1373號決議，呼籲各國緊急合作，預防及制止恐怖行動，各國應在國內法中明確規定恐怖行動爲嚴重犯罪，加強情報交流、行政和司法事項之合作；並鼓勵通過雙邊或多邊協議，要求各國切斷恐怖主義團體之財源及後勤支援，共同合作防制恐怖行動，立法制裁恐怖攻擊行動成爲國際社會之共識。而中國大陸儘管有著其國內所謂「極端宗教主義」和「分離主義」的政治需求，但也主張本次反恐法的制定，是依循著聯合國1373號決議所採取反恐怖作爲而制定相關法律。

　　儘管如此，中國大陸對於國際反恐與人流管理的雙邊和多邊國際合作，主要還是著重在與上海合作組織成員國之間。例如，中國大陸與上海合作組織成員國邊防部門間建立了常態化的反恐怖主義合作機制，其公安邊防部門與周邊14個毗鄰國家的相關部門全部建立了交流合作制度，及時互通恐怖主義線索，就邊境管理、口岸管理、打擊跨境犯罪等問題簽署了雙邊、多邊協定，爲開展雙邊、多邊執法合作奠定法律基礎[32]。除此之外，中國大陸也努力嘗試建立涉恐人員動態資訊通報及聯控聯防合作機制，以加大合作對恐怖主義、極端主義、分裂主義勢力的反恐力度，但據筆者初步研究，成效似仍有限，始終無法突破2001年「上海公約」既有框

32　劉國福，同上註，頁79。

架。

　　綜觀中國大陸在國際反恐作爲上少有突破，究其原因，筆者以爲，除了與中國大陸在外交及安全戰略上，長期服膺「韜光養晦、絕不爭先」的原則，並偏好採與「雙邊合作」而非融入「多邊建制」等特點外，也和中共對於「恐怖主義」的定義與西方國家嚴重歧異有所關聯。但近年來，中國在崛起的過程中，習近平也開始轉變外交戰略思維，要形塑中國成爲一個「負責任的大國」、要積極融入甚至主導國際多邊建制，此也可以從反恐法中有關「國際反恐合作」和「海外反恐派兵」等政策主張可以一窺。因此，如何掌握正確時機，創造兩岸人流管理與反恐合作的可能性，即成爲重要課題。

二、台灣對於國際人流管理與反恐合作的參照

　　相較於中國大陸，台灣長期以來恰好相反，台灣內部對於恐怖主義之立即威脅往往有所保留，認爲恐怖主義直接攻擊之可能性不大。然而，身爲國際社會一分子，自不能置身於世界反恐怖行動及維護國際和平之外，故論者仍主張應積極配合建構相關反恐怖行動作爲及完備法律制度，明確規定恐怖行動爲重大犯罪行爲，並加強與國際反恐情報交流，俾與世界各國建立合作關係，以有效防制恐怖行動[33]。近年來，在國際人流管理與反恐合作方面，我內政部移民署透過執法交流及情資共用，提升跨境犯罪查緝力道，蒐集國際恐怖分子名單，與前述「航前旅客資訊系統」（APIS）詳加比對通報，至2014年已函送52人涉嫌國際恐怖活動，並由政府依據「入出國及移民法」列爲禁止入國管制對象。此外，儘管移民署近年來更著重於人口販運防制的國際交流與合作，積極推動與其他國家在移民事務及打擊跨國犯罪上的合作交流，近年除了與美國、蒙古、印尼、越南等10個國家簽署移民事務與防制人口販運合作瞭解備忘錄或協定外，對於兩岸共同打擊犯罪，也不遺餘力。去年底更與日本法務省入國管理局簽署「入出境管理事務情資交換暨合作瞭解備忘錄」，內容具體涵蓋「幹

33　謝立功，〈反恐怖行動法草案之評析〉，《政策月刊》，憲政（研）092-053號（台北：財團法人國家政策研究基金會，2003）。

部定期工作會報」（第2條）、「交換出入境管理資料」（第3條）、「建立緊急及平時聯繫機制」（第4條）等[34]，可說是從情報交流、工作會晤到執法合作上，奠定具體的合作模式。

三、兩岸國境人流管理與反恐合作的可能性探索

受限於兩岸關係錯綜複雜的多邊賽局制約，兩岸之間國境人流管理與反恐合作，要一步到位的簽署協議，始終有其困難度。但雙方仍可以參照上述近年來各自在人流管理領域上的國際合作經驗或國際規約要求，並思考在「現有基礎」上──兩岸共同打擊犯罪及司法互助協議，去探索合作的可能性。對此，筆者以為，短期內可以嘗試的合作面向，主要是跨境人流管理的「資訊交換」與「及時查詢」，而具體的作為可能有：

（一）建立查詢性平台

兩岸可以透過現有「兩岸共同打擊犯罪及司法互助協議」中有關移民事務的聯繫視窗，建立跨境人流管理「及時查詢」的平台。

（二）擴充司法互助協議的內涵

儘管上述協議平台運作已行之有年，但在協議中並未明確將恐怖主義犯罪納入，未來可以雙方實質性的互動，擴充該協議的內涵，特別是利用未來中國大陸反恐法正式通過之後，雙方在法制層面對於反恐犯罪的實質打擊進行深化探討，將有助於雙方在反恐議題上的突破合作。

（三）建構定期性工作小組的機制

現有協議已有針對共同打擊犯罪的工作小組平台，未來應該在此平台的基礎上，延伸對於兩岸人流管理、反恐議題、甚至是邊境CIQS整合機制的工作小組對話機制，從實質工作業務面共同研討交流。

---

[34] 內政部移民署，〈台日簽署入出境管理事務MOU，聯手強化國境安全管理〉，瀏覽日期：2015/11/18，www.mofa.gov.tw/.../c186620f-1747-4a6c-998c-bf38d9bf6fb4.doc。

（四）強化兩岸制度性「熱線」的運作

在這次「馬習會」兩岸領導人會晤中，立即可確認操作的即是建立陸委會和國台辦「兩岸事務主管機關首長」的「熱線」。由於反恐是極爲快速流動而敏感的議題，因此可建議充分利用此一制度性的「熱線」，將反恐合作議題納入。

至於在中長期的兩岸人流管理和反恐合作的發展上，則應該是著眼於進一步的機制建構，特別是在反恐合作尚需受到國際環境制約的前提下，優先考慮兩岸人流管理的合作，並從中實踐對於恐怖分子人流的控管，而可爲：

（一）建立兩岸護照資訊系統（Visa Information System, VIS）

儘管「卡式台胞證」議題在台灣社會內部引起軒然大波，但若撇開政治安全與認同議題不談，兩岸若能參照美、歐引進生化特徵簽證，加強護照通行的安全，並建立兩岸護照資訊系統，相信對於頻密的兩岸人流往來管理，起到關鍵性的正面效果。

（二）推動兩岸入出境管理事務合作協議

儘管短期內的兩岸人流管理與反恐合作，可以建構在兩岸共同打擊犯罪及司法互助協議的基礎上，但長遠觀之，由於人流管理與反恐合作與一般犯罪（即便是跨境犯罪）的屬性仍有差異，未來若能參照近年來台灣與日本及其他國家、中國大陸與上合組織各國所簽訂的雙邊協議，推動兩岸入出境管理事務合作協議的簽署，相信更能直接有效的達到合作之實。

（三）互派反恐聯絡官，發展兩岸反恐情報組織合作[35]

儘管「兩岸互設辦事機構」未能落實，但依據過往犯罪調查經驗，要有效偵破跨國境犯罪，就必須有賴獲得正確、即時的「實用情報」方能破

---

35 李貴雪，〈從歐盟反恐作爲探討兩岸反恐合作之前景〉，發表於第六屆恐怖主義與國家安全學術暨實務研討會（台北，2010），頁97。

案。911事件之後，中國與美國執法單位在雙方使館設立臨時辦公室，即是加強雙方在反恐、跨國犯罪、及其他法律事務合作。因此，未來在「兩岸互設辦事機構」議題的談判上，兩岸可依循此模式，透過互派聯絡官，就兩岸反恐情報及人流管理分享進行制度化的合作。

第五節　結論

　　隨著全球貿易連結日趨緊密，跨境人口流動也欲趨頻密，如何強化國境安全管理，已經成為各國共同關注的重要課題。隨著全球人口流動的日益增強，僅僅靠移民管制措施是完全不能應對日趨複雜的國際反恐形勢，必須聯合其他的反恐措施，國際社會在非傳統安全領域的合作依然需要從消除產生恐怖主義的根源著手。但另一方面。在防範和控制恐怖分子跨境流動的過程中，國際社會和各國政府也不能以「反恐」為名，任意阻擾國際人口合法、快捷和方便地流動。而兩岸之間的人流往來儘管頻密，但由於始終缺乏邊境人流管理合作機制，兩岸之間反而也可能形成國際反恐的重要缺口。筆者相信，唯有建構兩岸之間的人流管理與反恐合作機制，才是補正此一缺口、共同承擔國際反恐責任的不二法門！

參考文獻

一、中文

劉國福，〈我國出入境管理法的反恐怖主義探究和展望〉，北京《學習論壇》，第30卷第3期，2014年。

戴長征、王海濱，〈國際人口流動中的反恐問題探析〉，北京《中國人民大學學報》，2009年第2期，2009年。

謝立功，〈反恐怖行動法草案之評析〉，台北《政策月刊》憲政（研）092-053號，2003年，財團法人國家政策研究基金會。

徐軍華，〈論防範和控制恐怖分子跨境流動的國際法律規制——以伊斯蘭國為例的分析〉，武漢：《法學評論》，2015年第2期，2015年。

張立哲，〈《上海公約》：中亞反恐安全法律機制評析〉，伊犁師範學院學報（社會科學版），第33卷第2期，2014年。

任永前，〈我國反恐立法走向初探〉，北京《法學雜誌》，2014年第11期，2014年。

李貴雪，〈從歐盟反恐作為探討 岸反恐合作之前景〉，台北：第 屆「恐怖主義與國家安全」學術暨實務研討會，2010年。

杜　邈，〈中國反恐立法的回顧與展望〉，《西部法學評論》，2012年第6期，2012年。

二、網路資料

〈中國公安部：反恐法不會侵犯企業知識產權或損害公民網路言論自由〉，《國際日報》，瀏覽日期：2015/11/18，http://www.chinesetoday.com/big/article/1087233。

〈巴黎恐攻歐盟各國聯手逮同夥 自殺炸彈客疑持敘利亞護照入境歐洲〉，《風傳媒》，瀏覽日期：2015/11/18，http://www.storm.mg/article/73903。

〈法進入緊急狀態 邊境控管〉，《中時電子報》，瀏覽日期：2015/11/18，http://www.chinatimes.com/newspapers/20151115000343-260102。

〈恐怖分子高雄入境 移民署掌握〉，《中央社》，瀏覽日期：2015/11/18，http://www.cna.com.tw/news/firstnews/201409180123-1.aspx。

〈陸制定反恐法 歐巴馬開砲〉，《中時電子報》，瀏覽日期：2015/11/18，http://www.chinatimes.com/newspapers/20150304000113-260203。

〈陸學者：堅持反恐 不派兵參與〉，《中時電子報》，瀏覽日期：2015/11/18，http://www.chinatimes.com/cn/newspapers/20151115000778-260301。

中國人大網，〈中華人民共和國反恐怖主義法〉，瀏覽日期：2016/02/28，http://www.npc.gov.cn/npc/lfzt/rlys/2014-11/03/content_1885073.htm。

中國人大網，〈關於《中華人民共和國反恐怖主義法（草案）》的說明〉，瀏覽日期：2015/11/18，http://www.npc.gov.cn/npc/lfzt/rlys/2014-11/03/content_1885127.htm。

內政部移民署，〈臺日簽署入出境管理事務MOU，聯手強化國境安全管理〉，瀏覽日期：2015/11/18，www.mofa.gov.tw/.../c186620f-1747-4a6c-998c-bf38d9bf6fb4.doc。

汪毓瑋，〈中國大陸制定首部反恐怖主義法草案之探討〉，瀏覽日期：2015/11/18，http://140.119.184.164/print/P_196.php。

范世平，〈中國大陸制訂反恐怖主義法之觀察〉，行政院大陸委員會《大陸情勢雙週報》，瀏覽日期：2015/11/18，http://www.mac.gov.tw/public/Attachment/551216324728.pdf。

維基百科，〈2015年11月巴黎襲擊事件〉，瀏覽日期：2015/11/18，https://zh.wikipedia.org/wiki/2015%E5%B9%B411%E6%9C%88%E5%B7%B4%E9%BB%8E%E8%A5%B2%E6%93%8A%E4%BA%8B%E4%BB%B6。

維基百科，〈NEXUS卡〉，瀏覽日期：2015/11/18，https://zh.wikipedia.org/wiki/NEXUS%E5%8D%A1。

維基百科，〈申根區〉，瀏覽日期：2015/11/18，https://zh.wikipedia.org/wiki/%E7%94%B3%E6%A0%B9%E5%8C%BA#.E5.86.85.E9.83.A8.E8.BE.B9.E5.A2.83.E5.88.B6.E5.BA.A6。

|第六章|
我國國境警察機關組織與行為概述

王寬弘*

第一節　前言

　　國境管理乃彰顯國家主權的重要象徵之一，各國莫不重視，均列為是國家行政施政的重點之一，尤其在地球村的時代，配合交通工具的進步，國與國之間人流、物流的交流數量高速成長，來往比以往更加密切。

　　觀諸入出我國人數，從10年前2005年約2,300萬人次，到2014年約4,300萬人次（如表6-1）[1]；及觀諸最近10年海關進出口貿易總值，從2005年的14兆6,629億元至2014年的15兆3,670億元（如表6-2）[2]。發現入出我國人數及海關進出口貿易值，年年向上增長。上述統計資料說明著，我國是一個內需市場經濟不大的海島型國家，而以對外貿易為經濟主軸，需要開放、歡迎國人及外國人的經濟互動。然在人流、物流入出國頻繁的國境線上，需要有人扮演著國境安全管理機制之執行者。

表6-1　最近10年入出國人數表（2005年至2014年）

年度	總入國人數 （人次）	總出國人數 （人次）	總計入出國人數 （人次）
2005年	11,557,175	11,548,332	23,105,507

中央警察大學國境警察學系警監教官。
[1] 移民署，〈總入國人數及總出國人數〉，瀏覽日期：2016/01/20，http://www.immigration.gov.tw/ct.asp?xItem=1309971&ctNode=29699&mp=1。
[2] 財政部關務署，瀏覽日期：2016/01/22，https://portal.sw.nat.gov.tw//APGA/GA05_LIST。

表6-1　最近10年入出國人數表（2005年至2014年）（續）

年度	總入國人數 （人次）	總出國人數 （人次）	總計入出國人數 （人次）
2006年	12,148,694	12,160,919	24,309,613
2007年	12,639,948	12,641,682	25,281,630
2008年	12,297,825	12,293,887	24,591,712
2009年	12,513,288	12,500,538	25,013,826
2010年	14,980,936	14,909,299	29,890,235
2011年	15,648,884	15,567,386	31,216,270
2012年	17,491,283	17,463,534	34,954,817
2013年	19,072,276	18,960,224	38,032,500
2014年	21,707,379	21,614,937	43,322,316

註：筆者以內政部移民署網站統計資料整理。

表6-2　最近10年海關進出口貿易值（2005年至2014年）

單位：新台幣千元

年度	出口總值	進口總值	總計進出國總值
2005年	6,374,493,858	8,288,407,742	14,662,901,600
2006年	7,279,319,454	8,015,616,534	15,294,935,988
2007年	8,087,933,801	8,021,457,258	16,109,391,059
2008年	8,010,375,849	8,280,368,637	16,290,744,486
2009年	6,708,883,860	7,943,487,728	14,652,371,588
2010年	8,656,831,128	5,757,179,343	14,414,010,471
2011年	9,041,591,432	7,551,085,183	16,592,676,615
2012年	8,899,963,477	7,211,790,352	16,111,753,829
2013年	9,042,804,991	6,604,336,706	15,647,141,697
2014年	9,489,871,016	5,877,164,292	15,367,035,308

註：筆者以財政部關務署網站統計資料整理。

在人流、物流入出國頻繁的國境線上，扮演著國境安全管理機制之執行者，概稱爲國境警察機關。這些在國境線上的國境執法者──國境警察機關，主要有哪些機關？其組織職掌爲何？職掌業務爲何？職權行使方式爲何？職權如被濫用，人民如何救濟？國家應負何種責任？這些問題都是研究國境警察執法時必須探討與解答的疑惑，本章將逐一討論探討之。

第二節　國境警察機關相關概念意義

由於警察意義有廣義與狹義，因此有廣義警察機關與狹義警察機關，進而有廣義國境警察機關與狹義國境警察機關。有關國境警察機關相關概念：警察、國境警察、警察職權、國境警察職權等本節依序說明之。

一、警察意義

由於警察意義的內涵具有時空性，學者在論述警察的意義時，大多從廣義與狹義、形式與實質、學理與實定法等方面著手。學理上闡釋警察，係將凡維護社會公共安寧秩序或公共利益爲其目的，並以命令強制爲手段等特質之國家行政作用或國家行政主體，概稱之爲警察。中外許多警政學者，賦予警察定義，皆屬此警察意義[3]。

有學者論述警察的內涵意義時，係以本質、任務及手段來說明；認爲警察本質是以法令爲依據的行政作用；警察任務是維持公共秩序、保護社會安全、防止一切危害及促進人民福利；警察以指導、服務及強制爲手段[4]。有學者以目的、手段及權力基礎來說明；認爲警察者，乃維護社會公共安寧秩序或公共利益爲其直接目的，基於國家一般統治權，以命令或強制人民之作用[5]。

3　陳立中，《警察行政法》（台北：自版，1991），頁42-46。李震山，《警察任務法論》（高雄：登文書局，1992），頁3-4。

4　梅可望等，《警察學》（桃園：中央警察大學，2012），頁18。

5　陳立中，同註3，頁45。

　　此種「凡基於維護社會公共安寧秩序或公共利益之目的，對於人民以命令或強制，並限制其自由之作用，均爲警察」觀念之警察職權，並不限於具有形式之警察機關或警察人員所行使，其他行政機關，亦有依法行使此種命令或強制之權力者。例如建築主管機關依據建築法規之規定，取締建築物；衛生主管機關依據衛生法令之規定，執行防疫、檢疫、管制藥品；基於軍事需要之警備治安等是。美國聯邦政府無統一之警察機關，在某些部門只有實質的警察作用，而無形式之警察（police）字樣，可稱之爲學理上警察意義[6]，又稱廣義的警察或實質的警察意義[7]。

　　至於法定上之警察，有學者認爲即應從實定法——警察法中去探求[8]。亦有學者認爲實定法上之警察，應可從組織法觀點詮釋之，廣義的組織法，包括組織及人員兩部分。因此，以警察機關及其人員，合稱爲警察，是所謂組織上之警察意義。換言之，是以警察組織形式，賦予警察定義，而不再以警察之任務或作用爲界定警察之標準。此與警察法施行細則第10條之規定相契合；「本法第9條所稱依法行使職權之警察，爲警察機關與警察人員之總稱。」此種「從實定法——警察法」中去探求的警察意義，是具有形式之警察機關或警察人員，可稱之爲組織上警察意義，又稱狹義的警察或實定法上的警察意義。

二、國境警察意義

　　一般學者論述國境警察意義，乃基於國家之統治權，對於國境地區內與本國人、外國人其有關事務、物品，以法律加以境界保護與管理之警察作用，其業務涵蓋對人民保護、管理入出國、依法實施安全檢查暨邊境警戒任務，此乃採廣義之國境警察之意義。在此廣義定義觀念，在國境線上之各執法機關均屬之，如：內政部警政署負責維護國家社會安寧秩序之安全；關務署海關負責進出口貨物之國家賦稅安全；內政部移民署負責查驗出入境人身分之證照查驗；檢疫局負責防止傳染疫病入國之安全；動植物

---

[6]　陳立中，同註3，頁42-46。
[7]　李震山，《警察任務法論》（高雄：登文書局，1992），頁3-4。
[8]　陳立中，同註3，頁47。

防疫檢疫局負責防制國外病蟲害進入我國影響我國產業及生態之安全；海巡署負責查緝走私物品與防杜人員偷渡及海上安全；法務部調查局負責防堵毒品進入國內之治安與人民健康之安全等。而上述廣義國境警察概念下之國境警察機關即為廣義的國境警察機關。

　　另狹義的國境警察乃以組織法──警察法第5條第1項第3款規定「關於管理出入國境及警備邊疆之國境警察業務」中探求之。國境警察兩大任務：管理出入國境及警備邊疆。顯然其管理事項，主要是國境人流管理、國境物流管理及國境安全警衛，依此而設置之警察機關為狹義的國境警察機關。目前負責該項任務而隸屬於內政部警政署之國境警察機關有：內政部警政署航空警察局、內政部警政署保安總隊第三總隊與內政部警政署各港警總隊等，為直隸中央之專業警察機關[9]。本文對此狹義國境警察概念下設置之警察機關，稱之為狹義的國境警察機關，並以此為範圍研究。

三、警察職權

　　職權的概念，依辭源之解釋，係指「執行職務之權力」，亦有將之理解為「權能」，指法律所賦予之一種得採取某種手段或措施以達成任務[10]，此為行政作用行為之公法行為。有關警察職權學者亦有廣義與狹義之警察職權之見解[11]，分述如下：

（一）廣義的警察職權

　　指依據警察法第9條之職權規定，警察機關或人員為達成法定任務，得採取之行政作用。其行為類型很多，可分為：

1. 行政警察活動

　　(1)意思表示之決定：如警察命令、警察處分等。

---

[9]　所謂專業警察意義請參閱，梅可望等，同註4，頁18。

[10]　警察職權與警察權之概念不同，有概念範圍不同、行使主體不同及行為方式不同等，詳請參閱：梅可望等，同上註，頁104-108。

[11]　梅可望等，同上註，頁107-108。

　　(2)公權力措施：如攔停、查證身分、治安資料蒐集、鑑識措施、通知、即時強制、使用警械等。

2. 司法警察活動

　　包括犯罪調查、協助檢察官偵查犯罪、執行搜索、扣押、拘提、逮捕等刑事上保全證據之強制行為。

（二）狹義的警察職權

　　指警察職權行使法對職權之界定，限於警察行使強制力之權力作用，採狹義說[12]。該法立法目的，在填補現有警察規定之不足，特別針對警察機關為達成其法定任務所採取之具體公權力措施做細緻規範。性質上屬於行政作用法之範疇，作為警察人員執行相關具體公權力措施、限制人民自由及權利之依據。依該法第2條第2項規定，可分為[13]：

　　1. 類型化條款措施：均屬行政警察活動常用之行為類型。該法以逐條逐樣規範之方式，將警察實務常使用之警察行為，從名稱、發動要件、程序、限制等明確規定，包括攔停、盤查、查證身分、通知到場、鑑識身分、蒐集資料、跟監、布線、對人的管束、驅離、直接強制、對物的扣留、保管、變賣、拍賣、銷毀、使用、處置、限制使用、進入住宅、建築物、公共場所、公眾得出入之場所等。

　　2. 概括條款措施：係指其他必要之公權力具體措施，以補充類型化措施之不足。

四、國境警察職權行為

　　有學者認為警察職權是達成警察任務之行作用，但其具體範圍，尚須由各種法規規定上瞭解之[14]。有關國境警察職權行為，乃國境警察機關或人員為達成法定任務，得採取之行為方式或作用，其類型大致分為：

---

[12] 蔡庭榕等，《警察職權行使法逐條釋論》（台北：五南，2005），頁10-11。

[13] 梅可望等，同註4，頁107-108。

[14] 陳立中，同註3，頁47。

（一）行政行為

行政行為可再依其是否涉及法效性與公權力而區分為公權力行為與非公權力行為等二類，說明如下：

1. 公權力行為

公權力行為依規範之對象之不同，可分為：

(1)內部行為：如航空警察局之「入境旅客託運行李檢查程序」，即屬內部作業性規定。

(2)外部行為，可分為：

　①公權力措施：例如警察使用警械之行為、對物的扣留等行為。

　②具法律效果之行為：a.法規命令：如國家安全法施行細則規定安全檢查之程序與範圍；b.處分行為：如執行安全檢查發現不得攜帶上飛機之物品，而「命拋棄、改託運」之下命處分等。

2. 非公權力行為

(1)精神之行政指導行為：如旅客詢問登機時什麼物品不能攜帶，而警察給予資訊與指導行為。

(2)物理之單純事實行為：如旅客進入安檢線前，進入管制區時，警察驗證旅客護照與機票。

（二）刑事司法行為

國境警察機關為輔助司法機關實現國家刑罰權，協助檢察機關偵查犯罪，依據「刑事訴訟法」及「調度司法警察條例」，行使刑事司法行為。

有關國境警察職權之行政行為，本文區分公權力行為與非公權力行為等二類。至於事實行為，學界對事實行為之定義與內涵莫衷一是[15]，究係

---

[15] 事實行為之概念相當歧異，類型眾多，國內外學者看法不一。有學者認為事實行為係行政主體所為不以產生特定法律效果，而是以事實效果為目的之行政行為形式（陳春生，2006；吳庚，2004）。有學者認為事實行為特徵之一，即為產生事實上結果，且非以「直接」發生法律效果為目的。它似乎融合不生法律效果之單純行政行為與以物理作用所為之執行行為，以及介於其間之具制約性之指導行為與非正式行為。事實行為中仍有以產生事實行為結果為取向，卻發生法律效果之行為，例如強制執行措施。此事實行為若發生法律效果，應屬權力行

屬公權力行為與非公權力行為？本文認為「事實行為」無論是直接或間接，起初或是最終之目的結果，均不發生法律效果，此應屬非公權力性質之行為，這類型的事實行為偏向技術性的、簡易的，不發生法律效果，本文稱之為「單純事實行為」。但「事實行為」若以公權力行為之外部具體物理行為行之，不僅發生事實上之結果，且發生與人民權利或義務相關之法律效果的行為，此種應屬公權力，可歸納屬「公權力措施」性質之行政處分或一般處分。

　　所以，事實行為有屬公權力行為，會產生法律效果之公權力措施；和屬非公權力行為而不產生法律效果之單純事實行為兩種。因為警察職權手段和一般行政機關不同，此種會產生法律效果之事實行為，常以帶有強制性質方式執行。此種「強制措施」為警察職權手段強制之特殊性質，有別一般行政機關之行政行為。

　　上述為國境警察之職權，就「具體、執行、個案」之性質探討，國境警察之職權行使方式多以「單純事實行為或行政處分行為」等行政行為呈現外，尚有以調查犯罪、協助偵查的「刑事司法行為」等類型呈現。單純事實行為，有時是一種執行行為，未侵害人民法律權利及未課予人民法律義務，且不以發生法律效果為目的；此種單純事實行為，為低密度法律保留，非屬法律保留之範圍，亦即不待行政作用法授權，僅屬組織法上權限，即可發動為之。若具有命令、強制性之法律效果，如強制措施及處分行為，涉及人民權利義務之得、喪、變、更，需要法律明確規定與授權，為高密度法律保留，屬法律保留之範圍，亦即需要有行政作用法之授權才能發動為之。至於調查犯罪、協助偵查之「刑事司法行為」若涉及人民權利義務，亦應遵守刑事訴訟相關程序，以法律為之。

為，可歸納屬公權力措施性質之行政處分或一般處分（李震山，2012）。

第三節 國境警察機關組織與行為

如前本文將國境警察限縮於狹義與組織法上意義之國境警察，本節討論之國境警察機關係指內政部警政署航空警察局（以下稱航空警察局）、內政部警政署保安警察第三總隊（以下稱保三總隊）、內政部警政署港務警察總隊（以下稱港警總隊）等。各國境警察機關之組織職掌與執法行為，依機關依序分述如下：

第一項 內政部警政署航空警察局

一、組織職掌

（一）組織背景

為應民航事業發展的需要，於1970年成立「台灣航空警察所」，隸屬於當時的台灣省警務處，為航空警察建制單位的創始。1979年2月26日為配合中正國際機場（自2006年11月1日起改名台灣桃園國際機場）啟用，裁撤「台灣航空警察所」，成立「內政部警政署航空警察局」，隸屬於內政部警政署。[16]

航空警察局於桃園國際機場設置總局；並分別於台北松山機場、高雄小港機場設置2個分局；於台中清泉崗機場、嘉義水上機場、台南機場、澎湖馬公機場、台東豐年機場、綠島機場、馬祖南竿機場、花蓮機場、金門尚義機場設置9個分駐所；於澎湖七美機場、望安機場、馬祖北竿機場、蘭嶼機場、恆春機場設置5個派出所。其中桃園、松山、小港及台中為兼具國際線與國內線之機場，金門、馬公、台南、嘉義、花蓮及台東等13個為國內機場[17]，共負責我國17個國內、外機場之安全維護。其中以桃

---

[16] 內政部警政署航空警察局全球資訊網，瀏覽日期：2015/12/15，http://www.apb.gov.tw/index.php/ch/history。

[17] 黃富生等，〈航空安檢雙軌可行性之研究〉，《國土安全與國境管理學報》，第18期，2012年12月，頁4。

園國際機場業務量最爲繁重，於2014年入、出境與轉機達3,500萬人次以上。

（二）機關職掌

航空警察局爲隸屬於警政署的專業警察機關，爲警政署之次級機關，負責業務爲執行機場治安及安全維護事項[18]。而警政署掌理的全國業務中，包括「入出國與飛行境內民用航空器及其載運人員、物品安全檢查之規劃、執行之事項」[19]。航空警察局除了直接隸屬於警政署外，另外，執行民用航空業務時，亦受交通部民用航空局之指揮及監督[20]。

由內政部警政署航空警察局組織規程第1條之設置目的，即可知其組織任務：「內政部警政署爲執行機場治安及安全維護事項，特設航空警察局」，其掌理事項如下[21]：

1. 民用航空事業設施之防護。
2. 機場民用航空器之安全防護。
3. 機場區域之犯罪偵防、安全秩序維護及管制。
4. 機場涉外治安案件及其他外事處理。
5. 搭乘國內外民用航空器旅客、機員及其攜帶物件之安全檢查。
6. 國內外民用航空器及其載運貨物之安全檢查。
7. 機場區域緊急事故或災害防救之協助。
8. 執行及監督航空站民用航空保安事宜，防制非法干擾行爲事件及民用航空法令之其他協助執行。
9. 其他依有關法令應執行事項。

---

[18] 內政部警政署組織法第6條之規定。

[19] 依據民國102年8月21日修正之內政部警政署組織法第2條之規定。

[20] 依據交通部民用航空局組織條例第11條規定：「本局得依警察法之規定，商准警察主管機關設航空警察機關。」

[21] 內政部警政署航空警察局組織規程第2條規定。

二、業務項目

　　航空警察局執行安全管理，主要工作有：1.桃園機場設施之安全維護；2.機場範圍、空側及陸側之例行監控及巡邏；3.管制區警衛管制及進出檢查；4.周邊區域道路之交通整理；5.劫機、破壞、爆裂物恐嚇等非法干擾及緊急事件之預防及處理；6.乘客人身、手提行李、託運行李、貨物郵件快遞及專差快遞之保安檢查[22]。

　　以目前航空警察局現行之國境執法業務可區分為三大類，一為保安業務，由保安警察大隊負責；二為安全檢查業務，由安全檢查大隊負責；三為刑事業務，由刑事警察大隊負責。以下依據其現行內部辦事細則臚列各大隊業務內容。

（一）保安警察大隊

1. 負責警衛安全執行及管制。
2. 航空保安事件處理。
3. 航站設施之安全防護。
4. 特定任務及專案勤務。
5. 地面交通秩序整理及行車稽查。
6. 公共秩序維持及聚眾活動防處。

（二）安全檢查大隊

1. 空運旅客、航員及行李之安全檢查。
2. 空運貨物之安全檢查。
3. 航空器之清艙安全檢查。

---

[22] 黃富生等，同註17，頁20。

　　為提升國家競爭力與促進國際機場園區及航空城之發展，進而帶動區域產業與經濟繁榮，政府於2011年11月1日設立國營國際機場園區股份有限公司，桃園國際機場公司成為我國第一間國際機場公司，委託民間保全公司擔負桃園機場非涉及公權力執行之安全管理工作，可分擔航空警察局原本工作及範圍。成立後保全協助航空警察局執行之部分如下：(1)桃園機場設施之安全維護；(2)機場範圍、空側及陸側之例行監控及巡邏；(3)協助航警局執行周邊區域道路之交通整理（詹雪雍，2015，頁98）。

4. 空運郵件總包之安全檢查。

5. 空運管制物與違禁物之核驗及查處。

6. 爆裂物品之處理。

7. 航空餐飲供應之安全檢查。

8. 國境安檢資訊之蒐報反映。

9. 其他有關安全檢查勤務及協辦。

10.其他物品種類[23]之檢查：

　　(1) 翻版書籍、仿冒手錶、唱、光碟等物品。

　　(2) 超額黃金、外幣、新台幣、人民幣、有價證券等。

　　(3) 攜帶動（植）物活體。

（三）刑事警察大隊

1. 預防及偵查犯罪之規劃、督導、執行及考核。

2. 刑事鑑識之督導、執行及考核。

3. 犯罪紀錄資料之蒐集、彙整、運用、督導、執行及考核。

4. 司法警察業務。

5. 經濟犯罪偵查。

6. 社會秩序維護法案件之督導、執行及考核。

7. 受理人民交存拾得遺失物業務之督導、執行及考核。

8. 拘留所之督導、管理及考核。

9. 刑事器材之規劃、督導、管理及考核。

10.檢警聯繫。

三、行使職權依據與方式

　　航空警察局在國境執勤之行使職權之法規依據，與治安相關的主要有：如警察職權行使法、道路交通管理處罰條例、集會遊行法、刑法、刑事訴訟法、社會秩序維護法、槍砲彈藥刀械管制條例、毒品危害防制條

23　依據出、過境旅客（組員、持有通行證人員、一般禮遇對象）人身手提行李檢（複）查作業
　　程序之規定。

例；與安全檢查相關的主要有：國家安全法與施行細則、民用航空法、台
灣地區民航機場安全檢查作業規定、民航機場管制區進出管制作業規定。
與查緝走私相關的主要有：海關緝私條例、商標法、野生動物保育法、藥
事法、菸酒管理法等。

　　上述航空警察局主要業務行為，依其法律性質是否涉及公權力與法律
效果或法律性質，可略分為：單純事實行為、行政處分行為及刑事行為等
三種類型職權方式為之，分述如下：

（一）單純事實行為

　　此類不對外直接發生法律效果，主要有：
1. 警衛安全與管制、航站安全防護行為。
2. 維護公共秩序行為。
3. 交通秩序整理、疏導行為等交通業務行為。
4. 引導、金屬門型儀確認、X光判讀、複查旅客等單純安全檢查行
   為。
5. 護鈔專案、文物運送、精密儀器運送之安全維護等執行特定任務
   行為。
6. 檢查可疑人、物；清查人數；確認旅客、行李同機等航空器清艙
   行為。
7. 一般拾得物與遺失物受理、登記或尋找。
8. 巡邏（目前主要已由機場公司保全執行，警察僅不定時巡邏）。
9. 爆裂物之預防與處理；違禁物或查禁物之核驗。

（二）行政處分行為

　　此類對外直接發生法律效果，主要有：
1. 行車稽查、取締違規等交通業務行為。
2. 有決定是否放行之安全檢查行為。
3. 違警處分或查禁物之沒入處分行為。

（三）刑事行為

1. 先行扣押：如在執行安檢時時，發現發現違禁物或犯罪證據，而為先行扣押，此時行政行為會轉換成刑事行為。
2. 其他刑事處分：其他犯罪調查、協助檢察官偵查犯罪，如刑事移送等。

<h2 style="text-align:center">第二項　保安警察第三總隊</h2>

一、組織職掌

（一）組織背景

　　保安警察第三總隊前身為鹽警，當時任務擔負鹽場保產、護稅、緝私及鹽區治安、協助海防等任務。1971年底，台灣經濟與工商快速發展，對外貿易大增，海關業務亦隨之增加，海關一時無法大量增加員額，財政部決定由鹽場抽調50人，於1972年7月18日分駐基隆、台北、高雄海關，配合海關執行勤務。1976年9月17日蔣經國先生於行政院長任內，在立法院宣布自1977年7月起停徵鹽稅，並指示財政部減少私鹽查緝人員，移充加強海關查緝工作，並於1978年7月1日奉令改稱為「台灣省保安警察第三總隊」，其原建制不變，於1982年9月16日奉令將鹽場勤務，移撥保安警察第二總隊。至此保三總隊專責財政部及海關警衛並協助查緝走私之責。1987年7月15日零時起，政府宣布解嚴，保三總隊奉令接掌口進貨櫃安全檢查工作，肩承海關緝私及各港口貨櫃安全檢查。1990年1月1日依「內政部警政署保安警察組織通則」規定，改隸內政部警政署，並改制為「內政部警政署保安警察第三總隊」。[24]

　　由於國內攸關民生竊盜案類物品如汽車、機車、挖土機、馬達、車輛零件等案件日益增多，因此於2006年，時任行政院長蘇貞昌於行政院第

---

24 內政部警政署保安警察第三總隊全球資訊網，瀏覽日期：2015/12/15，http://www.tcopp.gov.tw/index_m01-2.asp。

2977次院會指示成立跨部會合作機制，有效從防制竊盜、阻絕收（銷）贓等各種管道，全面查緝重點贓物，故保三總隊自2006年起承接裝載舊機動車輛與引擎輸出貨櫃查贓工作。

總隊位於新北市新店，第一大隊下轄基隆港、台北港、台中港；第二大隊下轄高雄港，在港區設置安檢小隊外，亦在貨櫃集散站[25]內亦設置安檢小隊。除了以貨櫃進、出口之港口劃分管轄區域；另外舊機動車輛與引擎現地查證之查贓業務，其管轄區域之劃分為：台北、新北、桃園、新竹、苗栗、台中、彰化、南投、宜蘭、花蓮劃歸第一大隊管轄；雲林、台南、高雄、屏東、台東劃歸第二大隊管轄。

（二）機關職掌

保三總隊為隸屬於警政署的專業警察機關，為警政署之次級機關，負責業務為執行保安、警備、警戒、警衛、治安及安全維護[26]事項。依據2013年12月30日修正之內政部警政署保安警察總隊組織準則，而與國境執法相關的主要為該準則第2條：「各總隊分別掌理下列事項：四、防止危害國家安全物品入境、防範國內不法物品出境與查緝走私及其他不法。[27]」

二、業務項目

保三總隊共分為2個大隊，大隊有偵查分隊、艙單情蒐小組、儀檢小組、警犬隊、安檢小隊。大隊業務主要負責貨櫃安檢查緝走私及其他不法工作、執行貨櫃落地檢查、聯合查贓、舊機動車輛及引擎輸出查證作業防

制贓車出口、配合財政部查緝私劣菸酒等查緝貨櫃安檢工作、執行反恐、警犬、保安、警備、警戒、警衛、秩序維護及刑事等、保安警力派遣、勤務規劃、訓練及督導等與其他有關大隊事項[28]。以下分別說明偵查分隊、艙審情蒐小組、儀檢小組、警犬隊、安檢小隊之工作內容業務種類：

（一）偵查分隊：犯罪偵查、司法警察業務、查緝走私業務、查緝智慧財產權業務、查緝私劣菸酒業務、經濟犯罪、通訊監察、查捕逃犯、檢警連繫。

（二）艙單情蒐小組：艙單審核及情資蒐集通報、注檢、邊境聯合查贓業務相關事宜。

（三）儀檢小組：港區進出、口貨櫃掃描檢查[29]執行貨櫃掃描[30]、及聯合查贓等工作、負責保養、維護配置之機動式海運貨櫃檢查儀及輻射安全維護。

（四）安檢小隊：貨櫃落地安全檢查勤務之執行、邊境聯合查贓工作之執行、舊機動車輛及引擎輸出現地查證之執行、協助海關查緝走私、財政部國庫署執行私劣菸酒之查緝工作。

（五）警犬隊：負責查緝毒品、槍彈、爆裂物、反恐勤務為主要工作，並配合支援他單位申請之專案勤務，以及協助財政部國庫署執行私劣菸酒之查緝工作[31]。

三、行使職權依據與方式

保三總隊在國境執勤行使職權之法規依據；與治安相關的主要有：懲治走私條例、刑法、刑事訴訟法、槍砲彈藥刀械管制條例、毒品危害防制

---

[28] 依據內政部警政署保安警察第三總隊辦事細則第14條規定。

[29] 保三總隊為增加貨櫃檢查工作效率及加速通關速度，分別於2002年及2007年共購置3台機動式海運貨櫃檢查儀，分置於基隆港、台中港及高雄港三處。以非破壞性掃描方式執行貨櫃安全檢查，平均6分鐘內完成1個貨櫃掃描判讀，大幅提升檢查比率及檢查速度。

[30] 依據內政部警政署保安警察第三總隊機動式海運貨櫃檢查儀工作人員管理要點：四、儀檢工作人員分為2組，每組6員，共計12名。

[31] 警犬隊隸屬於第二大隊，成立於2004年9月，訓練基地位於高雄小港鳳岫南營區，全隊警員共14名、警犬20隻，分別具有緝毒、偵爆、緝菸之能力（詹雪雍，2015）。

條例。與安全檢查相關的主要有國家安全法第4條、第6條與其施行細則第
20條第3項。與查緝走私相關的主要有：海關緝私條例、商標法、野生動
物保育法、藥事法、菸酒管理法等。

　　上述保三總隊主要業務行為，依其法律性質是否涉及公權力與法律效
果可略分為：單純事實行為、行政處分行為及刑事行為等三種類型職權方
式為之，分述如下：

（一）單純事實行為

　　此類不對外直接發生法律效果，主要有：
1. 執行警犬查緝行為。
2. 港區進出、口貨櫃掃瞄檢查。
3. 舊機動車輛及引擎輸出之現地查證。

（二）行政處分行為

　　此類對外直接發生法律效果，主要有：
1. 有決定是否放行之貨櫃落地檢查行為。
2. 沒入處分行為。
3. 執行檢查查獲有違法之處分。

（三）刑事行為

1. 先行扣押：如在執行安檢時，發現旅客行李中有違禁物或犯罪證
   據，而為先行扣押，此時行政行為會轉換成刑事行為。
2. 其他刑事處分：其他犯罪調查、協助檢察官偵查犯罪，如刑事移
   送等，如刑事移送。

第三項 港務警察總隊

　　各港務警察總隊[32]為內政部警政署之次級機關，分別管轄基隆、高雄、花蓮、台中，其沿革因各港口開放國際商港時程不一，致各港務警察總隊發展時間有所不同，以高雄（1945）[33]與基隆港（1945）[34]發展最早，花蓮港次之，台中港（1973）[35]為最末。各港務警察總隊之管轄區為：1.基隆港警總隊：台灣本島之基隆港、蘇澳港、台北港及馬祖福澳港。2.高雄港警總隊：高雄港、金門港、安平港、澎湖港、布袋港。3.花蓮港警總隊：花蓮港、和平港。4.台中港警總隊：台中港、麥寮港。以下以基隆港務警察總隊為例說明之。

一、組織職掌

（一）組織背景

　　以基隆港務警察總隊為例，其前身為基隆水上警察署，台灣光復後由基隆市警察局接管。於1945年改編為水上分局，另基隆港務局成立港務警察隊。1947年將水上分局與港務警察隊合編為基隆港務警察局，直屬台灣省警務處。1948年改制為台灣省基隆港務警察所。1958年縮小編制再改隸為基隆市警察局港務警察所。1962年為適應實際狀況擴充編制恢復為台灣省基隆港務警察所，仍直隸台灣省政府警務處，兼受基隆港務局指揮監督。1987年7月15日起，配合解除戒嚴，接辦港區安全檢查工作。1998年配合台灣省政府功能業務與組織調整，機關改隸為內政部警政署基隆港務警察所。2001年機關改制為內政部警政署基隆港務警察局。隨著行政院海

---

[32] 原內政部警政署港務警察局，為配合行政院組織改造計畫，於2014年1月1日改制為內政部警政署各港務警察總隊。

[33] 內政部警政署高雄港務警察總隊全球資訊網，瀏覽日期：2015/12/15，http://www.khpb.gov.tw/main_02.php?page=about_history。

[34] 內政部警政署基隆港務警察總隊全球資訊網，瀏覽日期：2015/12/15，http://www.klhpb.gov.tw/editor_model/u_editor_v1.asp?id={2859FD91-B1D7-48F5-B3BA-888530E2E468}。

[35] 內政部警政署台中港務警察總隊全球資訊網，瀏覽日期：2015/12/15，http://www.thpb.gov.tw/editor_model/u_editor_v1.asp?id={79BB78BC-9EA7-4311-B392-804D723F9537}。

岸巡防署及內政部移民署相繼成立，原港務警察局之證照查驗及安全檢查業務均移交其他相關單位。至2014年1月1日配合行政院組織改造作業，由原「內政部警政署基隆港務警察局」改爲「內政部警政署基隆港務警察總隊」。[36]

（二）機關職掌

各港務警察總隊爲隸屬於警政署的專業警察機關，爲警政署之次級機關，負責業務爲執行港區治安及安全維護事項[37]。各港務警察總隊除了直接隸屬於警政署外，另外，執行處理違反港務法令事項時，兼受交通部航港局之指揮及監督[38]。依據內政部警政署港務警察總隊組織準則第2條規定，各總隊掌理之事項如下：

1. 交通部航港局所轄區域與工業專用港港區之治安秩序維護及協助災害危難之搶救。
2. 港區涉外治安案件及其他外事處理。
3. 港區犯罪偵防及刑事案件之處理。
4. 港區交通安全及秩序維護。
5. 違反港務相關法令案件之協助處理。
6. 其他有關港務警察業務事項。

二、業務項目

港務警察總隊業務種類，以基隆港務警察總隊[39]爲例，目前其業務可區分爲三大類，一爲刑事業務，由刑事警察隊負責；二爲保安業務，由保安警察隊負責；三爲中隊業務，由各中隊負責。以下依據內部辦事細則臚

---

[36] 內政部警政署基隆港務警察總隊全球資訊網，瀏覽日期：2015/12/15，http://www.klhpb.gov.tw/editor_model/u_editor_v1.asp?id={2859FD91-B1D7-48F5-B3BA-888530E2E468}。

[37] 內政部警政署組織法第6條之規定。

[38] 依據商港法第5條第1項：「商港區域內治安秩序維護及協助處理違反港務法令事項，由港務警察機關執行之。」第3項：「前二項港務警察機關及港務消防機關協助處理違反港務法令事項時，兼受航港局之指揮及監督。」

[39] 依據內政部警政署基隆港務警察總隊辦事細則第13條至第15條規定。

列各隊業務內容。

（一）刑事警察隊

1. 預防犯罪及協助偵查犯罪業務之規劃、實施。
2. 槍彈、毒品犯罪之規劃、執行及督導。
3. 司法警察及違反社會秩序維護法案件處理業務之規劃、實施。
4. 刑事鑑識業務之規劃實施及證物之處理。
5. 犯罪紀錄與刑事資訊系統之使用、維護及管理。
6. 犯罪偵防、鑑識、防爆等裝備器材之管理維護與防爆業務。
7. 刑案爆裂物之管制及通報。
8. 刑事警察之業務督導、教育訓練、風紀考核之實施。
9. 經濟犯罪業務之規劃、執行及督導。
10.治安情報之布置、蒐集、傳遞、運用。
11.通訊監察之執行。
12.刑案屍體報驗。
13.其他有關刑事、經濟警察事項。

（二）保安警察隊

1. 機動巡邏勤務執行。
2. 支援派遣及其他安全警衛維護。
3. 警用裝備器材之使用、保管及維護。
4. 其他有關保安警察勤（業）務執行事項。

（三）中隊

1. 執行本總隊所轄之治安秩序維護及協助災害危難搶救。
2. 協助處理違反港務相關法令。
3. 其他有關中隊警察勤（業）務執行事項。

三、行使職權依據與方式

　　各港務警察總隊在國境執勤行使職權之法規依據；與治安相關的主要有：懲治走私條例、刑法、刑事訴訟法、警察職權行使法、社會秩序維護法、道路交通管理處罰條例、毒品危害防制條例；與安全檢查相關的主要有國家安全法與其施行細則；與查緝走私相關的主要有：海關緝私條例、商標法、野生動物保育法、藥事法、菸酒管理法等。其他有商港法等。

　　上述港務警察總隊主要業務行為，依其法律性質是否涉及公權力與法律效果可略分為：單純事實行為、行政處分行為及刑事行為等三種類型職權方式為之，分述如下：

（一）單純事實行為

　　此類不對外直接發生法律效果，主要有：
1. 巡邏行為。
2. 港區安全警衛。

（二）行政處分行為

　　此類對外直接發生法律效果，主要有：
1. 對進入港區的人、物、車決定是否放行之管制警衛行為。
2. 取締交通違規、交通事故處理時製單舉發等交通業務行為。
3. 違警處分或查禁物之沒入處分行為。
4. 違反商港法之取締。

（三）刑事行為

1. 先行扣押：如在執法時，發現旅客行李中發現違禁物或犯罪證據，而為先行扣押，此時行政行為會轉換成刑事行為。
2. 其他刑事處分：其他犯罪調查、協助檢察官偵查犯罪如刑事移送等。

第四節 國境警察行為之救濟

有關國境警察行為之救濟，除依國境警察行為性質究係單純事實行為或行政處分或刑事處分等探討一般救濟外，並探討其他之特別救濟。分述如下：

一、單純事實行為

傳統行政爭訟理論，「無處分即無法律爭訟救濟」，並依據我國訴願法及行政訴訟法，救濟客體為行政處分，事實行為既不生法律效果，亦非行政處分，自不得為行政爭訟之對象。是故，國境警察行為性質若係屬單純事實行為，則無法提出行政爭訟救濟。

二、行政處分

依訴願法第1條規定，人民對於中央或地方機關之行政處分，認為違法或不當，致損害其權利或利益者，得依本法提起訴願。另訴願法第3條規定，所稱行政處分係指中央或地方機關就公法上具體事件所為之決定或其他公權力措施而對外直接發生法律效果之單方行政行為[40]。而行政處分在行政爭訟救濟中，則會因該行政處分能否得撤銷而略有不同行政訴訟，分述如下：

（一）得撤銷之行政處分

此類多屬意思決定之行政處分。

1. 訴願：依訴願法第1條規定，人民對於中央或地方機關之行政處分，認為違法或不當，致損害其權利或利益者，得依本法提起訴願。若人民認為國境警察行為違法或不當，致損害其權利或利益，得依訴願法第1

---

[40] 依行政程序法第92條規定，所稱行政處分係指行政機關就公法上具體事件所為之決定或其他公權力措施而對外直接發生法律效果之單方行政行為。顯然訴願法與行政程序法，該二法對行政處分定義相同。而依此定義，行政處分似乎可分為：行政機關就公法上具體事件所為之「決定」而對外直接發生法律效果之單方行政行為；及行政機關就公法上具體事件所為之「其他公權力措施」而對外直接發生法律效果之單方行政行為。

條提出訴願。

　　2. 行政訴訟：至少有以下方式得為之。

　　　(1) 撤銷訴訟：經依訴願法提起訴願而不服其決定，或訴願受理機關不為決定者，依行政訴訟法第4條得提起撤銷訴訟，以為救濟。

　　　(2) 併提起給付訴訟或法院判決回復原狀：依行政訴訟法第8條，得併提起給付訴訟；如要求處分機關返回遭沒收之物，倘未提起給付訴訟，法院得依行政訴訟法第196條判決回復原狀。

　　　(3) 合併請求損害賠償或其他財產上給付：依行政訴訟法第7條得合併請求損害賠償或其他財產上給付。

　　3. 國家賠償：檢查機關執行安全檢查時，因故意或過失不法侵害人民自由或權利者，受檢察人得依國家賠償法申請國家賠償。

（二）無法撤銷之行政處分

　　此類多屬公權力措施之行政處分。

　　1. 行政之確認無效：依行政程序法第113條規定，受處分人向警察或海巡機關提出確認行政處分無效之請求，請求確認其處分無效[41]。

　　2. 行政訴訟：至少有以下方式為之。

　　　(1) 確認訴訟：經向原處分機關提起訴願請求確認其無效未被允許，依行政訴訟法第6條向高等行政法院提起確認訴訟。

　　　(2) 合併請求損害賠償或其他財產上給付：復依行政訴訟法第7條得合併請求損害賠償或其他財產上給付。

　　3. 國家賠償：國境警察機關執行時，因故意或過失不法侵害人民自

---

[41] 行政程序法第113條第1項：「行政處分之無效，行政機關得依職權確認之。」第2項：「行政處分之相對人或利害關係人有正當理由請求確認行政處分無效時，處分機關應確認其為有效或無效。」另行政訴訟法第6條第2項：「確認行政處分無效之訴訟，須已向原處分機關請求確認其無效未被允許，或經請求後於三十日內不為確答者，始得提起之。」行政訴訟法第6條第2項即為配合行政程序法第113條之規定。所以確認行政處分無效，須先經原處分機關請求確認程序，此屬代替訴願程序之設計。吳庚，《行政爭訟法論》，修訂4版（台北：元照，2008），頁172-173。

由或權利者，受檢察人得依國家賠償法申請國家賠償。

三、刑事行為

　　司法救濟不服國境警察之刑事行爲，如先行扣押、刑事移送等，則循司法救濟途徑，依刑事訴訟法向法院救濟。若國境警察機關執行時，因故意或過失不法侵害人民自由或權利者，受人民得依國家賠償法申請國家賠償。

四、其他救濟

（一）警察職權行使行為

　　警察職權行使法第29條規定：「義務人或利害關係人對警察依本法行使職權之方法、應遵守之程序或其他侵害利益之情事，得於警察行使職權時，當場陳述理由，表示異議。

　　前項異議，警察認爲有理由者，應立即停止或更正執行行爲；認爲無理由者，得繼續執行，經義務人或利害關係人請求時，應將異議之理由製作紀錄交付之。

　　義務人或利害關係人因警察行使職權有違法或不當情事，致損害其權益者，得依法提起訴願及行政訴訟。」

　　因此，國境警察機關依法所爲之職權行爲，如依該法第21條國境警察人員於行使職權時所爲之扣留之方法、應遵守之程序或其他侵害利益之情事，人民得當場陳述理由，表示異議。

（二）行政執行行為

　　依據行政執行法第9條規定：「義務人或利害關係人對執行命令、執行方法、應遵守之程序或其他侵害利益之情事，得於執行程序終結前，向執行機關聲明異議。

　　前項聲明異議，執行機關認其有理由者，應即停止執行，並撤銷或更正已爲之執行行爲；認其無理由者，應於十日內加具意見，送直接上級主

管機關於三十日內決定之。

行政執行，除法律另有規定外，不因聲明異議而停止執行。但執行機關因必要情形，得依職權或申請停止之。」

因此，如人民對國境警察人員依法所為之執行命令、執行方法、應遵守之程序或其他侵害利益之情事，得於執行程序終結前，向國境警察機關聲明異議。

（三）違序處分行為

社會秩序維護法第35條第2項規定，專業警察機關，得經內政部核准就該管區域內之違反本法案件行使其管轄權。其中內政部警政署航空警察局及各港務警察總隊等國境警察機關，經內政部核准，得行使違序案件管轄權[42]。

另社會秩序維護法第55條規定，被處罰人不服警察機關之處分者，得於處分書送達之翌日起五日內聲明異議。聲明異議，應以書狀敘明理由，經原處分之警察機關向該管簡易庭為之。

因此，如人民對國境警察機關之違序處分者，得於處分書送達之翌日起五日內聲明異議。

（四）交通裁決處分

道路交通管理處罰條例第87條規定，受處分人不服第69條至第84條由警察機關處罰之裁決者，應以原處分機關為被告，逕向管轄之地方法院行政訴訟庭提起訴訟。因此，如人民對國境警察機關之交通裁決處分者，得以原處分國境警察機關為被告，逕向管轄之地方法院行政訴訟庭提起訴訟。

---

[42] 經內政部92年4月2日台內警字第0920078131號函核准，得行使違序案件管轄權之專業警察機關：(1)內政部警政署保安警察第二總隊。(2)航空警察局。(3)內政部警政署國道公路警察局。(4)內政部警政署鐵路警察局。(5)內政部警政署基隆港務警察總隊。(6)內政部警政署台中港務警察總隊。(7)內政部警政署高雄港務警察總隊。(8)內政部警政署花蓮港務警察總隊。

第五節　結論

在國與國之間的人流、物流數量高速成長，來往比以往更加密切的時代。在此人流、物流入出國頻繁的國境線上，需要有人扮演著國境安全管理機制之執行者，以彰顯著國家主權重要象徵之一的國境管理。而在國境線上，扮演著國境安全管理機制之執行者，概稱為國境警察機關。

本文試圖以警察行政法之概念為基礎，探討國境警察機關之組織與行為。亦即，從國境警察意義探討國境警察機關與其任務職掌、職權行為及其救濟。

在廣義警察定義觀念，有關國境線上之各執法機關均屬國境警察機關。另狹義的國境警察機關乃以組織法——警察法第5條第1項第3款規定：「關於管理出入國境及警備邊疆之國境警察業務」中探求之。國境警察兩大任務：管理出入國境及警備邊疆。依此而設置的國境警察機關有：內政部警政署航空警察局、內政部警政署保安總隊第三總隊與內政部警政署各港警總隊等直隸中央之專業警察機關，此為狹義的國境警察機關。

各國境警察機關有其個別之任務組織職掌，而國境警察職權行為，乃國境警察機關或人員為達成法定任務，得採取之行為方式或作用。本文依其是否涉及公權力與法律效果或法律性質，大致可類分為：行政行為與刑事司法行為。進一步言之，國境警察之職權行使方式多以「單純事實行為或行政處分行為」等行政行為呈現外，尚有以調查犯罪、協助偵查的「刑事司法行為」等類型呈現。

單純事實行為，有時是一種執行行為，未侵害人民法律權利及未課予人民法律義務，且不以發生法律效果為目的；此種單純事實行為，非屬法律保留之範圍，亦即不待行政作用法授權，僅屬組織法上權限，即可發動為之，為低密度法律保留範圍。若具有命令、強制性之法律效果，如強制措施及處分行為，涉及人民權利義務之得、喪、變、更，則需要法律明確規定與授權，屬法律保留之範圍，亦即需要有行政作用法之授權才能發動為之，為高密度法律保留。至於調查犯罪、協助偵查之「刑事司法行為」

若涉及人民權利義務，亦應遵守刑事訴訟相關程序，以法律爲之。有關國境警察行爲之救濟，則將因其行爲之法律性質不同而有不同救濟途徑。因此，本文乃除依國境警察行爲性質究係單純事實行爲或行政處分或刑事處分等探討一般訴願、行政訴訟即國家賠償等救濟外，並探討其他之特別救濟途徑。

　　以警察行政法爲基礎，對國境警察機關之組織與行爲概述，作者深知此爲一大膽挑戰與妄爲。只是希望能以總覽方式，讓讀者對國境警察機關之組織與行爲有一基礎概念，方便未來進一步深入探討。最後，本文也期待有志者，能有更多國境警察相關的國境執法之研究探討，讓國境警察機關執法時，完成任務也符合法治。

參考文獻

一、中文

李震山，《警察任務法論》（高雄：登文，1992）。

李震山，《行政法導論》（台北：三民，2012）。

吳　庚，《行政法之理論於實務》（台北：三民，2004）。

陳立中，《警察行政法》（台北：自版，1991）。

陳春生著、翁岳生編，《行政法（上）》（台北：元照，2006）。

梅可望等，《警察學》（桃園：中央警察大學，2012）。

黃富生、黃明凱、黃秀眞、邱俊傑、歐學凱，〈航空安檢雙軌可行性之研究〉，《國土安全與國境管理學報》，第18期，2012年12月。

蔡庭榕等，《警察職權行使法逐條釋論》（台北：五南，2005）。

詹雪雍，《國境警察業務委託私人之研究》（桃園：中央警察大學外事警察研究所碩士論文，2015）。

歐學凱，《我國桃園國際機場安全管理與民間參與之探討──以美國、新加坡、香港爲例》（桃園：中央警察大學外事警察研究所碩士論文，2009）。

二、網路資料

移民署，〈總入國人數及總出國人數〉，瀏覽日期：2016/01/20，http://www.immigration.gov.tw/ct.asp?xItem=1309971&ctNode=29699&mp=1。

財政部關務署，瀏覽日期：2016/01/22，https://portal.sw.nat.gov.tw//APGA/GA05_LIST。

內政部警政署航空警察局全球資訊網，瀏覽日期：2015/12/15，http://www.apb.gov.tw/index. php/ch/history。

內政部警政署保安警察第三總隊全球資訊網，瀏覽日期：2015/12/15，http://www.tcopp.gov.tw/index_m01-2.asp。

內政部警政署高雄港務警察總隊全球資訊網，瀏覽日期：2015/12/15，http://www.khpb.gov.tw/main_02.php?page=about_history。

內政部警政署基隆港務警察總隊全球資訊網，瀏覽日期：2015/12/15，http://www.klhpb.gov.tw/editor_model/u_editor_v1.asp?id={2859FD91-B1D7-48F5-B3BA-

888530E2E468}。

內政部警政署台中港務警察總隊全球資訊網，瀏覽日期：2015/12/15，http://www.thpb.gov.tw/editor_model/u_editor_v1.asp?id={79BB78BC-9EA7-4311-B392-804D723F9537}。

內政部警政署基隆港務警察總隊全球資訊網，瀏覽日期：2015/12/15，http://www.klhpb.gov.tw/editor_model/u_editor_v1.asp?id={2859FD91-B1D7-48F5-B3BA-888530E2E468}。

第七章

論航空保安管理機關之相關職權

第一節 前言

　　我國內政部警政署航空警察局負責各民航機場設施及航空器之安全維護，為各航空站之航空保安管理機關。航空安全涉及多數旅客的生命安全，為國家、航空器運輸業者須予重視，全力守護其安全性[1]，不使人為破壞或機械性、管理上之問題，而造成危害事件之發生。國際民航組織，對於民航安全議題，依其組織章程訂期召開會議，並簽訂芝加哥航空公約[2]，要求各簽署國，須遵守公約內容，致力於執行飛航安全工作[3]。

---

* 中央警察大學國境系專任副教授。

[1] 相關日文文獻，請參考嶋崎健太郎，〈人間の尊嚴なき生命權の限界：ドイツ航空安全法違憲判決を素材に，石井光教授・芦瑤斉教授退職記念號〉，《青山法学論集》，第56卷第4期，2015年3月，頁21-46。松浦一夫，〈ドイツ航空安全法のテロ対処規定に関する抽象的規範統制決定：連邦憲法裁判所2012年7月3日総会決定と2013年3月20日第二法廷決定，深谷庄一教授・加藤三千夫教授退官記念號〉，《防衛大学校紀要・社会科学分冊》，第108期，2014年3月，頁19-58。渡邊斉志，〈翻訳・解説ドイツにおけるテロ対策への軍の関与——航空安全法の制定〉，《Foreign legislation》，第223期，2005年2月，頁38-50。

[2] 2013年，我國首度以「特邀貴賓」身分參加國際民航組織（International Civil Aviation Organization，以下簡稱ICAO）大會。ICAO係根據1919年「巴黎公約」所成立的。在美國政府的邀請下，52個國家於1944年11月1日至12月7日在芝加哥召開國際會議，簽訂了《國際民用航空公約》，即《芝加哥公約》，業於1947年4月4日生效。蔣昭弘，〈國際民航公約新增「附約19：安全管理」我國之因應策略〉，《國政研究》，2014年7月。

[3] 相關中文文獻，請參考黃富生，〈航空安檢雙軌制可行性之研究〉，《中央警察大學國土安全與國境管理學報》，第18期，2012年12月，頁1-52。許義寶，〈論人民出國檢查之法規範與航空保安〉，《中央警察大學國土安全與國境管理學報》，第17期，2012年6月，頁113-153。柯雨瑞，〈論國境執法面臨之問題及未來可行之發展方向——以國際機場執法為中心〉，《中央警察大學國境警察學報》，第12期，2009年12月，頁217-271。郭世杰，〈淺

　　近來國際民航運輸可能遭受恐怖分子劫持等不法危害事件，使航空保安工作，須提升其安檢層級，不可僅因爲了快速及經營績效而忽略存在之危險因子，造成飛航上安全顧慮。我國交通部民用航空局（並稱民航局）爲航空保安之主管機關[4]，負責國家之航空保安計畫訂定，並核准警政署航空警察局所訂之機場航空保安管理計畫，與監督各航空站航空保安計畫之執行。

　　航空保安工作，涉及飛航安全，爲保護乘客生命與國家之航空器不受破壞，依芝加哥公約與國際相關民航安全規約，各國紛紛制定相關法規，授權民航安全機關實施相關必要之檢查與查核，以落實航空保安工作之執行。交通部民航局爲航空保安機關，警政署航空警察局（以下稱航警局）爲各航空站之航空保安管理機關，而桃園機關管理公司爲交通部所設之國營公司負責桃園機場之營運組織，另有各民間航空公司爲私人之運送業者等，以上各部門對於機場航空保安工作之執行，皆有相關權責。依民用航空法第47條之1：「交通部爲辦理國家民用航空保安事項，應擬訂國家民用航空保安計畫，報請行政院核定後實施（第1項）。航空警察局爲各航空站之航空保安管理機關，應擬訂各航空站保安計畫，報請民航局核定後實施（第2項）。於航空站內作業之各公民營機構，應遵守航空站保安計畫之各項規定（第3項）。」

　　爲防止恐怖分子趁機不法破壞，各國彼此之間，對於機場安全會透過各種情報交換工作、落實安全檢查、設定管制區，區隔民航機起降區域，不使一般民眾靠近。另查核相關機組員、民航與民間工作者，或受委託從事機場工程及送貨人員之安全性，以有效保障航空保安工作之執行。

　　爲使航空保安工作易於執行，國際民航組織（簡稱ICAO）依「芝加哥公約」（Chicaco Convention）第10條之規定訂定「國際民航組織便捷計畫」（The ICAO Facilitation Programm, FAL）。依此「便捷計畫」，政

談民航局委託航警局執行「保安控管人」之法制問題〉，《執法新知論衡》，第3卷第1期，2007年6月，頁83-96。汪注財、蔡中志、許連祥、柯雨瑞，〈從比較法之觀點探討我國航空保安法制之問題〉，《警學叢刊》，第35卷第5期，2005年3月，頁107-129。

[4] 民用航空法第3條：交通部爲管理及輔導民用航空事業，設交通部民用航空局（以下簡稱民航局）；其組織另以法律定之。

府的功能在訂定即符合國際規定、又符國情及機場環境、且便於執行之法規辦法。因安全工作是多層次的，最外層就是情報工作。不論是國家安全或是國境管制，情報永遠是優先的。航空保安工作專家們，在研究過去許多機場恐怖攻擊案例中，發現安全單位在案發前之情報工作如能作得更加周延廣泛，情資研判更精確，經由機場各項保安作為，不法案件在機場外可能就已排除或解決。因為，涉案人不可能闖關成功，作案工具或裝備也可能無法進入機場。從事機場安全工作的人平日就要有這種安全觀念與警覺，隨時注意任何可疑情況，充分掌握，事件發生率就能減至最低[5]。

　　航空保安工作，涉及公部門之中央交通部民航局、警政署航警局，私部門之機場管理公司、航空運輸業者、貨運倉儲業、保全公司等私部門。為落實執行航空保安工作，相關貨運倉儲業者必須提出個別之航空安全維護計畫，經由航警局核准後，依該計畫內容實施。而航警局依法屬於各航空站之航空保安管理機關，依法有對旅客安全檢查、核准航空保安計畫、管制區之查核與發證等職權。本文參考相關國外之航空保安法制與重點措施，檢討我國民用航空法對於航空保安相關規定，著重於各航空站之航空保安管理機關──即航警局的相關職權，予以探討分析及提出相關意見，以供參考。

第二節　航空保安之概念

　　因航空運輸需求量的增加，從其發展以來，一直被要求須持續改善其安全性，此在安全管理上，具絕對重要性。近期從1990年代起，航空器安全管理的方法，開始有顯著進步，近年更是快速的發展。在共通性考量上，安全管理所要求的，在於有明確具體的指導方向，要求各個航空公司建立安全管理體制，其實際狀況須符合要求標準，並獲得公證監督者的認可機制。其基本理念為，經由風險評估的方法，以作為訂定形成現有安全

5　劉天健，〈航空保安與旅客便捷──平衡發展？共生伙伴？〉，《飛行安全春季刊》，2013年，頁10。

對策，能對於未發生前的危害，可以事先預防[6]。

在911事件以後，開始朝向強化航空保安的方向，亦修正國際民航公約（芝加哥公約），儘管有區別國際線與國內線，但二者皆必須澈底依規範執行，成為各國基本的認識[7]。

維護民航機場之航空站、航空器、航空站相關範圍內之安全，為航空保安之主要工作。近年來世界各地機場，屢次發生民航機場或航空器遭受非法劫持、破壞之案件，尤其以2001年之在美國所發生之911事件，更是震驚世界。恐怖分子挾持航空器作為其攻擊武器，造成國家社會之重大動盪影響。

有關我國航空保安工作之推動，依據「國際民航公約」第17號附約第3.1.1節規定：「每一締約國必須制定及執行一個明文律定之國家民用航空保安計畫，藉由關於航機之安全性、規律性及效率性之規則、措施及程序之實施，以保護民用航空作業，防止非法干擾行為」。第3.2.1節亦規定：「每一締約國應要求其提供國際民航服務之機場，建立及施行一個明訂之機場航空保安計畫，並符合國家民用航空保安計畫之要求」。另第3.3.1節規定：「每一締約國應要求從其國內提供服務之航空運輸業者建立及施行一個明訂之航空運輸業者航空保安計畫，並符合該國之國家民用航空保安計畫之規定」，依前開要求，每個國家必須制訂國家航空保安計畫、每個機場必須制訂機場保安計畫、每個航空運輸業者亦必須制訂所屬保安計畫[8]。

民航保安威脅之議題並無法由政府任一個單位即可解決，必須透過所有可能涉及之單位及業者共同努力合作，方能建立最安全之運作環境。此外，每個人均必須認知到恐怖分子將嘗試使用最容易成功的方式去發動恐怖攻擊，故盡全力做好各項保安工作並防止航空器成為恐怖分子攻擊之途

6　羽原敬二，〈空の安全——技術、政策、そして法〉，關西大學法學部，2006年2月，頁3，www.kansai-u.ac.jp/ILS/publication/.../nomos19-01.pdf。

7　川久保文紀，〈機場における「移動性」の統治と「リスク管理」としての戰爭：ターゲットガバナンスとリスクガバナンスを素材として〉，《中央学院大学紀要》，第23卷第2期，2010年3月，頁80。

8　中華民用航空協會，〈2008年非法干擾事件次數官方報告——第五章危險物品與航空保安〉，瀏覽日期：2015/10/14，http://www.mantraco.com.tw/tao/2008/D280422.htm。

徑是每個民航相關從業人員的責任[9]。

　　何謂對航空器之非法干擾，依民用航空保安管理辦法第2條規定：「……一、非法干擾行爲：指危及民用航空安全之下列行爲或預備行爲：（一）非法劫持航空器。（二）毀壞使用中之航空器。（三）在航空器上或航空站內劫持人質。（四）強行侵入航空器、航空站或航空設施場所。（五）爲犯罪目的將危險物品或危安物品置入航空器或航空站內。（六）意圖致人死亡、重傷害或財產、環境之嚴重毀損，而利用使用中之航空器。（七）傳遞不實訊息致危及飛航中或停放地面之航空器、航空站或航空設施場所之乘客、組員、地面工作人員或公眾之安全。……」

　　以下擬介紹德國、日本與美國等其他國或地區，對於航空保安之相關規定。

第三節　相關外國航空保安之法制

一、德國之航空保安

　　德國航空安全法爲實施航空對策的反恐措施，及保護機場及航空器防止受到劫機或被破壞，規定相關的保安措施；另外如航空器遇到劫機的反應等，以此二者爲架構中心。有關保安措施，除了國防部及中央軍隊可執行外，其他由政府機關與機場管理者等非政府機關，共同協力執行[10]。

（一）德國航空安全法之保安措施概要

　　依德國航空安全法第8條及第9條規定，機場管理機關與運輸業者，須向政府航空安全機關提出「航空安全計畫」，並獲得同意；後依此課予其執行該計畫內容之義務。「航空安全計畫」須符合準用歐盟航空安全規則

---

[9]　同上註。

[10]　中林啓修，〈現代テロ対策のガバナンス——ドイツにおける航空テロ対策を事例に〉，《KEIO SFC（慶應大學）JOURNAL》，第9卷第2期，2009年，頁131。

所訂定的保安措施要求，且予以明訂。

在其航空安全計畫中，管理者與事業單位，須依航空安全法的規定，實施相關保安措施，有關事項須列入具體的計畫中，以此構成航空反恐對策的公私機關間的協力基礎依據。

具體的保安措施標準，由內政部與聯邦交通、建設及都市事務部共同提出，經聯邦參議院同意後生效。其詳細內容，一般並不公布。但依其航空安全法第8條及第9條規定，保安措施的標準，應依據歐盟的航空安全規定作為基準。機場管理單位與航空運輸業者，應接受聯邦民航局的指導，依此標準訂定航空安全計畫，提出該計畫並經由航空安全機關審查通過，予以核定後確認。之後，機場管理機關及航空運輸業者，與政府機關間，共同實施該計畫的內容。

（二）防護重要設施與器材

為防護重要設施與器材等，包括由設施與設施的構成部分及相關人員的保護方法，與其管理方式等三部分為重點範圍。依歐盟規則的保安措施標準，有關防護設施與器材，屬有關的機場管理單位或航空運輸業者，應負責採取必要的措施。

執行防護的措施，須依設備與設施的構造，完全交由機場管理者及航空運輸業者負責。機場管理者包括機場的全部範圍，另航空運輸業者對其在機場內被委任的範圍，亦負有實施必要措施的責任。另一方面，經由人員的防護，由機場管理者與航空運輸業者，及被委託的私人機構（例如保全公司）等相關私人機構，共同與政府機關為執行。其具體的作法，由聯邦警察或邦警察的武裝人員，實施對機場設施（特別是起降地點或公共區域）的巡邏。或由聯邦警察的航空保安官，進入航空器（含飛航中）以防止劫機與爆炸等不法行為。

再者，有關對人的防護，依航空安全法規定，對非政府之私人機構，須在安全領域予以教育、訓練，其要求準用歐盟的規則，設定一定的標準。其對象為非政府機構中，負責安全的相關人員，另含航空器的機組員[11]。

---

[11] 中林啟修，同上註，頁132-133。

（三）旅客與物品的管理

　　旅客與貨物之檢查管理，主要由聯邦警察與非政府機構的安全人員執行。依航空安全法第2節第11條規定，所禁止的項目品名，包括槍砲類及攻擊或可能作爲防禦使用的噴霧器、爆裂物、彈藥、雷管、可燃性液體、腐蝕性及有毒性物質及瓦斯或其他可燃性物質，或是具有被聯想爲武器、彈藥或爆裂危險物的外觀之物品，聯邦內政部認爲除了依其他法令已被限定者外，有必要禁止這些項目帶入機場管制區或航空器內。另外，機場管理者爲確認旅客之行李內物品時，可要求所有人會同開啓。

　　有關對旅客的要求及檢查，在爲確認旅客本人身分所必要的限度內，具有本權限者，除了航空運輸業者與警察官，機長亦有此權力[12]。

（四）信賴性審查

　　依航空安全法第7條規定，爲「信賴性審查」。信賴性審查是對於進到機場，或社會上一般被認爲進入屬重要設施之管制區域的人，事前對其個人身分予以審查決定，是否核准其進入從事工作等。本項作爲所考量的，是避免發生來自於內部的破壞之對策，即防制內部威脅對策之一環。其不限於德國，世界各國家亦普遍實施本措施。

　　德國的信賴性審查，亦稱爲「安全性審查」，爲依1994年所制定的「聯邦安全性審查條件及其程序有關的法律」（以下簡稱安全性審查法）。在航空交通領域，依航空交通法規定，對於進入航空保安限制區域之人，屬於受審查的對象。在911事件之後，朝向逐漸強化擴大其審查的內容。而且，依2002年的第二次反恐對策法的規定，修正航空交通法，新增加航空保安公司職員及聯邦交通建設都市開發部有關在航空保安業務等方面所委託執行的私人。

　　安全性審查法之立法，爲從管轄機關考量安全性，對將執行業務之人，其活動如涉及此易遭受侵害的範圍，對該當事人須予以實施安全性審查。或現已擔任此工作者，須對其實施再次的審查爲前提條件，與相關程

---

[12] 中林啓修，同上註，頁133。

序規定；審查對象包括該當事人及其配偶。查核上對應其所擔任的職位，規定有三階段的審查，於此，對於機場管理者及航空運輸業者，課予三階段中最明確的「簡易安全性審查」。

實施安全性審查，須由當事人同意，如該當事人不同意，對於該當事人並不得以此原因歸究其無法配合安全性審查，而使其遭受到其他的不利益。

引用安全性審查法的規定，在航空交通領域的信賴性審查，依航空安全法第7條及其細節的內部規定執行。

依航空安全法第7條第1項的各款規定，信賴性審查的對象包括：1.須經常進出機場或航空公司的建築物內，一般被認為不得任意進出該範圍之人。2.所從事業務的活動，會直接影響航空安全之人，包括有關機場公司、航空公司、航空安全管理公司、貨運、郵務、清潔、物品送達公司等的職員（含被委託人）。3.依法令被派遣執行特定業務之人。4.依法令規定，航空器的駕駛員實習駕駛員。5.其他在機場內，一般被認為不得任意進出的範圍，須頻繁進出之人，包括機場所在地機場協會的會員、實習生、機師等。以上該當之人，由其自行申請接受審查。於該當審查屬於其執行業務所必要之條件時，依規定該審查之費用，由雇主負擔。另依航空安全法規定的安全性審查，在國內至少在12個月內，須再次接受同樣的審查。該當事人如無安全性可疑的情形，則予免除擴大安全性審查或安全性審查所附隨的擴大安全性審查的其他負擔。

在航空交通領域的信賴性審查，為查核當事人時，得採取經由照會邦警察、憲法保護局，及多次向聯邦中央登記檔案處查詢。另外，於有必要情形，得向聯邦刑事局、關稅局、聯邦憲法保護廳、聯邦情報局、軍事情報處、舊德國民主共和國保安機關聯邦文書監察官，及其他必要的機關要求照會。另外，也可要求機場管理公司、航空公司及目前的雇主，予以照會。該當事人如為外國籍，可向外國人中央紀錄處要求提供資料等[13]。

---

[13] 中林啓修，同上註，頁133-134。

二、日本之航空保安

有關近來日本之航空保安對策，日本政府依其計畫，定有如下內容：

（一）保持高度警戒性的狀態

1. 持續保持高度警戒（從2005年3月以後提升機場之警戒機制程度）之「標準1」的狀態。
2. 對於特定對象已造成高度威脅情況，所採的措施予以設定為「標準2」及「標準3」[14]。

（二）強化對於旅客手提行李的保安檢查

1. 對於從日本出發的國際線旅客，實施限制攜帶液體物品。
2. 對於託運行李導入內部的檢查系統。該系統為行李在運送過程中，實施檢測配置，對於在運送中的行李，可以檢測出危險物品或爆裂物。
3. 實施保安檢查時，對於旅客的鞋子，隨時以X光檢測。
4. 對從日本出發的國際線旅客，實施隨機的拍搜檢查。
5. 對於刀械類等，及其他可作為凶器使用之物品，全部禁止攜帶進入航空器。

（三）強化對於航空貨物的保安

1. 運用及強化貨物從所有人處到裝載進入航空器過程，採一貫化的保護制度。
2. 導入貨物的起終點站，全天候的監視員制度。
3. 對於進入國際線貨物站之人，實施保安檢查。

---

[14] 日本国土交通省の主なテロ対策——航空分野，平成25（2013）年12月，瀏覽日期：2015/10/16，http://www.mlit.go.jp/kikikanri/seisakutokatsu_terro_tk_000001.html。

（四）落實機場安全警戒

1. 指示機場之管理人，落實安全警戒。
2. 在主要的機場，設置審查員及強化圍籬等。
3. 強化對於保安體制的查察。
4. 要求機場管理人依法令擬定防止劫機、對航空器為恐怖活動，如何採取措施之訂定保安計畫。
5. 在各具有國際線的機場，設置由國土交通省、警察、入管、海關等人員所組成的「機場保安委員會」，強化各有關機關的合作。
6. 依程序審查核發申請進入管制區的許可證及落實嚴格的管理。
7. 對於從事機場相關業務人員及機組員，其攜帶物品進入管制區時，予以實施檢查。

（五）強化航空器內的保安

1. 實施在航空器內派遣武裝的警察官。
2. 要求全面對於機長室的門栓，設置具防彈效能的材質。

（六）強化對小型飛機的警戒

1. 要求防止於他人搭乘之際或接觸之時，攜帶危險物品進入。
2. 落實管理使用小型飛機在空中噴灑農藥活動，及其相關設備使用等。
3. 受理小型飛機等的飛行計畫時，檢查確認有無可疑之人等。

（七）國際性的合作與協力

1. 對於國際民間航空機關（ICAO）所舉辦的活動，積極參加與提供贊助的經費。
2. 舉辦提升東南亞國家（ASEAN）的航空保安及共同合作、協力的專家會議。
3. 邀集開發中的國家所從事航空保安業務之人員，定期舉辦航空保安研討會等。

（八）危害事件發生時的對應處置

1. 將機場目前的相關影像，盡可能傳到機場危機管理的資訊系統中，以彈性運用資訊的蒐集及下達指示。
2. 對飛行中的航空器，制作即時、正確的，於最近距離可著陸使用的機場名簿。
3. 相對應於必要情況，即時發出相關特定領空須避開飛行的航空情資等[15]。

三、其他國家或地區

（一）美國

有關美國近期之強化航空保安上，發現有一些執行上的問題。即強化航空保安體制的立法動向，對於航空保安執行上，依國土安全部監察官的報告書提及，運輸安全保障廳所執行對旅客搭乘前的檢查程序，及檢查設備的維護管理上，有許多問題。接受此報告的聯邦議會，高度關注如何導正目前之航空保安工作，並即時審議相關的法案。

1. 問題的經過

近來美國國土安全部的監察官室，陸續公布有關航空保安問題的報告。報告書的名稱為「指正運輸安全保障廳的事前登錄系統（Pre Check），其經由迅速檢查過程的問題」。認為運輸安全保障廳在執行業務過程，有不適當之處[16]。

2. 航空保安體制的問題點

在監察官的報告中，提出兩個問題。

其一，為實施旅客搭乘飛機前的檢查程序，過於草率。該「檢查問題」的報告，即旅客如在美國國內有參與恐怖組織的紀錄及曾有犯重罪的

---

[15] 同上註。

[16] 鈴木滋，【アメリカ】航空保安体制の強化に向けた立法動向，外国の立法，国立国会図書館調査及び立法考査局，2015年10月。

紀錄，在搭乘前亦未經過適當的檢查，即予核准通關，提出指正。其因運輸安全保障廳爲了降低機場旅客人數眾多，避免擁擠，使旅客可以順暢搭機，對於辦妥事先登錄（Pre Check）系統的人，於繳交登錄費及自願性的提供個人資料，即予免除檢查鞋子與皮帶等，採取簡易的搭乘檢查程序，運用所謂「迅速通關」作法。該當旅客，如已經事先登錄了，即核准經由迅速檢查，得予登機；另一方面，一般在執行上，運輸安全保障廳運用「過濾有明顯風險的機制」之航空保安系統，此於旅客預訂機位時，航空公司即可獲得旅客的資訊（姓名、出生日期、性別等），運輸安全保障廳再予以過濾有涉及恐怖分子可能之人，對於每位旅客在搭乘航空器前，實施一定必要標準的檢查。但是前述辦妥事先登錄（Pre Check）系統之旅客，是否有運用本系統採取事前的風險性評估？顯有問題。

其二，包括檢測爆裂物的設備等，有關機場安檢設施的維護管理上問題。在「管理維護問題」的報告中提及，運輸安全保障廳對於安檢設備維護管理的政策與程序，並無規定。另外，對於受委託業者，其在維護與管理上，亦未充分的監督。像這樣的問題，短期間如要修繕該老舊設備，須耗用高額經費，也會造成對旅客與航空器安全上的危險。

3. 法案的概要

美國聯邦議會收到上述監察官的報告，爲解決上述問題，已修改航空保安對策關聯的法案，即「迅速檢查安全確保法案」及「旅客安全保護及安全確保法案」。本二法案於2015年7月27日經美國上議院通過，2015年9月14日送由下議院審議中。其中「迅速檢查安全確保法案」，共有5條。第1條爲法律名稱，第2條爲事實界定等規定[17]。

（二）香港

對於如何進一步執行航空保安工作，是否應強化其執行限度，對於議會之質詢，香港政府主管機關，有如下之考量作法：有關捺印指模及拍攝照片，於2004年1月5日，美國國土安全部實施一套新的出入境程序，包括

---

[17] 同上註。

在入境及出境口岸爲持非移民簽證訪美的旅客掃描套取指紋和拍攝數碼照片。這是一項廣泛實施的措施，並非針對訪美的香港旅客。由於這些新程序近期才開始實施，要評估它們對本港市民訪美的影響仍然太早[18]。

　　有關乘客資料，美國國土安全部正在發展一套新的「電腦輔助乘客預先審查系統」，以鑑別在保安上需要額外注意的乘客。在這預先審查系統下，乘客在預訂機票時須向航空公司提供他們的全名、住址、住宅電話及出生日期。美國政府計畫首先向在美國起飛的航班的乘客實施預先審查，並預計最終會將預先審查用於從其他國家飛往美國航班的乘客。據瞭解，隱私的保障是國土安全部在發展乘客預先審查系統時所考慮的主要事項之一。將來，如航空公司根據「電腦輔助乘客預先審查系統」在香港向乘客蒐集資料，它們須遵守「個人資料（隱私）條例」的有關條款及條例訂明的保障資料原則。所有控制個人資料的蒐集、持有、處理或使用的資料使用者，均受該條例約束。簡言之，如航空公司在向訪美的乘客蒐集資料時，告知他們有關資料會被交予美國當局作保安審查用途，而資料的確是爲同樣用途轉交美國，有關做法就不會牴觸上述條例。

　　有關派遣空中武警，美國國土安全部於2003年12月28日向世界各地航空公司發出航空緊急修訂，要求當美國運輸安全局根據顯示某些飛往、飛離或飛越美國領空的班機可能會受到恐怖襲擊的情報，指令航空公司須在該些特定航班上部署受過訓練的武裝政府執法人員（即空中武警）時，有關航空公司須遵守指令。航空公司亦可提議其他措施以取代部署空中武警，供運輸安全局考慮。如果有情報顯示某一在香港國際機場起飛的航班有可能受到威脅，政府及航空公司會確保地面上已完成加強保安措施，而威脅已解除，才會准許航班起飛。有了地面上的嚴格保安措施，香港主管機關認爲在飛機上部署空中武警未必一定能夠進一步提高航班的安全及保安[19]。

　　航空保安在於爲航空運輸安全目的，涉及政府部門與運輸業者及機場

---

[18] 對於香港立法會有關航空保安，香港政制事務局之答覆，2004年2月18日，瀏覽日期：2015/11/04，http://www.info.gov.hk/gia/general/200402/18/0218127.htm。

[19] 同上註。

經營部門的工作，以上經由介紹德國之航空安全法規定與日本對於航空反恐保安之現階段重點工作與美國在執行旅客通關及安檢上之相關作為。可以發現近年來航空保安工作，其安全性一直受到高度重視，特別是著眼於如何防止恐怖分子活動、劫機、破壞等問題上。有關安檢程序、管制區之劃定與管制、相關人員之安全查核，最受到重視。

第四節　我國航空保安管理機關之相關職權

一、概說

如何維護機場安全、航空器不受破壞及旅客安全，為警政署航空警察局之主要任務。依內政部警政署航空警察局（下稱本局）組織規程（下稱本組織規程）第2條規定，本局掌理下列事項：1.民用航空事業設施之防護。2.機場民用航空器之安全防護。3.機場區域之犯罪偵防、安全秩序維護及管制。4.機場涉外治安案件及其他外事處理。5.搭乘國內外民用航空器旅客、機員及其攜帶物件之安全檢查。6.國內外民用航空器及其載運貨物之安全檢查。7.機場區域緊急事故或災害防救之協助。8.執行及監督航空站民用航空保安事宜，防制非法干擾行為事件及民用航空法令之其他協助執行。9.其他依有關法令應執行事項。

警政署航空警察局，為各航空站之航空保安管理機關，執行民航安全之相關事宜。航空警察局組織規程，共有9項工作內容，其所訂之職掌範圍，包括廣義之航空保安任務。而本組織規程，屬於組織法之性質，依干預行政法定原則，亦不得依組織規程之依據，而作為執行上之授權。因此，航警局之人員於具體執行時，須有民用航空法或國家安全法之具體授權，始得為之。

民用航空法（下稱本法）為一特別行政法，為規定民用航空之具體規範，包括對民航局、各航空站、私人航空運輸業者、進出機場之貨運業者、機場管理公司、其他進出機場或管制區之人民等，均要求其必須遵守

之事項。本法對於航警局之職權，規定較爲具體、詳細。

例如民用航空法第47條之3：「航空器載運之乘客、行李、貨物及郵件，未經航空警察局安全檢查者，不得進入航空器。但有下列情形之一者，不在此限……。」即表示安全檢查之重要性及專屬性，國際恐怖主義活動日益猖獗，常會有恐怖分子利用安全之漏洞，欲攜帶武器等進入航空器，趁機劫機或破壞航空器，近年在國際上，已發生過多起之危害事件，特別以美國所受之911攻擊事件，造成世界各國之航空保安工作，受到重大之威脅。

又我國近年爲提升管理與營運績效之目的，設立國營之桃園機場管理公司；對於機場之秩序與安全維護上又設立機場保全公司，同時與航空警察共同維護機場之安全及秩序。但涉及公權力之執行，如取締違法、實施強制力、安全檢查等，涉及干預人身自由、隱私權、財產權等作爲，仍由航空警察局人員執行，以符合法制。

二、核定相關保安計畫

機場之相關航空貨物集散站經營業、航空站地勤業、空廚業及其他與航空站管制區相連通並具獨立門禁與非管制區相連通之公民營機構，應訂定航空保安計畫，經航警局核定後實施。

航空保安計畫內容，應包括重要之檢查程序、要求標準、人員考核等。在機場管制區內執行業務之運輸業者，或經常進出機場管制區之業者，工作上須處理與運送相關貨物，應經過保安控管人之檢查。航空警察局人員，並得予以抽檢。

有關航空保安計畫報核實施，依民用航空法第47條之2：「民用航空運輸業及普通航空業，應依國家民用航空保安計畫擬訂其航空保安計畫，報請民航局核定後實施（第1項）。外籍民用航空運輸業應訂定其航空保安計畫，報請民航局備查後實施（第2項）。航空貨物集散站經營業、航空站地勤業、空廚業及其他與航空站管制區相連通並具獨立門禁與非管制區相連通之公民營機構，應於其作業之航空站擬訂航空保安計畫，報請航

空警察局核定後實施（第3項）[20]。」

　　民用航空保安管理辦法第3條：「內政部警政署航空警察局（以下簡稱航警局）為各航空站之航空保安管理機關，應依國家民用航空保安計畫，擬訂各航空站保安計畫，於報請民航局核定後實施。變更時，亦同（第1項）。前項航空站保安計畫應包括下列事項：一、法規依據及行政事項。二、作業單位及任務。三、航空站保安會之組成、職掌及其有關事項。四、航空保安事項之通告。五、航空站設施概況。六、航空保安措施及應遵行事項。七、非法干擾行為之處理。八、航空保安訓練。九、督導及考核。十、其他有關事項（第2項）。於航空站內作業之各公民營機構，應遵守航空站保安計畫之各項規定（第3項）。」

　　航空保安工作，包括甚廣，航警局人員依法管制與檢查，欲進入管制區與登上航空器之旅客及隨身行李物品；另其他機組員與貨運物品之進入航空器等部分，則須由航運業者依其航空保安計畫，自行實施安全檢查與控管。業者基於協力義務與依法執行航空保安工作，必須建立其內部之控管機制。

　　航空警察局在核定航空貨物集散站經營業、航空站地勤業、空廚業及其他與航空站管制區相連通並具獨立門禁與非管制區相連通公民營機構所擬定之航空保安計畫前，應實際查核其所列內容與實際是否相符？或應修正及補充之處，要求即期改善。

三、對乘客安全檢查與進出管制區檢查

（一）對乘客安全檢查

　　對於如何防止旅客攜入危險物品、凶器等不法器械，對飛航安全造成危害威脅，及要如何妥善與澈底的執行為一項重要的工作。依國家安全法

---

[20] 民用航空法第47條之2第4至6項：「航空貨運承攬業得訂定航空保安計畫，向航空警察局申請為保安控管人（第4項）。航空警察局得派員查核、檢查及測試航空站內作業之各公民營機構及保安控管人之航空保安措施及航空保安業務，受查核、檢查及測試單位不得規避、妨礙或拒絕；檢查結果發現有缺失者，應通知其限期改善（第5項）。前項航空警察局派員查核、檢查及測試時，得要求航空站經營人會同辦理（第6項）。」

第4條規定,治安機關對於進出國境之人員、物品、船筏、及相關人員所攜帶之隨身物品,應加以檢查[21]。安全檢查之目的,即在防止旅客攜帶危險物品或凶器登上航空器,造成航空保安上之危險[22]。

另外一主要之授權規定,爲民用航空法第47條之3:「航空器載運之乘客、行李、貨物及郵件,未經航空警察局安全檢查者,不得進入航空器。但有下列情形之一者,不在此限:一、依條約、協定及國際公約規定,不需安全檢查。二、由保安控管人依核定之航空保安計畫實施保安控管之貨物。三、其他經航空警察局依規定核准(第1項)。前項安全檢查之方式,由航空警察局公告之(第2項)。航空器所有人或使用人不得載運未依第一項規定接受安全檢查之乘客、行李、貨物及郵件(第3項)。航空器上工作人員與其所攜帶及託運之行李、物品於進入航空器前,應接受航空警察局之安全檢查,拒絕接受檢查者,不得進入航空器(第4項)。航空器所有人或使用人對航空器負有航空保安之責(第5項)。前五項規定,於外籍航空器所有人或使用人,適用之(第6項)。」

對於「禁止攜帶之物品」,依法並應事先公告。此物品屬於危險物,爲保安上考量,依法予以禁止。對於違反者,另課予相關之罰責[23]。國境上可能造成危害之因素,包括人員及物品。有關人員之管制,須核對其身分與證件,是否相符?是否屬於管制之人員等。另一可能造成危害顧慮者,爲危險物品或類似之危險物品。航空警察局爲執行國家公權力之機關,依法可對旅客爲查證身分、安全檢查,確認旅客是否有攜帶可疑危險物品等。對於違反者,可依法予以制止及處罰。

在旅客物品之進入旅空器前的安全檢查上,是否應完全由航警局人員

---

[21] 國家安全法第4條規定:「警察或海岸巡防機關於必要時,對左列人員、物品及運輸工具,得依其職權實施檢查:一、入出境之旅客及其所攜帶之物件。二、入出境之船舶、航空器或其他運輸工具。三、航行境內之船筏、航空器及其客貨。四、前二款運輸工具之船員、機員、漁民或其他從業人員及其所攜帶之物件(第1項)。對前項之檢查,執行機關於必要時,得報請行政院指定國防部命令所屬單位協助執行之(第2項)。」

[22] 另有細部相關之檢查規定,即「台灣地區國際港口及機場檢查工作聯繫作業」規定。

[23] 民用航空法第112條之2:「有下列情事之一者,處新台幣二萬元以上十萬元以下罰鍰:一、違反第四十三條第一項規定,攜帶或託運危險物品進入航空器。二、違反第四十三條之一第一項規定,攜帶槍砲、刀械或有影響飛航安全之虞之物品進入航空器。」

專責執行本項職權？亦有待探討。在2014年之民航法修正草案第47條之3規定：「航空器載運之乘客、行李、貨物及郵件，未經安全檢查者，不得進入航空器……。」其原因，鑑於世界各主要機場多由機場經營人自行或委託專業保全（保安）公司執行安全檢查作業，爰修正現行條文第1項及第4項關於安全檢查僅限由航空警察局執行之規定[24]。

　　由航空局負責安全檢查與部分交由受委託之私人保全業者檢查，在決策上屬於安全性之考量問題。依行政程序法第16條規定，行政機關得依法規將部分權限委由私人執行[25]。並將委託之事項，公告之。此屬於行政機關權限之移轉，私人之執行，可能會減少公務人力之成本，但是其專業性與安全性等，將無法與受過專業訓練之警察人員等量齊觀。國家不能只為減少營運成本，而忽略航空保安工作之品質。

（二）對貨物之檢查

　　貨物之運輸與客機之性質，有所不同。但如何避免，貨運航空器之安全，避免其被挾持，成為攻擊之武器，或藉由貨機載運武器或不法物品，到其他國家，亦屬重要之工作。

　　依民用航空法第47條之2第4、5項規定：「航空貨運承攬業得訂定航空保安計畫，向航空警察局申請為保安控管人（第4項）。航空警察局得派員查核、檢查及測試航空站內作業之各公民營機構及保安控管人之航空保安措施及航空保安業務，受查核、檢查及測試單位不得規避、妨礙或拒絕；檢查結果發現有缺失者，應通知其限期改善（第5項）。」

　　有關我國保安控管人之制度[26]，有如下之重點：
1. 國際民航公約第17號附約4.5.2規定：每一締約國必須制定措施以

---

[24] 參考民用航空法部分條文修正草案總說明，瀏覽日期：2015/10/22，www.ey.gov.tw/Upload/.../a74cf208-0078-454e-b059-8fdb4bc6f646.pd。

[25] 行政程序法第16條規定：「行政機關得依法規將其權限之一部分，委託民間團體或個人辦理（第1項）。前項情形，應將委託事項及法規依據公告之，並刊登政府公報或新聞紙（第2項）。第一項委託所需費用，除另有約定外，由行政機關支付之（第3項）。」

[26] 航警局網站，〈保安控管人制度——航空貨物作業程序〉，瀏覽日期：2015/10/25。

確保欲由客運航班載運之貨物、專差快遞、一般快遞及郵件均經過適當的航空保安控制。

2. 國際民航公約第17號附約4.5.3規定：每一締約國必須制定措施以確保航空器所有人、使用人不得接受貨物、專差快遞、一般快遞及郵件搭載於客機之託運，除非該項託運之航空保安已經由保安控管人所審核確定或經過符合前述4.5.2規定之其他航空保安控制。

3. 中華民國國家民用航空保安計畫第4章第6節第5目規定：「航空器所有人或使用人除依下列規定外不得於客運班機上載運貨物、專差快遞、一般快遞及郵件：

(1)由保安控管人交運。

(2)或經航空警察局或其所屬分局查驗通過。」

4. 中華民國國家航空保安計畫第7章第8節有關貨物保安控制規定如下：

(1)空運貨物、專差快遞、快遞包裹及郵件於載入客運班機前，應由航空器使用人或經核准之保安控管人實施保安控制。

(2)於威脅增加之情形下，對空運貨物、專差快遞、快遞包裹及郵件之特別安全檢查措施，應納入機場、航空器使用人、保安控管人之保安計畫。

(3)空運貨物、專差快遞、快遞包裹及郵件於搬運及處理時，應在安全環境下進行，且須有適當之安全措施，以預防武器、爆裂物及其他違禁品載入客運班機。

(4)一般出口貨物，應實施安全檢查，發現疑為危害飛安物品時，會同相關單位實施人工複檢；專差快遞、快遞包裹及郵件應逐件以儀器實施檢查，如發現疑為危害飛安物品時，會同相關機關依法實施人工複檢。

(5)機邊驗放貨物，應以儀器實施檢查，如發現疑為危害飛安物品時，會同相關機關依法實施人工複檢[27]。

---

27 同上註。

（三）對進出管制區之檢查

　　機場航空器起降及物品、行李運送之處，為航空行政工作之區域，一般無關之人，不得隨意靠近、進入此等管制區，以保護此區域之安全。民用航空法第47條之4：「航空站經營人為維護安全及運作之需求，應劃定部分航空站區域為管制區（第1項）。人員、車輛及其所攜帶、載運之物品進出管制區，應接受航空警察局檢查（第2項）。」

　　有關對進入管制區之人、車、物品之逐一檢查，是否可部分委由私人保全業者執行，於2014年之民用航空法第47條之4修正草案，亦有提出。其修正草案[28]理由為：鑑於世界各主要機場多由機場經營人自行或委託專業保全（保安）公司執行安全檢查作業，爰修正第2項關於檢查部分僅限由航警局執行之規定，並將「檢查」修正為「安全檢查」，以符實需。因航警局目前之人力運用及調整受限於行政機關員額總數之限制，內政部警政署考量全國警力配置，無法優先派補之，致該局人力已無法因應持續成長之機場旅客運量所需之安全作業，爰增訂第3項，規定航空站經營人得委託經內政部認證之保全業執行未涉公權力之安全檢查作業，但涉及公權力之行使者，仍由航警局為之。為避免安全檢查方式不一致導致飛安風險，並考量保全業之主管機關為內政部，爰增訂第4項，規定有關安全檢查之方式、保全業之認證程序及其他相關事項之標準，由內政部定之。

　　此可討論之問題有二：其一，委由私人執行，如業者之專業能力不足，衍生出具有高度安全性、專業品質上之顧慮問題時，仍不能冒然採行，以減少安全上之風險。其二，涉及公權力之執行為何？即強制性、調查取證職權之行使，屬之。其他如由當事人自願配合之例行性查驗證件、所攜帶物品檢查等，則應無涉公權力之執行。但如行為人言行，顯有可疑要進一步追問，則可請求警察人員到場協助。

　　民用航空保安管理辦法，主要規定航空安全之相關事宜，由交通部發布，其屬於法規命令。依民用航空保安管理辦法第2條規定：「本辦法用

---

[28] 修正草案第47條之4第2項規定：「人員、車輛及其所攜帶、載運之物品進出管制區，應接受安全檢查。」參考民用航空法部分條文修正草案總說明，瀏覽日期：2015/10/22，www.ey.gov.tw/Upload/.../a74cf208-0078-454e-b059-8fdb4bc6f646.pdf。

詞，定義如下：一、非法干擾行爲：指危及民用航空安全之下列行爲或預備行爲：（一）非法劫持航空器。（二）毀壞使用中之航空器。（三）在航空器上或航空站內劫持人質。（四）強行侵入航空器、航空站或航空設施場所[29]等……。」

　　依前述德國航空安全法之規定，有關航空保安之安全維護與查核、執行等事項標準，由其交通部門與內政部門，共同發布法規範[30]。表示航空安全，亦涉及國家安全與治安之職掌。於此，則由交通部發布，但其內容應符合航空警察局爲執行航空保安工作之所需。

　　另民用航空保安管理辦法第5條：「航空貨物集散站經營業、航空站地勤業、空廚業及其他與管制區相連通並具獨立門禁與非管制區相連通之公民營機構，應依其作業之航空站保安計畫擬訂其航空保安計畫，於報請航警局核定後實施。變更時，亦同（第1項）。前項航空保安計畫內容應包括下列事項：一、保安政策及組織。二、作業區域之安全防護。三、人員及車輛進出管制區與作業區域之管制措施。四、防止危險物品及危安物品非法裝載於航空器之保安措施。五、保安作業人員之遴選。六、保安作業人員之訓練。七、非法干擾行爲之緊急應變計畫。八、航空保安意外事件之通報程序。九、航空保安品質管制計畫。十、其他有關事項（第2項）。前項第10款之其他有關事項，應包括航空貨物集散站經營業之收貨

---

[29] 民用航空保安管理辦法第2條：「……五、保安控制：指防止可能使用危險物品或危安物品，進行非法干擾行爲之措施。六、管制區：指航空站經營人爲執行出入管制所劃定之區域。七、危安物品：指槍砲彈藥刀械管制條例所規定之槍砲、刀械或其他經交通部民用航空局（以下簡稱民航局）公告有影響飛航安全之虞之物品。八、清艙檢查：指對航空器客艙及貨艙所作之檢查，以發現可疑物品、危險物品或危安物品。九、保安搜查：指對航空器內部及外部之澈底檢查，以發現可疑物品、危險物品或危安物品。十、安全檢查：指爲辨認或偵測從事非法干擾行爲之危險物品或危安物品，所運用之科技或其他手段。十一、乘客管制區：指介於乘客安全檢查點及航空器間之管制區。十二、武裝保安人員：指爲反制飛航中航空器非法干擾行爲而攜帶警械上航空器之執法人員。十三、保安控制人員：指航空器所有人或使用人、航空貨物集散站經營業、航空站地勤業、空廚業及其他與管制區相連通並具獨立門禁與非管制區相連通之公民營機構指派之下列人員。（一）保安主管。（二）擬訂、訂定、修正航空保安計畫之人員或監督其執行之人員。（三）於每一作業航空站之保安專責人員。」

[30] 德國具體的保安措施標準，由內政部與聯邦交通‧建設‧都市開發部共同提出，經聯邦參議院同意後生效。其詳細內容，一般並不公布。但依航空安全法第8條及第9條規定，保安措施的標準，應依據歐盟的航空安全規定作爲基準。中林啓修，同註10，頁132-133。

程序及收貨後之保安控制措施、航空站地勤業之機具設備管控與行李、貨物裝載處理之保安控制措施或空廚業之餐車保安控制措施（第3項）。」

對於業者或旅客，違反以上安全檢查與裝載物品之行為，相關之罰則，並明定民用航空法第112條之2中[31]。

四、對作業人員之背景查核

對於進入機場管制區之作業人員，其安全性如何？須加以查核，以免遭受內部破壞。惟安全查核之方式、要求，須有法令之授權與規範。依德國航空安全法第7條之規定，稱為「信賴性審查」。信賴性審查是對於進到機場，或社會上一般被認為進入屬重要設施之管制區域的人，事前對其個人身分予以審查決定，是否核准其進入從事工作等。

德國的信賴性審查，亦稱為「安全性審查」，為依1994年所制定的「聯邦安全性審查條件及其程序有關的法律」。在911事件之後，朝向逐漸強化擴大其審查的內容。而且，依2002年的第2次反恐對策法的規定，修正航空交通法，新增加航空保安公司職員及聯邦交通建設都市開發部有關其在航空保安業務等方面所委託執行的私人。因此，須對於機場管理者及航空運輸業者，課予「簡易安全性審查」[32]。

我國民用航空保安管理辦法第9條：「航警局應對經許可免受監護進入管制區及民航局飛航服務總台南、北部飛航服務園區之作業人員，實施背景查核，並定期複查（第1項）。前項背景查核，應包括身分及犯罪紀

---

31 對於違反之罰則，依民用航空法第112條之2：「有下列情事之一者，處新台幣二萬元以上十萬元以下罰鍰：一、違反第四十三條第一項規定，攜帶或託運危險物品進入航空器。二、違反第四十三條之一第一項規定，攜帶槍砲、刀械或有影響飛航安全之虞之物品進入航空器（第1項）。民用航空運輸業、普通航空業、航空貨運承攬業、航空站地勤業、空廚業或航空貨物集散站經營業違反第四十三條第二項規定，託運、存儲、裝載或運送危險物品者，處新台幣二萬元以上十萬元以下罰鍰（第2項）。一年內違反前項規定違三次者，處新台幣十萬元以上五十萬元以下罰鍰，並得報請民航局轉報交通部核准後，停止其營業之一部或全部或廢止其許可（第3項）。託運人違反第四十三條第一項規定，不實申報危險物品於進入航空器前受查獲者，處新台幣二萬元以上十萬元以下罰鍰（第4項）。前四項規定，由航空警察局處罰之（第5項）。對於第一項至第四項未發覺之違規，主動向航空警察局提出者，航空警察局得視其情節輕重，減輕或免除其處罰（第6項）。」

32 中林啓修，同註10，頁133-134。

錄之調查（第2項）。」此規定，在民用航空法之條文中，並未明定。但於機場管制區之作業規定內，亦有相關之查核規定[33]。

　　查核為須蒐集及處理個人資料，依個人資料保護法，行政機關為執行職務及上述重大公共利益，得蒐集及處理個人資料之規定[34]。但在本航空保安之特別查核規定中，對於資料查核之範圍，被要求提供資料之機關，有無提供之義務？皆有問題。如果在民用航空法中，加以明文規定其查核之依據與範圍，有此特別之授權將較為明確。

第五節　結論

　　航空保安之執行，涉及多個公私機關之職權，本文主要探討警政署航空警察局之職權。其相關之職權，包括審核各航空貨運站及相關業者之航空保安計畫書、執行進入管制區人與車及物品等之安全檢查、對旅客與所攜帶物品之安全檢查、對機場工作人員之安全查核等。「職權」為一具體

---

[33] 民航機場管制區進出管制作業規定第3點：「本作業規定事項，由內政部警政署（以下簡稱警政署）協調交通部民用航空局（以下簡稱民航局）依權責分別掌管，並責成內政部警政署航空警察局（以下簡稱航警局）、各航空站、航空站經營人（以下簡稱經營人）執行之，其分工如下：……（三）航空站、經營人：負責機場管制區規劃、分隔設施及各類工作證、通行證設計、製發、收繳保管、核轉請發機場工作證安全查核。（四）航警局：負責進出民航機場人員之安全查核、請領機場工作證之審與臨時通行證之管理核借；及依安全查核結果、工作性質、作業場所、核定證類、分類編號，執行通報製發、管制檢查、違規查處。」

[34] 個人資料保護法第5條：「個人資料之蒐集、處理或利用，應尊重當事人之權益，依誠實及信用方法為之，不得逾越特定目的之必要範圍，並應與蒐集之目的具有正當合理之關聯。」同法第6條：「有關醫療、基因、性生活、健康檢查及犯罪前科之個人資料，不得蒐集、處理或利用。但有下列情形之一者，不在此限：一、法律明文規定。二、公務機關執行法定職務或非公務機關履行法定義務所必要，且有適當安全維護措施。三、當事人自行公開或其他已合法公開之個人資料。四、公務機關或學術研究機構基於醫療、衛生或犯罪預防之目的，為統計或學術研究而有必要，且資料經過提供者處理後或經蒐集者依其揭露方式無從識別特定之當事人。五、為協助公務機關執行法定職務或非公務機關履行法定義務必要範圍內，且事前或事後有適當安全維護措施。六、經當事人書面同意。但逾越特定目的之必要範圍或其他法律另有限制不得僅依當事人書面同意蒐集、處理或利用，或其同意違反其意願者，不在此限（第1項）。依前項規定蒐集、處理或利用個人資料，準用第八條、第九條規定；其中前項第六款之書面同意，準用第七條第一項、第二項及第四項規定，並以書面為之同意違反其意願者，不在此限（第2項）。」

執行之措施，會影響相對人之權益，因此，須有法律之明文依據，始得爲之。

　　有關「專屬職權」與共同執行之思考，爲獨占與視情況委由私人之保全業者執行安全檢查工作。於本文中論及，是否可將對進入管制區之人車或物品的檢查，一部分委由私人之保全執行？依行政院所提出之修正草案，其建議修法主要之原因與說明，所考量的；即在於認爲由私人參與航空安全檢查執行之政策方向，屬於各國發展的趨勢。只是因各國國情不同，或各國之安全情況，亦有落差。航空保安之工作，事涉重大，不可稍有疏忽。因此，不可單指考量管理效率或成本，而忽視其安全性與專業性。

　　本文中亦介紹美國近來發現之安全檢查問題，對於有重大破壞紀錄前科者，是否採取特別查核？及其如利用快速通關等程序，可能會造成安全上的疏漏。因此，我國在安全檢查上，航警局是否可以掌握到特定危害對象之資料？理論上，依警察任務與職掌而言，應無問題。但在執行面與問題意識上，是否及於此？則有待進一步探討。另依德國之航空安全法規定其所公告管制攜入航空器之危險物品中，亦包括禁止攜帶類似或會被聯想屬於武器之物品。其管制之內容與標準，由聯邦內政部與交通主管機關，共同發布。此管制之範圍與方式，亦可作爲我國之參考。

參考文獻

一、中文

汪進財、蔡中志、許連祥、柯雨瑞，〈從比較法之觀點探討我國航空保安法制之問題〉，《警學叢刊》，35卷5期，2005年3月。

柯雨瑞，〈論國境執法面臨之問題及未來可行之發展方向——以國際機場執法爲中心〉，《中央警察大學國境警察學報》，12期，2009年12月。

許義寶，〈論人民出國檢查之法規範與航空保安〉，《中央警察大學國土安全與國境管理學報》，17期，2012年6月。

郭世杰，〈淺談民航局委託航警局執行「保安控管人」之法制問〉，《執法新知論衡》，3卷1期，2007年6月。

黃富生，〈航空安檢雙軌制可行性之研究〉，《中央警察大學國土安全與國境管理學報》，18期，2012年12月。

劉天健，〈航空保安與旅客便捷——平衡發展？共生伙伴？〉，《飛行安全春季刊》，2013年。

二、日文

嶋崎健太郎，〈人間の尊厳なき生命権の限界：ドイツ航空安全法違憲判決を素材に〉，石井光教授・芦瑨斉教授退職記念号，《青山法学論集》56卷4期，2015年3月。

渡邊斉志，〈翻訳・解説ドイツにおけるテロ対策への軍の関与——航空安全法の制定〉，《Foreign legislation》223期，2005年2月。

川久保文紀，〈機場における「移動性」の統治と「リスク管理」としての戦争：ターゲットガバナンスとリスクガバナンスを素材として〉，《中央学院大学紀要》23卷2期，2010年3月。

中林啓修，〈現代テロ対策のガバナンス--ドイツにおける航空テロ対策を事例に〉，《Keio SFC（慶應大學）JOURNAL》Vol.9，No. 2，2009年。

羽原敬二，《空の安全——技術、政策、そして法》，關西大學法學部，2006年2月。

松浦一夫，〈ドイツ航空安全法のテロ対処規定に関する抽象的規範統制決定：

連邦憲法裁判所2012年7月3日総会決定と2013年3月20日第二法廷決定〉，深谷庄一教授・加藤三千夫教授退官記念号，《防衛大学校紀要（社会科学分冊）》108期，2014年3月。

鈴木滋，〈【アメリカ】航空保安体制の強化に向けた立法動向〉，《外国の立法》，国立国会図書館調査及び立法考査局，2015年10月。

日本国土交通省の主なテロ対策──航空分野，平成25（2013）年12月，http://www.mlit.go.jp/kikikanri/seisakutokatsu_terro_tk_000001.html-104.10.16。

第八章

當前我國毒品走私趨勢與國境管理

黃文志*、何招凡**

第一節　前言

　　藝人柯震東在中國大陸吸食大麻被逮，引起社會各界極大關注，廣泛地討論我國毒品氾濫的情形，同時，毒品問題全球化之趨勢日益顯著，在國際毒品走私影響下，當前我國毒品形勢十分嚴峻。

　　我國毒品問題到底有多嚴重？吾人可由下列統計進一步瞭解：

　　一、2014年1至7月按當期鑑定純質淨重之查獲毒品共計3,523.4公斤[1]，較去年（2013年）同期增加1,837.9公斤、109.0%（如圖8-1）。鑑定毒品之純質淨重當中，第一級毒品為39.9公斤（海洛因等），第二級毒品311.1公斤（安非他命等），第三級毒品2,837.9公斤（K他命等）及第四級毒品334.5公斤（假麻黃鹼等）。就毒品來源地區別分主要以來自中國大陸者最多，占83.6%。同期間經認定符合「毒品製造工廠認定標準」之毒品製造工廠計18座（法務部，2014）。

　　二、根據警政署刑事警察局偵查科之統計顯示，2009年至2011年警方共計查獲製毒工廠155座，其中與安非他命（又稱安毒）相關者共計131座，占84.52%，含傳統型35座、紅磷典化法44座、麻黃鹼萃取型52座（如圖8-2），足證安非他命類型之製毒工廠確為主流，國內施用毒品人

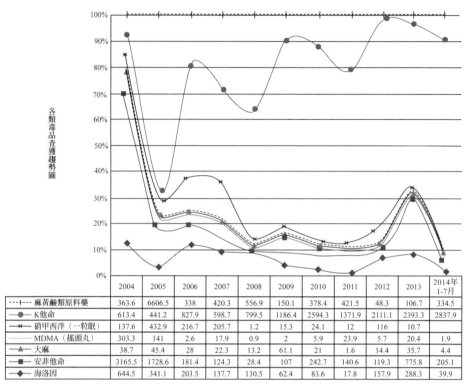

	2004	2005	2006	2007	2008	2009	2010	2011	2012	2013	2014年 1-7月
---+--- 麻黃鹼類原料藥	363.6	6606.5	338	420.3	556.9	150.1	378.4	421.5	48.3	106.7	334.5
—●— K他命	613.4	441.2	827.9	598.7	799.5	1186.4	2594.3	1371.9	2111.1	2393.3	2837.9
—✕— 硝甲西泮（一粒眠）	137.6	432.9	216.7	205.7	1.2	15.3	24.1	12	116	10.7	
········· MDMA（搖頭丸）	303.3	141	2.6	17.9	0.9	2	5.9	23.9	5.7	20.4	1.9
—▲— 大麻	38.7	45.4	28	22.3	13.2	61.1	21	1.6	14.4	35.7	4.4
—■— 安非他命	3165.5	1728.6	181.4	124.3	28.4	107	242.7	140.6	119.3	775.8	205.1
—◆— 海洛因	644.5	341.1	203.5	137.7	130.5	62.4	83.6	17.8	157.9	288.3	39.9

圖8-1　2004年至2013年我國查獲毒品總類及數量

資料來源：法務部。

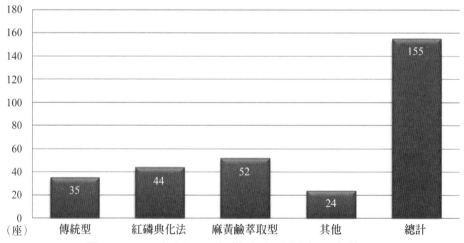

圖8-2　2009年至2011年警方查獲製毒工廠數量

資料來源：警政署刑事警察局。

口眾多，毒品犯罪問題嚴重（刑事警察局，2012）。

　　三、國內仿照經濟學之供需定律針對藥物濫用的嚴重程度進行評估，緝獲毒品量之多寡可看出供給面大小，而毒品緝獲量排名亦得反應部分藥物濫用現況。2004年以前，國內毒品查獲以安非他命及海洛因毒品為大宗；2005年以後，則以安非他命與K他命為大宗。自1990年至2005年，安非他命之查緝量幾乎每年超過1,000公斤，2003年高達3,970公斤，而2005年製造安非他命之麻黃鹼類原料藥更高達6,606公斤。K他命自2001年查獲以來，緝獲量逐年增加，且自2006年起至2013年止，已連續8年於緝獲量排名第一位。依據2013年台灣地區檢、警、憲、調等司法機關緝獲的毒品數量，排名前五位分別為：K他命2,393.3公斤、安非他命成品775.8公斤、海洛因288.3公斤、麻黃鹼類原料藥106.7公斤及大麻35.7公斤，其中第二級毒品安非他命成品於2013年全年緝獲量775.8公斤，較2012年全年緝獲量增加656.5公斤，值得留意。此外，近年來大麻、MDMA之緝獲量亦有增加趨勢。另自2004年1月9日「毒品危害防制條例」修正增列第四級毒品先驅原料以來，麻黃鹼類原料藥從2010年起，已高居緝獲毒品種類第二位，2012年、2013年仍分居第五位與第四位（衛生福利部食品藥物管理署，2014，頁6-7）。

　　四、2013年執行毒品案件裁判確定有罪人數共計為36,096人，毒品新入監受刑人數共計為10,434人，裁判確定有罪使用之毒品以第二級毒品（計19,796人）最多，毒品新入監受刑人使用之毒品以第二級毒品（計4,789人）為最多（衛生福利部，2014，頁27）。

　　五、2013年破獲毒品案件數共40,130件，嫌疑犯人數共計為43,268人，查獲毒品案件數以第二級毒品為最多；各級毒品嫌疑犯之分齡統計，成年人部分以第一級毒品為最多，少年與青年則以第三級毒品為最多（衛生福利部，2014，頁28）。

　　六、2013年警察機關查獲施用或持有第三、四級毒品未滿20公克構成行政罰案件[2]，查獲數合計30,266人次，其中以施用第三級毒品查獲數最

---

[2] 2009年5月20日修正毒品危害防制條例，自2009年11月20日起，針對無正當理由持有純質淨重20公克以上者，處以刑罰；未達20公克或施用三級、四級毒品者，處以行政裁罰。在此日

多爲（占85.5%），小於18歲施用或持有20公克以下第三級毒品之查獲次之（占11.2%），持有第三級毒品淨重未達20公克查獲人數占第三位（占3.2%）；若與2012年比較，查獲數增加8,552人次，持有第三級毒品淨重未達20公克者、施用第三級毒品、小於18歲施用或持有20公克以下三級毒品、與施用第四級毒品者較同期增加（衛生福利部，2014，頁29）。

綜上所述，第三級毒品K他命在我國緝獲毒品種類中高居第一，施用人口呈倍數成長，因第三級毒品案件被判決有罪確定者，從2008年的398人，成長到2013年的2,629人；而因施用或持有三級毒品未滿20公克，而構成行政裁罰的人，更從2010年的9,389人，爆增到2013年的3萬239人，其中未滿18歲者，占了約1成（中央社，2014/08/30）。

前述數據亦充分顯示，施用第三級毒品K他命人口呈年輕化的趨勢，政府近年來雖然有許多反毒政策，但吸毒人口不減反增，毒品查獲數量雖節節攀升，但走私毒品似乎源源不絕，依據財政部關務署關務年報統計資料，我國毒品走私方式以海空運貨櫃、漁船、航空快遞郵包、行李夾帶和人體吞服爲主（刑事警察局，2014）。毒品濫用儼然已成爲當前我國社會必須嚴肅面對的課題。

筆者曾經擔任過刑事警察局外勤工作，期能以更爲宏觀之國際視野，整合現有政府與媒體公開資訊，除了分析我國與亞洲鄰近國家之毒品走私態樣外，更進一步以我國與周邊國家之實際走私案例，分析我國毒品輸入來源地以及輸出目的地之演進，藉以預測未來我國毒品走私趨勢，提升我國「阻絕毒品於境外」之執行成效，並以區域局勢之新思維制定相關查緝方針，避免我國執法機關在肅毒工作上陷入「見樹不見林」之盲點。

期以前，持有、施用三、四級毒品者，均無刑事責任及行政罰責。

第二節　亞洲毒品市場供需

聯合國毒品和犯罪問題辦公室（United Nations Office on Drug and Crime，以下簡稱UNODC）於2003年3月公布一份年度報告中指出，全球經常性和偶爾性的毒品使用者已達2億多人；其中1.63億人吸食大麻，3,400萬人食用安非他命，1,400萬人食用古柯鹼，1,500萬人服用鴉片製劑（1,000萬人吸食或注射海洛因），800萬人食用搖頭丸。全球毒品銷售總額每年約有8,000億至1萬億美元之間，占全球貿易總額10%，與全球軍火貿易額相差無幾（新華網，2004）。

而UNODC一項最新報告表示，過去一年中（2013年），全球約有2.43億15歲至64歲的人使用過毒品，該人數約占世界人口5%，一般而言，年輕族群物質濫用之情形較年長者為高，在許多國家18至25歲之青年人，為藥物濫用盛行率最高之族群（蔡元雲，1999）。其中，亞洲地區使用甲基安非他命及安非他命類興奮劑（Amphetamines-Type Stimulant, ATS）越來越嚴重，接近全球使用人口50%，這類安非他命類毒品交易的增加，已成為東亞與東南亞主要毒品，取代了海洛因、鴉片、大麻等，相關犯罪已然造成區域安全與公眾健康威脅。UNODC的報告特別指出，近幾年此類毒品的生產量快速成長，2008年甲基安非他命生產量只有3,200萬片或3,300萬片，2010年被查扣1億3,300萬片，到了2012年生產量已高達2.3億片，比起2008年的3,200萬片多出將近8倍。晶狀體的甲基安非他命（俗稱冰毒）（Crystal meth）使用人數也呈現類似急遽增長的趨勢，寮國、柬埔寨、泰國和越南的吸食人口較十年前大幅增加，在這一區域查獲的安非他命數量高達11.6公噸。主要的問題來自製毒所需的化學物質在亞洲國家容易取得，包括南韓、日本、泰國、中國和印度，通常由合法貿易系統流出，轉入非法貿易，同時，安非他命網路交易氾濫，生產、走私此類新型態化學毒品常不受現行法律管轄，價格相對便宜、容易製造，對犯罪集團來說高度獲利，吸引大量犯罪者進入市場，加上安非他命使用者不會面對注射或吸食這類毒品的污名，價值或許可達數十億美金（科爾本，2014）。

中國大陸、緬甸、菲律賓現在是東南亞地區製造安非他命的主要來源地，其他國家包括印尼與馬來西亞則是製造冰毒和迷幻藥（Ecstasy）的地點。UNODC報告也分析，安毒販運路線沿著湄公河進行，出入緬甸、泰國、中國大陸和寮國等，這類東亞與東南亞區域內的販運路線，則是由西方、東非、伊朗等犯罪集團組織把持（大紀元，2011/09/13）。

海洛因則是中國大陸、馬來西亞、緬甸和越南等亞洲國家的一大關注問題。聯合國官員Tun Nay Soe表示，「毒品走私的範圍會繼續擴大，而執法不一和執法腐敗以及公正和健康等社會問題，為反毒的努力增加了障礙」（科爾本，2014）。

當代全球化浪潮下的毒品犯罪呈現出以下幾項特點：

一、毒品犯罪國際化

毒品犯罪已形成從種植、加工、販運到消費的國際化體系（俗稱一條龍）。亞洲主要有兩大罌粟生產地區，分別是東南亞泰國、緬甸、寮國三國毗連的「金三角」地區以及中南亞巴基斯坦、伊朗、阿富汗三國交界的「金新月」地區。東南亞「金三角」地區，即泰國、緬甸和寮國三國相毗連的地區，曾被稱為「鴉片王國」。而其傳統運銷路線有兩條通過中國大陸：一條是金三角→昆明、廣州、深圳→香港、澳門→美國、歐洲；另一條是金三角→上海→美國。UNODC報告指出，泰國、緬甸、寮國於2010年種植鴉片的面積比2009年增加22%，產量成長高達75%，其中緬甸的面積與產量最大。這份調查報告指出，緬甸2010年種植罌粟花的面積達3萬8,100公頃，比2009年增加了6,400公頃，成長20%；寮國成長58%，從1,900公頃增加到3,000公頃；泰國種植面積成長幅度較小，從211公頃增加至289公頃的成長。

泰緬寮三國在1990年代中期種植罌粟花面積高達16萬公頃，雖然2010年遠低於當年的高峰，但從2006年以來，種植面積與產量持續攀升。緬甸罌粟田種植面積，占全球總面積的25%，是世界第二大鴉片生產國，僅次於阿富汗。2012年緬甸罌粟種植面積比2011年增加約17%，由43,000公頃

上升到51,000公頃。雖然寮國鴉片產量僅占世界的3%，但境內的罌粟種植面積比2011年卻擴大66%，達到了6,800公頃。只有泰國的罌粟種植量比去年減少了4%，面積為209公頃（大紀元，2012/11/01）。泰緬寮種植罌粟花的面積與產量之所以大增，乃因糧食不足而惡化，農民為要有足夠的金錢購買食物而選種鴉片，另一個原因則是因林地減少影響水土保持，農民為了生計，只好種植容易生長的罌粟花。此外，緬甸軍政府與少數民族衝突問題，也是鴉片種植增加的原因之一，少數民族叛軍可藉此增加影響力（大紀元，2010/12/13）。

　　根據UNODC調查報告，2010年鴉片潛在的產量比2009年成長75%，其中緬甸產量最大，從2009年的330公噸爆增至今年580公噸，成長幅度達76%。寮國產量從2009年的7公噸增加至2010年18公噸，泰國則從3公噸成長至5公噸。東南亞這3國占全球鴉片供給從原本約5%的比例，增加到2010年的14%（大紀元，2010/12/13），2012年產量更增加至15%，成為734公噸。其中，緬甸約生產690公噸（比2011年增加了13%）、寮國生產41公噸、泰國的產量為3公噸（大紀元，2012/11/01）（如圖8-3）。

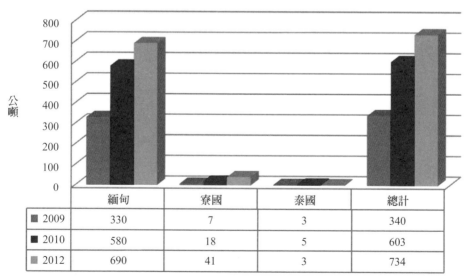

	緬甸	寮國	泰國	總計
2009	330	7	3	340
2010	580	18	5	603
2012	690	41	3	734

圖8-3　2009至2012年金三角泰、緬、寮三國鴉片產量

資料來源：聯合國毒品和犯罪問題辦公室（UNODC）。

南亞「金新月」地區，即巴基斯坦、伊朗和阿富汗交界地區，爲世界最大的鴉片產地之一（新華網，2004），世界上鴉片類毒品有90%是來自阿富汗，而大部分產品都出口到了伊朗、俄羅斯和歐洲。UNODC與阿富汗禁毒部聯合發布報告，2013年阿富汗境內罌粟產量較2012年增長49%，種植面積從前一年的15.4萬公頃，首次超過了20萬公頃，攀升至20.9萬公頃，增加了36%，成爲歷史最高點；海洛因主要成分鴉片的產量則比2012年多出近50%，達到5,500公噸。阿富汗農夫想趁北大西洋公約組織（NATO）部隊於2014年撤出前搶種，多賺一點，專家稱2012年鴉片價格高昂是罌粟種植面積擴大的主要原因（大紀元，2013/11/04）。

二、毒品犯罪集團化

黑社會或暴力組織參與販毒活動。由於毒品利潤極高，一袋在緬甸僅值170美元的鴉片，在提煉成海洛因後，經加工和稀釋，在歐美國家售價可達200萬美元。販賣古柯鹼和大麻利潤也非常高。所以，暴力組織和黑社會將毒品交易作爲聚斂錢財的主要手段（新華網，2004）。

三、毒品犯罪武裝化

哥倫比亞麥德林集團控制了240名販毒頭目，毒販達2萬人，他們有自己的軍隊，用高薪從以色列、南非、法國、英國和美國招聘了大批雇用軍對抗政府掃毒。亞洲「金三角」坤沙集團於1976年成立「撣邦聯合軍」，建立了由15,000名經過嚴格訓練的武裝分子組成的隊伍（新華網，2004）。

四、毒品犯罪隱蔽化

由於販毒帶來的巨額利潤，各國緝毒措施的加強，使得販毒集團千方百計變換手法，以逃避警方和海關的查緝。例如，用玻璃纖維和古柯鹼膏混合物製造的浴缸、淋浴槽、盥洗盆；將古柯鹼、海洛因溶入香水和威士忌；用古柯鹼溶液畫的畫；旅客的披風用古柯鹼上漿，泡入水中即可回收。藏毒方式亦多樣化，人體夾藏毒品、郵寄毒品的方式十分普遍，以螞

蟻搬家的手法利用「人體攜毒」更是境外走私毒品的一個重要手段（新華網，2004）。

第三節　我國近十年來查獲各級毒品統計與趨勢

我國警政署刑事警察局統計資料顯示，自2004年至2013年10年間，查獲各級毒品統計與趨勢如下：

一、依查獲數量區分

以第三級毒品17,992公斤218公克（45%）最多，再依序為第二級毒品12,841公斤559公克（30%）、第四級毒品8,921公斤049公克（21%）、第一級毒品1,756公斤157公克（4%）（如圖8-4）。

二、查獲各級毒品之主要種類

（一）第一級毒品：以海洛因1,749公斤267公克（99.6%）最多，再

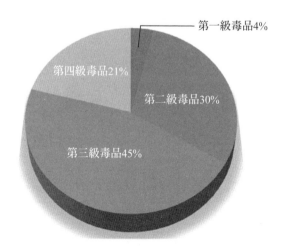

圖8-4　2004至2013年我國毒品查獲量統計

資料來源：警政署刑事警察局。

依序為古柯鹼5公斤332公克（0.3%）、嗎啡1公斤558公克（0.09%）。

　　（二）第二級毒品：以安非他命11,453公斤944公克（80.7%）最多，再依序為快樂丸799公斤725公克（5.6%）、大麻587公斤890公克（4.1%）。

　　（三）第三級毒品：以K他命14,338公斤883公克（67.1%）最多，再依序為硝甲西泮3,463公斤646公克（16.2%）、FM2的189公斤689公克（0.9%）。

　　（四）第四級毒品：以假麻黃鹼5,215公斤840公克（52.8%）最多，再依序為麻黃鹼3,534公斤506公克（35.8%）、甲基麻黃鹼170公斤703公克（1.7%）。

　　（五）小結：第四級毒品麻黃鹼類之假麻黃鹼、麻黃鹼及甲基麻黃鹼為製造安非他命毒品的原料，查獲麻黃鹼類毒品原料即占查獲第四級毒品的90.3%，因此海洛因、安非他命及K他命為我國藥物濫用者之三大主流毒品（參圖8-5）。

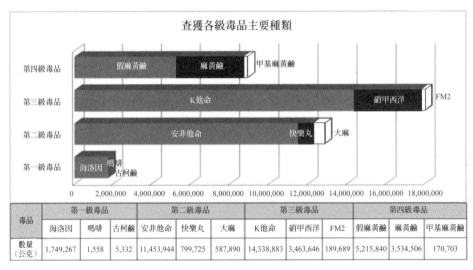

圖8-5　2004至2013年我國查獲各級毒品主要種類

資料來源：警政署刑事警察局。

第四節　我國毒品來源地分析

我國「毒品危害防制條例」第2條依毒品的成癮性、濫用性及對社會危害性將毒品分成四級。如前所述，2013年台灣地區檢、警、憲、調等司法機關緝獲的毒品數量，排名前五位分別為：K他命、安非他命成品、海洛因、麻黃鹼類原料藥以及大麻。

由於我國境內不產罌粟，第一級毒品「海洛因」的主要來源地係源自泰緬寮邊界的「金三角」地區，經泰國、中國大陸、香港等地轉口入境，或直接自中國大陸走私來台。雖然聯合國已於1996年將我國排除在主要毒品轉運國名單之外，但由於我國與金三角的相對地理位置以及做為亞洲區域交通運輸中心的角色，美國專家仍認為我國是國際毒品交易走私的轉運站之一（美國在台協會，1997）。就查獲數量而言，依據警政署刑事警察局統計，2004年至2013年10年間，海洛因來源地以泰國355公斤694公克（20.3%）最多，依序為越南307公斤977公克（17.6%）、中國大陸165公斤438公克（9.5%）、柬埔寨131公斤968公克（7.5%）、緬甸35公斤304公克（2%）、馬來西亞31公斤842公克（1.8%）、寮國8公斤693公克（0.5%）（如圖8-6）。

就趨勢而言，2009年至2011年，較前五年（2004至2008年）有下降趨勢，近兩年（2012至2013年）又有逐漸上升態勢，尤其是柬埔寨及越南。2012年查獲來自柬埔寨的海洛因數量達80公斤897公克，為過去九年來次高（最高為2004年中國大陸之88公斤910公克）；2013年查獲來自越南的海洛因高達207公斤911公克，為十年來新高，此一趨勢值得特別關注（如圖8-7）。

第二級毒品「大麻」僅在我國境內少量生產，從過去查緝案例來看，多來自美、加或歐洲以郵包投遞方式走私進口。第二級毒品「安非他命」過去多來自中國大陸東南沿海各省，尤以廣東、福建為多，依據法務部的資料顯示，製造安非他命的工廠已自我國轉移到中國大陸，不過仍有部分資金來自我國毒販（美國在台協會，1997）。然而自1997年後此一情勢卻有諸多變化，依據警政署刑事警察局統計，2004年至2013年10年間，第二

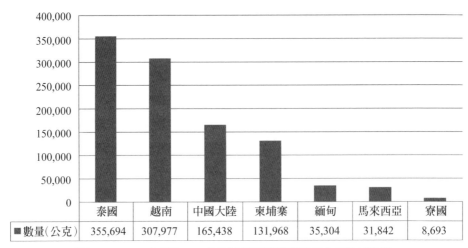

圖8-6　2004年至2013年我國查獲海洛因來源地統計

資料來源：警政署刑事警察局。

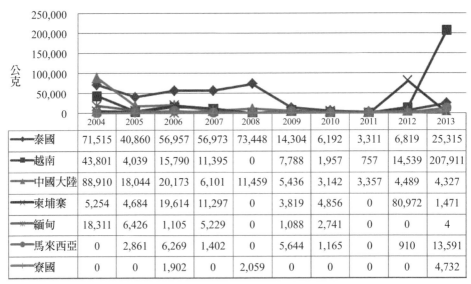

圖8-7　2004年至2013年我國查獲海洛因來源地趨勢圖

資料來源：警政署刑事警察局。

級毒品查獲來自台閩地區9,247公斤626公克（80.7%）為最多，來自境外者以中國大陸850公斤121公克（7.4%）最多，其次為馬來西亞15公斤331公克（0.1%）及泰國11公斤589公克（0.1%）。就趨勢而言，來自境外之安非他命以中國大陸最多，但所占總查獲量之比率仍不多，最近兩年卻有劇烈變化，2012年查獲來自中國大陸之安非他命數量呈現上升趨勢，達總查獲量的41.3%（台閩地區之查獲量占總查獲量的51.4%），2013年查獲來自中國大陸之安非他命數量持續攀升，已占總查獲量的67.9%（台閩地區之查獲量僅占總查獲量30%），值得吾人特別關注。另外，分別自2006年及2007年以後，我國幾乎未再查獲來自泰國及馬來西亞兩國之安非他命，亦即自2007年以後，我國查獲來自境外之安非他命，幾乎全部來自中國大陸（如圖8-8）。

　　K他命就數量而言，以中國大陸7,212公斤285公克（50.3%）最多，再來依序為馬來西亞342公斤96公克（2.4%）、菲律賓124公斤852公克

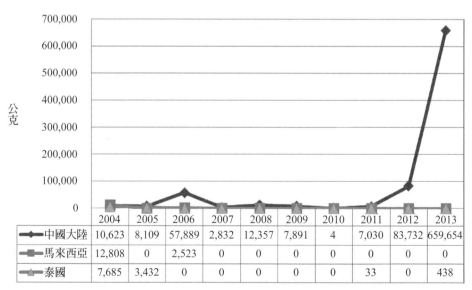

	2004	2005	2006	2007	2008	2009	2010	2011	2012	2013
中國大陸	10,623	8,109	57,889	2,832	12,357	7,891	4	7,030	83,732	659,654
馬來西亞	12,808	0	2,523	0	0	0	0	0	0	0
泰國	7,685	3,432	0	0	0	0	0	33	0	438

圖8-8　2004年至2013年我國查獲安非他命來源地趨勢圖

資料來源：警政署刑事警察局。

（0.9%）、泰國29公斤693公克（0.2%）以及柬埔寨2,800公克（0.01%）³（如圖8-9）。

　　就趨勢而言，2004至2007年間，以查獲來自馬來西亞的K他命最多，但自2008年以後，則以查獲來自中國大陸之K他命爲最多，且持續居高不下。另外，自2009年以後，我國即未再查獲來自菲律賓之K他命；自2010年以後，我國即無再查獲來自馬來西亞之K他命⁴（如圖8-10）。

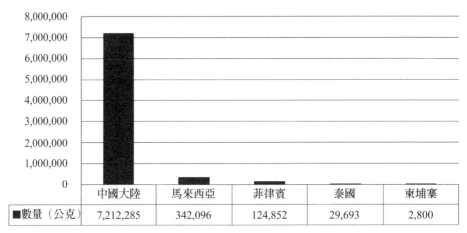

■數量（公克）	中國大陸	馬來西亞	菲律賓	泰國	柬埔寨
	7,212,285	342,096	124,852	29,693	2,800

圖8-9　2004年至2013年十年間我國查獲K他命來源地總量統計

資料來源：警政署刑事警察局。

3　刑事局統計2013年有查獲來自察國之K他命43公斤322公克，該案爲桃園縣楊梅分局查獲，經向該分局查證發現，毒品應是來源地區不明，但該分局誤登錄爲察國，因此實際上我國警方尚未有查獲來自察國之K他命。

4　2010年我國查獲自馬來西以貨櫃夾藏走私來台之K他命125公斤，該案係警政署刑事警察局偵三大隊查獲，因係由共同偵辦之憲兵單位移送，故查獲數量未顯示在我國警方之統計上，因此實際上應該是我國警察機關自2011年（民國100年）後未再查獲來自馬來西亞之K他命。參見台灣板橋地方法院檢察署99年偵字第13639號檢察官起訴書。

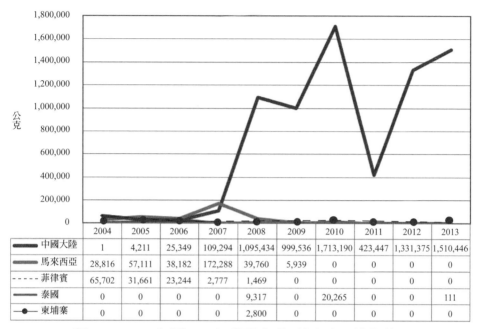

	2004	2005	2006	2007	2008	2009	2010	2011	2012	2013
中國大陸	1	4,211	25,349	109,294	1,095,434	999,536	1,713,190	423,447	1,331,375	1,510,446
馬來西亞	28,816	57,111	38,182	172,288	39,760	5,939	0	0	0	0
菲律賓	65,702	31,661	23,244	2,777	1,469	0	0	0	0	0
泰國	0	0	0	0	9,317	0	20,265	0	0	111
柬埔寨	0	0	0	0	2,800	0	0	0	0	0

圖8-10　2004年至2013年我國查獲K他命來源地趨勢圖

資料來源：警政署刑事警察局。

第五節　中國大陸毒品走私現況

　　根據美國路透社、美國司法部網站和新華社的報導，20世紀80年代之前，中國大陸政府估計毒品犯罪特點只不過是充當毒品的過境通道，也就是「兩頭在外、中間在內」的格局。但是，進入21世紀，中國大陸不僅成為主要的毒品過境通道，也急劇發展成一個極大的毒品消費國。且據中國大陸估計，吸毒者已從南方逐漸向北方發展，原來毒品只在農村種植、販賣，現在發展到大城市，大陸官方的中國日報報導，上海市2005年的吸毒者約為二萬四千多人，比前一年增加約五分之一，且當中接受過良好教育和高收入的人數增加（錢衛、陸揚，2006）。

　　中國大陸的毒品來源管道傳統上有兩條，分別是西南境外的「金三

角」以及西北的「金新月」，毒品的種類比較單一，但是，過去的傳統格局現正發生變化。由於中國大陸雲南和廣西邊境與緬甸、寮國接壤，其海洛因毒品多來自金三角地區。據估計，金三角地區80%左右的海洛因要經過中國大陸管道銷往國際市場，其中50%左右的毒品被大陸吸毒者消費。另一個毒品來源也就是阿富汗與巴基斯坦交界的金新月地區，經中國大陸的西北、新疆、青海、甘肅進入內地。這兩大毒品市場構成了中國大陸目前毒品的主要來源（錢衛、陸揚，2006）。

而歐美國家生產的新型毒品也經大陸東南沿海地區向內地滲透。在海洛因等傳統毒品尚未得到有效解決的情況下，冰毒、搖頭丸、氯胺酮等新型毒品來勢洶洶，境外販毒人員勾結中國大陸內地的製毒活動日益規模化。毒品消費市場在大陸不斷擴大，吸毒人員持續增加，麻醉藥品、精神藥品和易製毒化學品流入非法管道難以防堵（新華網，2004）。

據瞭解，近年來中國大陸毒品犯罪呈現四個趨勢：1.涉案毒品數量越來越大，毒品犯罪不僅有集團化，更有家族化趨勢，毒品犯罪的再犯率也增大；2.新型態毒品不斷出現；3.毒品犯罪形式多樣化，周邊毒源地對中國大陸的滲透加劇，國內外犯罪分子互相勾結，進行雙向毒品走私活動；4.特殊群體從事毒品犯罪現象越來越突出，在中國大陸的西南有些地區甚至出現利用哺育期婦女等特殊群體販賣和運輸毒品的現象（華語在線廣播，2007）。

中國大陸生產的安非他命被大量販賣到韓國、日本、菲律賓、澳大利亞等國，嚴重損害其國際形象。聯合國麻醉藥品管制局和美國禁毒年度報告已將中國大陸列為冰毒主要來源國。海洛因、大麻、安非他命劑、搖頭丸、氯胺酮及其他麻醉藥品、精神藥物等多種毒品交叉濫用的局面已經形成。截至2003年底，中國大陸累計登記在冊的吸毒人員已達105.3萬人，2004年吸毒人口74萬餘人，其中海洛因吸毒者65萬人，吸毒人員呈現「三多」的特點，即男性多、青少年多和閒散人多（新華網，2004）。

第六節　兩岸緝毒合作

　　根據法務部的資料，自2009年4月26日簽署「海峽兩岸共同打擊犯罪及司法互助協議」，並於同年6月25日生效至2014年1月31日止，兩岸執法機關聯手查獲毒品案件39件，查獲嫌犯234人，查獲海洛因、K他命等各式毒品及先驅原料達3,000餘公斤（法務部，2014）。

　　我國近6年毒品緝獲來源地仍以中國大陸為主。法務部統計資料指出，2010年查獲之各類毒品純質淨重（以下同）3,487.9公斤，來自中國大陸計2,357.1公斤，占67.6%，如按個別類毒分析，查獲之第三級毒品K他命純質淨重2,594.3公斤，其中2,229.1公斤來自中國大陸，占85.9%；查獲之第四級毒品安非他命原料（甲基麻黃鹼、麻黃鹼及假麻黃鹼）純質淨重502.1公斤，其中123.2公斤（占24.5%）來自中國大陸。2013年全國司法警察機關共計查獲毒品總量3,656.5公斤，較2012年增加1,034.1公斤（增加39.4%），其中一級毒品海洛因約288.3公斤、二級毒品安非他命約838.2公斤、三級毒品K他命約2,421.8公斤，均自2005年以來最高的查獲量。毒品緝獲來源仍以「中國大陸」最多，「其他地區」次之，來源自中國大陸的緝獲量有1,954.2公斤，占來自國外毒品的74.3%，「中國大陸」、「香港」、「泰國」與「其他地區」緝獲量明顯較2012年增加，顯見我國近年來查獲之毒品問題上，中國大陸已成為台灣地區毒品之主要來源地（監察院，100）。

　　依據警政署刑事警察局之統計，我國近10年來，查獲來自中國大陸之毒品以K他命7,212公斤282公克最多，其次為安非他命850公斤121公克及海洛165公斤438公克（如圖8-11）。安非他命自2012年起有上升趨勢，2013年查獲量659公斤654公克，為10年來新高；K他命自2007年開始急遽上升，且持續居高不下（如圖8-12）。

　　為加強查緝毒品犯罪，行政院於2012年12月13日「毒品防制會報」中，將大陸毒品走私列為兩岸司法互助協議架構下的查緝重點。同年12月19日第9次「兩岸司法互助協議聯繫協調會報」中即決議各協議執法機關，將加強兩岸合作緝毒列為重點工作。

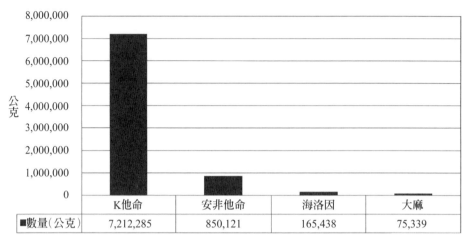

	K他命	安非他命	海洛因	大麻
■數量(公克)	7,212,285	850,121	165,438	75,339

圖8-11 2004年至2013年十年間我國查獲來自中國大陸毒品淨重數量統計表

資料來源：警政署刑事警察局。

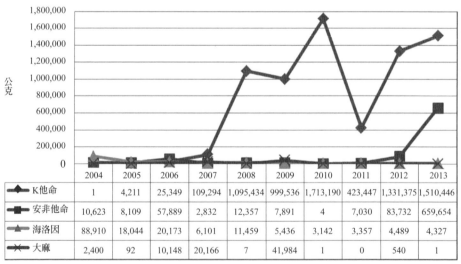

	2004	2005	2006	2007	2008	2009	2010	2011	2012	2013
K他命	1	4,211	25,349	109,294	1,095,434	999,536	1,713,190	423,447	1,331,375	1,510,446
安非他命	10,623	8,109	57,889	2,832	12,357	7,891	4	7,030	83,732	659,654
海洛因	88,910	18,044	20,173	6,101	11,459	5,436	3,142	3,357	4,489	4,327
大麻	2,400	92	10,148	20,166	7	41,984	1	0	540	1

圖8-12 2004年至2013年我國查獲來自中國大陸毒品趨勢圖

資料來源：警政署刑事警察局。

　　2013年1月28日法務部特別召開「協調合作偵辦兩岸跨境犯罪研商會議」邀集國內各司法警察機關強化打擊兩岸跨境毒品犯罪作為。4月間，法務部邀同陸委會及各司法警察機關代表，赴大陸北京與大陸公安部進行工作會談，提出重點打擊毒品整體方略，達成加強毒品案件情資蒐集交換及彙整、推動緝毒專責人員辦案合作、舉辦兩岸跨境毒品犯罪研習等共識，並落實推動，增益兩岸在協查毒品案件方面的合作（法務部，2014）。

　　2013年5月間，大陸公安部禁毒局人員來台與台灣高等法院檢察署「緝毒督導小組」召開專案會議，雙方研商協查偵辦作為。同年7月間，法務部在台北舉辦兩岸毒品查緝業務研討會，邀集各地檢署緝毒專組檢察官與大陸公安禁毒部門（法制、邊防、海關等單位）人員，就兩岸緝毒制度及偵查實務進行案例研討及工作經驗交換（法務部，2014）。有鑑於「金三角」、「金新月」等地是毒品來源地區，需要兩岸合作建構關於販運毒品之情蒐方式及打擊策略，法務部於8月間，在兩岸司法互助協議架構下，組團會同我辦理毒品案件之檢察官及司法警察赴大陸查緝毒品之重點地區（福建及雲南省等地）實地瞭解查察毒品情形，大陸公安部門亦介紹陸方透過現地取樣、衛星監控及X光查緝車等科技設備，投入掃蕩毒品不法（法務部，2014）。

　　2013年12月間再度邀集國內檢察及司法警察機關代表，深入廣東省廣州市、惠州市與當地海關、公安禁毒部門研討查緝策略與作為。2014年1月間，法務部就實地瞭解郵包、貨櫃及漁船走私毒品、製造毒品K他命等問題，並就上開廣東省毒品考察研商所得之合作議題，赴大陸北京與大陸公安部進行工作會談，確立查緝兩岸毒品犯罪訊息通報等策進作為。在「全面合作，重點打擊」原則下，兩岸繼共同打擊電信詐騙案件後，再將毒品案件列為重點合作項目之一，聯手強打（法務部，2014）。

　　2013年下半年起兩岸陸續偵破數起重大毒品走私案件，相關案情分述如下：

　　一、2013年9月27日，高雄地檢署檢察官指揮海巡署、法務部調查局南機組，與大陸公安部指揮之廣東省公安廳禁毒局、福建省禁毒總隊及其

他邊防部門（大陸先後動員500餘名警力參與案件偵辦），於同年9月底展開首次兩岸海上聯合查緝行動，聯手破獲走私K他命毒品500公斤的巴拿馬籍貨輪「笙宏號」（法務部，2014）。

二、2013年11月17日高雄地檢署檢察官指揮刑事警察局偵三大隊，整合陸方提供情資後，在桃園機場停機坪貨櫃音箱內查獲600塊海洛因（毛重229公斤），為歷來最大宗之航空貨運走私海洛因案（法務部，2014）。

三、2013年12月20日，高雄地檢署檢察官指揮法務部調查局高雄市調查處，查獲自大陸地區進口貨櫃走私K他命毒品231公斤案，查獲現行犯4人，本次查獲量如流出市面預估可供231餘萬人次施用（法務部，2014）。

四、2014年1月2日，警政署刑事警察局破獲一宗漁船走私毒品案，查獲K他命424公斤、麻黃素302公斤，合計726公斤，市價超過新台幣6億元。本案緝毒專案人員經兩年長期布線追查，得悉走私毒品集團將於過年前利用北海岸地區漁船自大陸走私一批毒品，且有大陸人士參與安排，經分析比對資料，查出台灣籍綽號「阿寶」的李姓男子及大陸籍綽號「阿波」的龔姓男子涉案（林長順，2014/1/3）。

五、2014年3月4日，警政署刑事警察局破獲2014年以來第二大宗K他命毒品走私案，除了逮捕兩名嫌犯，也起出K他命成品324公斤，初步估計市價高達上億元（中廣新聞網，2014/3/24）。

六、2014年7月31日，兩岸檢警聯手在料羅港查獲安非他命60公斤，市價約值7,200萬元（依法務部2014年公布大盤平均市價每公斤120萬元計）。這是一起罕見的小三通安非他命運毒案，手法是將安非他命藏在層層堆疊且在中央挖了方孔的花崗岩石板中。為了追查這批毒品，兩岸警方及公安曾交換情資60多次，並由大陸公安部禁毒局針對嫌犯等人實施跟監及嚴密監控，將獲得情資通報台灣警方，終能完整監控毒品走私集團分子在大陸行蹤，順利偵破本案（張建騰，2014/08/02）。

七、同時，陸方亦因我方協助，破獲數起重大毒品案件。例如行政院海岸巡防署，透過兩岸司法互助協議聯繫機制，於2013年5月底提供情

資，使陸方得以循線在福建省泉州市查獲毒品K他命123公斤、麻黃素20公斤及嫌犯4人；同年8月7日，再度提供陸方情資在福建省東山縣查獲毒品K他命241公斤、嫌犯5人；同年9月13日陸方並在福建省漳州市查獲K他命260公斤嫌犯4人。

　　八、法務部調查局與中國大陸公安部禁毒局亦於2014年9月11日聯手查獲2,640公斤、市價逾30億的毒品，其中包括有致死危機俗稱「浴鹽」的甲卡西酮，逮捕製毒師傅吳姓、聶姓等20多名台籍、陸籍嫌犯，而聶嫌還曾來台指導製毒。本案是中國大陸今年所查獲的最大毒品數量案件，也是兩岸共同打擊毒品犯罪史上，查獲毒品數量最多的案件（中國時報，2014/09/19）。

第七節　亞洲各國毒品走私與緝毒合作

一、日本

　　日本國內治安比起其他先進國家，相對較佳，惟因日本國內不生產毒品，在毒品價格長期居高不下之情況下，日本暴力團分子與國際毒品走私集團掛勾，運用各種方式走私毒品、牟取暴利（蘇立琮，2008），毒品走私及銷售管道把持於山口組（Yamagchi gumi）及稻川會（Inagawa kai）二大暴力團手中（劉崴，2012）。其中，安非他命來源自中國大陸、北韓、菲律賓、台灣等國；MDMA、大麻膏、古柯鹼等毒品則來源自尼泊爾、泰國、印尼、馬來西亞、蘇俄等國。

　　依據2002至2006年日本警方毒品緝獲量統計，依序為：大麻、快樂丸、安非他命、古柯鹼、鴉片及海洛因（蘇立琮，2008）。日本逮捕毒品罪犯人數有逐年遞減趨勢（吸食安非他命者占80.56%），近來因K他命濫用情形相當嚴重，日本已於2007年1月1日起立法將K他命列為非法毒品，2011年日本毒品犯罪逮捕人犯13,768人，與安非他命有關人犯11,852人（蘇立琮，2008）。

　　日本毒品走私方式有旅客夾帶、空運、海運、郵遞、漁船走私等。根據日本海關國際情報中心統計，日本走私毒品案件數每年約有300件，計2008年313件、2009年402件、2010年296件、2011年326件、2012年有308件；查獲毒品數量統計2008年453公斤、2009年403公斤、2010年364公斤、2011年509公斤、2012年626公斤。

　　觀察過去5年的趨勢，查獲毒品案件數於2009年達到高峰（402件），查獲數量則向上攀升，2012年查獲毒品量最多（626公斤）。其中緣故，乃2012年查獲毒品數量中，安非他命約占80%（482公斤），大麻約占20%（132公斤），其他毒品約占2%（12公斤），足可見安非他命與大麻已成為日本走私之前二大毒品（日本海關國際情報中心，2013）。

　　分析2012年安非他命走私情形，可知約占一半之安非他命（48.9%、236公斤）以貨櫃走私，42.3%（204公斤）以旅客夾帶、7.2%（35公斤）以郵包投遞、1.6%（8公斤）由船員夾帶上岸，實際案例說明如下（日本海關國際情報中心，2013）：

　　（一）2012年2月，東京海關在墨西哥轉運過來的汽缸裡發現4.6公斤安非他命。

　　（二）2012年5月，大阪關西機場海關檢查從烏干達由杜拜入境的日籍旅客，查獲藏匿在咖啡袋裡的安非他命7.9公斤。

　　（三）2012年8月，大阪關西機場海關檢查從烏干達由多哈入境的日籍旅客，查獲藏匿在咖啡袋裡的安非他命1.9公斤。

　　（四）2012年10月，沖繩那霸機場海關檢查從肯尼亞由韓國入境的日籍旅客，查獲藏匿在咖啡袋裡的安非他命1.9公斤。

　　（五）2012年10月，東京海關在香港轉運的吊機中查獲藏在絞車的安非他命43.4公斤。

　　（六）2012年10月，在福岡縣檢查從荷蘭轉運的壓路機，在滾輪查獲安非他命109公斤。

　　（七）2012年10月，神戶海關檢查從墨西哥轉運的鐵礦石，在193塊的鐵礦石內部查獲193公斤的安非他命。

　　（八）2013年7月，名古屋海關檢查柬埔寨籍貨船上的中國大陸籍船

員，查獲安非他命約10公斤。

　　（九）2013年8月，海關檢查從印度入境的旅客，在81個茶袋中查獲安非他命6.7公斤。

　　值得注意的是，由於日本走私和攜帶毒品不會被判處死刑，旅客以夾帶方式走私安非他命，不僅數量逐年上升，不少流浪漢和家庭主婦也被販毒集團利用，搭乘國際航班權充運毒車手以賺取高額報酬。日本海關統計，羽田機場查獲毒品的數量，2011年查獲9起12公斤，2012年查獲6起14.5公斤，2013年1至10月，已查獲9起35.7公斤，查獲量是前一年的2.5倍（中國新聞網，2014/01/06）。

　　此外，近幾年安非他命在亞洲的走私，常有奈及利亞犯罪集團介入，在日本受到相當的重視。由於受到亞洲價格的誘惑，奈及利亞的毒梟將大部分的安非他命，從非洲販運至亞洲的馬來西亞、中國和日本等國家（劉崴，2012）。

　　日本警察廳（National Police Agency）為打擊毒品走私，自1962年起，每年9月至10月期間，透過日本國際協力機構（Japan International Cooperation Agency, JICA）主辦「日本藥物犯罪取締研討會」（Seminar on Control of Drug Offences），邀請鄰近周邊國家及與日本毒品走私犯罪有關之國家參與，分別提出各國毒品犯罪之型態及相關情勢研析，獲得有用之情資，據以研擬日本反毒策略，並希望參與研討會國家能達成共識，提高合作意願，促進反毒情報交換，以利各國毒品查緝工作。我國法務部調查局、警政署刑事警察局、行政院海岸巡防署，因與日本警察廳、海上保安廳及稅關等單位合作密切，提供反毒情資，協助日方查獲多起安非他命走私案件，近年均獲日本警察廳邀請，以觀察員身分參與該研討會（劉崴，2012）。

　　台日緝毒合作實例如下：我國警政署航空警察局於2010年1月26日偵破台日跨國運毒集團，逮捕10名嫌犯。運毒集團專挑缺錢的人，利用金錢利誘，透過人體運毒，夾帶毒品往來台灣和日本，這一次員警從鞋底取出一包包安非他命，總共查獲1,050公克的安非他命，不法獲利高達千萬元，日本警方也同步行動，破獲毒販在日本的據點，台日警方合作共同追

查共犯，希望一舉瓦解這個跨國毒品走私集團（大紀元，2010/01/26）。

二、北韓

北韓為了增加外匯收入，從2007年起，在緯度較低的境域開始種植罌粟，並利用國有製藥廠的設備進行提煉，甚至從泰國請來技師轉移中國大陸「雙獅地球牌」海洛因磚生產技術。由於北韓生產的海洛因顏色較白，已逐漸取代雲南出產的「大陸白」海洛因磚，又因是泰國師父技術指導，而統稱為「泰國白」。我國執法單位從緝獲的毒販口中，及國際交換多層管道獲得證實，北韓製藥廠將製造完成的海洛因磚，交給具軍方背景的貿易公司後，由北韓海軍炮艇負責將毒品運送至北緯38至40度的北韓海域交給來自台灣的漁船，再由台灣漁船轉交給來自台灣、中國大陸、香港、澳門或日本、南韓等地的接駁漁船，運往當地銷售（戴志揚，2006）。

然而，美國國務院發布的2011年國際毒品控制戰略報告（2011 International Narcotics Control Strategy Report）指出，北韓對日本與台灣的安非他命或海洛因的大規模走私持續下降，2010年甚至沒有任何報導（杜林，2011）。美國布魯金斯學會中國中心高級研究員波拉克（Jonathan Pollack）分析，這顯示東北亞地區加強了針對北韓的貿易制裁，北韓傳統走私路線受阻，只剩下中國東北和俄羅斯遠東的兩條通道。報告引用中國與韓國的新聞報導，稱北韓向中國大陸走私的毒品以安非他命為主，由北韓毒販在中國東北境內的丹東、延吉和長春等地與中國犯罪組織進行毒品交易。這項傳聞經中國官方的報導證實，吉林省2009年上半年緝獲的安非他命高達6.1公噸，比2008年同期成長一倍，居大陸全國之首，大部分來自北韓。

北韓政府30多年前就直接參與毒品走私。1976年一名北韓外交官因攜帶880磅大麻在埃及被捕，此後又有20多個國家發現北韓外交官涉及毒品走私，因此引發的逮捕和緝毒行動不下50起。然而，報告同時發現，北韓政府對毒品生產和走私過程的參與程度有所下降，國營機構似乎沒有涉及大規模的毒品走私。亞洲時報援引北韓消息人士的話，北韓毒品生產和走私正呈現私營化趨勢，最顯著的例子，就是北韓毒品加工實驗室現

在大多數是私人經營，亞洲時報認為，這是北韓毒品產業正在發生的新變化，可能會對國際社會帶來嚴重後果。美國布魯金斯學會中國中心高級研究員波拉克（Jonathan Pollack）卻認為，現在就說北韓政府對毒品走私的參與程度降低為時過早，因為國際社會對北韓的制裁日趨嚴厲，北韓經濟陷入困境，當局就更離不開毒品經營這個管道去獲取急需的外匯（杜林，2011）。2013年1月，美國緝毒署的臥底假扮買家，與一組國際安非他命賣家接上頭，通過多國警方合作，在同年9月逮捕了5名毒販，這5人涉嫌把北韓製造的大批安非他命走私到泰國和菲律賓。美國緝毒署署長萊昂哈特說，這起案件顯示北韓已成為全球毒品交易中安非他命的重要來源地（潘曉慧，2014），此一訊息值得亞洲其他國家重視。

三、菲律賓

　　菲律賓由7,107個島嶼組成，海岸線長，走私查獲不易，加上後天經濟條件不佳、貧富差距嚴重，遂成為毒品製造、傾銷及轉運的最理想地區。菲律賓每年非法毒品交易金額相當於國民生產毛額之8%，吸毒者高達180萬人，占全國人口的2.2%。2000年至2008年間，菲律賓警方破獲的販毒集團中，有超過四分之一是和軍隊、警察及執法人員勾結，每年查獲之毒品約有一半來自中國大陸（李昆達，2008）。菲律賓人往往因為貧窮，而淪為運毒交通，此一情況日益嚴重，尤其是女性，令人驚訝的是，非洲運毒集團最近介入了菲律賓毒品犯罪，越來越多的非洲人，因運輸毒品被捕（劉崴，2012）。

　　2011年菲律賓遭濫用之毒品以安非他命為主，占76.6%；大麻次之，占17.25%，其他占6.14%。2007年至2011年在法院之毒品案件共有4萬6,464案；逮捕人犯近4萬9,000人，其中吸食2萬384人，販賣2萬2,219人，持有5,776人，種植（大麻）261人；共查獲安非他命1,689公斤，大麻葉8,308公斤，古柯鹼619公斤。安非他命市價每公克美金234元；大麻每公克1.46元；古柯鹼每公克121.95元（劉崴，2012）。

　　分析我國和菲國間毒品走私案例，發現毒梟主要利用海、空兩路徑走私毒品。由於菲國海岸線長，七千多個大小島嶼都可能成為毒品走私和轉

運地點，呂宋島、CAGAYAN、APALI、BATANES 和BULACAN是經常發現走私的地點，菲國海巡、緝毒單位防守不易，此外，菲國鼓勵工商及貿易發展而設立經濟特區（如蘇比克），對於貨運物品進出海關的檢查寬鬆，毒梟買通海關人員亦非難事。猶有甚者，我國毒梟直接利用快遞將毒品郵寄至菲律賓，2005年菲國曾查獲我國毒梟以國際快遞寄送俗稱「六角楓葉」之MDMA三百多顆。我國毒梟亦利用人體夾帶型態自機場走私，2006年8月由菲國緝毒署查獲我國籍鄭○峰等3人攜帶10公斤K他命，同月，在我國桃園國際機場查獲自菲返台之女子蔡○霖攜帶2.6公斤海洛因（李昆達，2008）。

近年來，由於我國加強掃蕩毒品，台灣本土製毒師傅為求生存，紛紛轉往國外發展，並以跨國企業之手法在東南亞國家開設製毒工廠。我國籍製毒師傅結合菲律賓當地華人以及中國大陸移民，在語言溝通無礙的情況下，台、菲、陸三地人士合流，由台灣輸出技術，大陸輸出人員及原料，菲律賓提供製毒工廠，儼然成為「新金三角」，台菲警方合作於2003年破獲「安太波羅市大型安毒工廠」、2004年「宿霧曼沓威市安毒工廠」、2005年「納卯市安毒工廠」及「奎松市西三角社區工廠」等均循此模式操作。目前，安非他命毒品製造工廠，已由大型實驗室，策略性轉變為家庭廚房式生產模式，使得製造工廠更容易隱藏，增加查緝上的困難（劉崴，2012）。

菲國為加強打擊毒品走私，除與我國警調單位合作密切外，亦與美國、日本、澳洲等國密切進行情資交換，重視由菲國走私出去之來源，美日等國也經常以經費援助及代訓計畫幫助菲國提升其查緝能力，惟菲國政府人員貪污腐敗及行政效率低落等積習已久，加上科技設備不足，常使國際合作之效果大打折扣（李昆達，2008）。

依據警政署刑事警察局之統計，2004至2013年間，我國查獲來自菲律賓之毒品以K他命124公斤852公克最多，其次為大麻4公斤388公克、海洛因3公斤444公克。2004至2008年每年均有查獲K他命，但自2009年以後即未再有查獲；另大麻及海洛因均僅於2009年有查獲，但2010年後即均未再有查獲任何來自菲律賓之毒品（如圖8-13）。

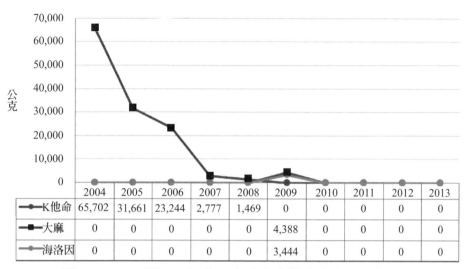

圖8-13　2004至2013年我國查獲來自菲律賓毒品趨勢圖

資料來源：警政署刑事警察局。

四、越南

　　近幾年來，越南毒品走私活動十分猖獗，大量的毒品走私帶來一系列社會問題，引起社會各界關注。越南國內毒品來源主要兩條管道，一是「金三角」地區，二是越南西北方；前者主要輸出海洛因等，後者主要是鴉片和嗎啡。越南毗鄰國際毒品主要產地──「金三角」地區（泰緬寮三國交界地區），漫長的越南海岸線（長3,260公里）、越寮邊界（長1,650公里）、越柬邊界（長930公里）為毒品走私提供了良好的條件。國際毒品走私犯通過越寮邊界進入越南，然後再經兩條路線：一條是從越南把毒品直接走私到歐洲、美洲和澳洲；另一條是通過中國大陸把毒品走私到香港，再進入世界各地（張小平，1996）。

　　2006年間，我國法務部調查局緝毒中心針對近5年走私毒品犯罪進行情報分析，發現除泰國外，越南成為我國新興毒品來源地。警政署刑事警察局的統計亦發現，除2005年及2009年曾查獲大麻外，查獲來自越南之毒品幾乎全都是海洛因，除持續不斷外，2012年起有逐漸上升趨勢，2013年

查獲量大幅增加達207公斤911公克，為10年來新高（如圖8-14）。

　　由於我國政府宣示2005年至2008年為全民反毒作戰年，經與毒品上游國家加強緝毒合作，一至四級毒品價格飆漲，毒品供應出現不敷國內吸毒人口需求，其中尤以海洛因最為明顯，越南遂取代泰國成為走私海洛因來台的主要來源國家（楊國文、林慶川，2006）。

　　2013年10月11日，台北市調查處於高雄港第70號碼頭，對國人陳嫌申請進口的冷凍芋頭貨櫃開櫃檢查，發現黃、陳兩嫌利用進口總重28噸、950袋之冷凍芋頭為底，夾藏270塊海洛因磚及240公斤K他命，規模之大，令在場查緝人員嘆為觀止。據瞭解，該270塊海洛因磚及240公斤的K他命毒品，初估約可滿足國內毒品市場半年的需求量，嚴重危害國民身心健康。兩嫌覬覦國內龐大毒品市場利益，遂組販毒集團自越南卡萊港以海運生鮮貨櫃，將產自緬甸金三角「一帆風順」牌海洛因磚毒品走私回台（中國時報，2013/10/13）。

　　2013年11月17日，我國刑事警察局更宣布破獲史上最大宗毒品走私案，走私毒品集團以54歲的翁男為首，以進口音響音箱的名義，利用航空貨櫃自越南胡志明市空運走私市值高達新台幣90億元海洛因磚，共逮捕

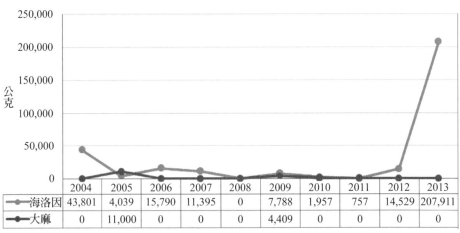

圖8-14　2004至2013年我國查獲來自越南毒品趨勢圖

	2004	2005	2006	2007	2008	2009	2010	2011	2012	2013
海洛因	43,801	4,039	15,790	11,395	0	7,788	1,957	757	14,529	207,911
大麻	0	11,000	0	0	0	4,409	0	0	0	0

資料來源：警政署刑事警察局。

7名嫌犯。據報導，刑事警察局偵三大隊於2012年獲報，某倉儲公司前員工翁男在職期間，多次協助販毒集團從越南、大陸以進口名義走私毒品，離職後，被藏身海外的台籍毒販集團遙控，勾結倉儲公司朱姓、吳姓員工做內應，協助集團走私毒品。警方長達2年蒐證後，得知翁男17日要從越南進口貨品，經與財政部關務署等單位合作，出動緝毒犬嗅出毒品，查獲600塊海洛因磚，共229公斤，分藏在12個音響音箱中。嫌犯為了不讓緝毒犬察覺毒品，還特意在海洛英磚外層塗滿巧克力醬，但還是被緝毒犬查獲。警方循線逮捕翁男及其餘共7名嫌犯，破獲這起毒品走私案（今日新聞網，2013/11/17）。

五、寮國

　　美國國務院於2007年9月17日公布了20個主要毒品走私與生產國名單，其中東南亞生產海洛因知名的「金三角」，部分在軍事統治的緬甸境內，在報告中連續3年被美國政府列為最差等級，寮國也連續2年列入受譴責的國家名單（大紀元，2007）。

　　依據警政署刑事警察局之統計，我國查獲來自寮國之毒品均為海洛因，雖非每年均有查獲，且自2009至2012年連續4年未有查獲，但2013年突然又連續查獲，數量為4,732公克，進一步查詢發現計有25案號，顯係多人少量夾藏海洛因走私來台，值得關注（如圖8-15）。

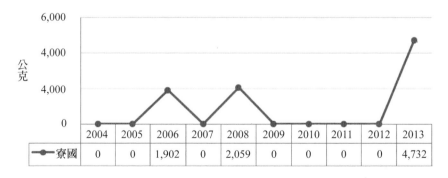

	2004	2005	2006	2007	2008	2009	2010	2011	2012	2013
寮國	0	0	1,902	0	2,059	0	0	0	0	4,732

圖8-15　2004至2013年我國查獲來自寮國海洛因毒品趨勢圖

資料來源：警政署刑事警察局。

六、柬埔寨

柬埔寨近年因經濟發展，毒品走私、交易亦隨之而來，目前使用毒品以新興合成毒品、海洛因與安非他命最為嚴重，其來源為「金三角」經寮國走私進入柬國；另外化學先驅物質走私亦是執法機關重點，主要濫用者以年輕人、計程車司機、性工作者、街頭遊民為主。

1995年柬埔寨政府成立「國家肅毒委員會（National Authority for Combating Drug, NACD）」，為領導全國打擊毒品犯罪最高權力機構，國家肅毒委員會由10個部會代表組成，直接向柬國總理洪森負責。2000年起毒品問題更趨嚴重，除大麻種植區域增加外，另從泰柬、寮柬邊界走私進入的毒品包括鴨霸、海洛因、鴉片、嗎啡等。有鑑於毒品漸趨氾濫，柬埔寨政府公開宣示，2005年至2010年為「全國反毒作戰年」。

由於泰國嚴打毒品走私，台灣毒梟改從柬埔寨走私海洛因到台灣有增多趨勢。柬埔寨與美國、中國大陸、日本、澳洲、加拿大、法國以及東南亞國協、UNODC等組織均有緝毒國際合作（蘇立琮，2008）。警政署刑事警察局的統計顯示，除2007年有查獲K他命2,800公克外，在台查獲源自柬埔寨的毒品幾乎全都是海洛因，且除2008年未查獲海洛因外，每年均有查獲，2012年查獲海洛因量高達80公斤972公克，為十年間之最高峰（如圖8-16）。

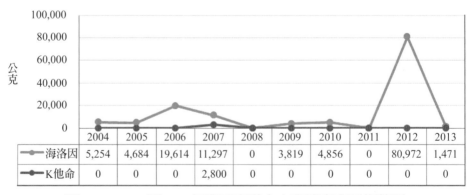

公克	2004	2005	2006	2007	2008	2009	2010	2011	2012	2013
海洛因	5,254	4,684	19,614	11,297	0	3,819	4,856	0	80,972	1,471
K他命	0	0	0	2,800	0	0	0	0	0	0

圖8-16　2004至2013年我國查獲來自柬埔寨毒品趨勢圖

資料來源：警政署刑事警察局。

七、泰國

　　泰國北部與緬甸和寮國接壤的「金三角」地區是世界著名的毒品產地。根據泰國肅毒委員會的統計資料，經過多年來對「金三角」地區的整治，泰北地區的罌粟種植面積已大大縮小，從1984至1985年間的8,800公頃減少到2001年的900多公頃。但與此同時，流入泰國的毒品數量卻在逐年增加，如安非他命類毒品從1998年的1億片增到2000年的5億片、2001年的7億片，吸食毒品者人口也從1994年的120萬增至2001年的300萬，其中有相當大的部分是青少年。泰國政府在大力掃蕩國內毒品的同時，也積極尋求與鄰國合作（楊晴川，2001）。

　　泰國主流毒品依次為安非他命（在泰國稱為YABA）、大麻、鴉片、海洛因、快樂丸等，安非他命類的興奮劑濫用，已成為嚴重的問題。毒品走私來源為緬甸、柬埔寨、「金三角」與馬來西亞等國或地區，並利用海、空旅客或貨櫃以及郵件等走私方式。毒品犯罪案件及罪犯人數則呈現逐年增長趨勢，2011年毒品案件共有9萬5,954案，逮捕人犯10萬2,938人。自2009年開始，大量非法含有麻黃鹼的感冒藥被查獲，這些藥物相信是準備運送至「金三角」地區，製造甲基安非他命使用。泰國毒品製造集團，所生產的安非他命、大麻等毒品數量，在現階段還微不足道，有許多安非他命是來自伊朗，而國內的海洛因則被走私到海外其他國家地區，在東南亞海洛因、大麻及安非他命等毒品的販運，與西非毒品運輸網路活動有密切的關聯（劉崴，2012）。

　　泰國警方調查發現，自2010年以來，共有292名泰國女性，在全球35個國家從事毒品走私，堪稱是全世界統計最高。犯罪團體誘騙泰國女性到海外承諾她們穩定的工作，更有女性是因為期待異國戀情而被騙出國。根據統計，走私毒品到台灣的人數最多，共有50人，原因乃台灣是飛航的樞紐，緊接著是巴西和中國大陸。泰國警方指出，從事走私毒品被逮捕女性多達292人，其中更有6人被判死刑，4人被判終身監禁，只有21人回到泰國國內，犯罪數字全球最高。泰警發現，泰國東北地區的婦女經濟狀況差，又期待與外國男性談戀愛，常被犯罪組織利用。犯罪集團透過網路與

女性接觸，鼓吹海外工作的好處，直到她們到當地才發現被騙（東森新聞雲，2013/06/04）。

泰國肅毒委員會（Office of the Navcotics Control Boad, ONCB）自1976年成立以來，經過數次重整，目前在首都曼谷設有11個中央單位，包括總管理局、法律事務局、情報技術中心、外國事務局、毒品查緝策略局、毒品查緝局、降低毒品需求局、毒品分析及技術支援機構、曼谷市毒品查緝辦公室等；另在地方省份設有9個地區毒品查緝辦公室及1個毒品植栽監測機構。泰國政府在面對當前毒品問題的策略，除了通過新的法律、成立新的組織部門及發展新的技術，將毒品在入出境關口攔截外，最重要的就是推動國際合作，最近已有許多成功的國際合作案例，順利將運毒交通查獲（劉崴，2012）。台灣與泰國近來毒品走私案例說明如下：

（一）法國背包客賈可布斯（Jacobs）於2014年4月間將1.3公斤、價值6,000萬元的海洛因夾藏在背包內層，從泰國曼谷搭機來台闖關成功後，在飯店交給販毒集團陳姓男子換取1萬美元酬勞，結果遭埋伏多時的調查局幹員當場人贓俱獲。台北地院考量2人認罪，依運輸第一級毒品罪各判15年和8年徒刑（張欽，2014/09/03）。

（二）台北市一組國際毒梟以30萬元代價收買吳姓、呂姓無業男子從事毒品走私，2014年8月30日兩人自泰國入境時，將4包各重600公克的海洛因毒品做成鞋墊，放在2雙NBA球星勒布朗・詹姆斯的限量版氣墊球鞋內，兩人為了阻擾緝毒犬的嗅覺，還用薄荷味道的藥膏貼布貼在毒品外，調查人員早在桃園國際機場守候，待二人一下飛機提領行李，就會同海關人員上前注檢，順利在二人的氣墊鞋內查獲4包毒品（余瑞仁，2014/09/02）。

（三）以台灣男子陳某為首的毒品走私集團，涉嫌從境外用保險套包裹海洛因後塞入肛門夾帶回台灣販賣，12人被逮。台南市警方2014年2月13日指出，警方先前查獲一起販毒案後，積極追查毒品來源，發現涉及跨境運輸的可能性極高，經追緝，鎖定41歲的陳某涉有重嫌。警方指出，陳某及其女友涉嫌夥同友人組成跨境運輸毒品集團，頻繁出入泰國、中國大陸等地，運毒成員利用保險套包裹海洛因毒品後塞入肛門，由境外夾帶回

台販賣；每運輸1顆約30克至50克的毒品，可賺取2.5萬元至3.5萬元（新台幣，下同）不等報酬；每次運輸6顆至7顆，成功一次便可牟利約15萬元，因此鋌而走險（中新網，2014/02/14）。

依據警政署刑事警察局統計，我國自2004至2013年10年間，查獲來自泰國的毒品以海洛因355公斤694公克最多，其次爲K他命29公斤693公克、大麻11公斤619公克及安非他命11公斤589公克。雖偶有查獲來自泰國之K他命、大麻及安非他命等毒品，但甚少有連續查獲的情形，來自泰國之毒品主要仍爲海洛因（如圖8-17）。

然而，2010、2011年海洛因查獲量較2009年以前顯著減少，但一直未間斷，2012年起又有逐漸上升趨勢，2013年查獲25公斤315公克，爲近5年來之最高峰（如圖8-18）。

八、緬甸

緬甸近年來鴉片（占42.49%）及海洛因（占42.32%）濫用幾占全國85%以上，罌粟種植區接近大陸雲南之撣邦（Shan State，屬金三角，在緬甸東部）邊境地區，約有30萬人以種植罌粟維持生計，緬甸政府爲減少罌粟生產量，自1999年起分3個階段（每5年一期），推動「15年根絕毒品計畫」，鼓勵農民改耕種甘蔗等高經濟作物，故近年來罌粟的耕種面積及

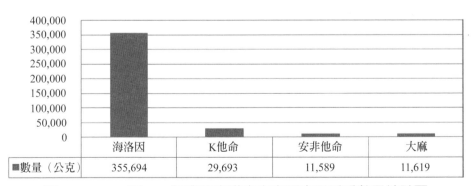

圖8-17　2004至2013年我國查獲來自泰國毒品淨重數量統計圖

資料來源：警政署刑事警察局。

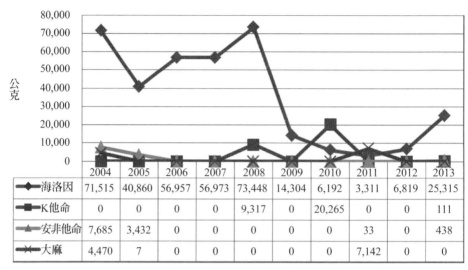

	2004	2005	2006	2007	2008	2009	2010	2011	2012	2013
◆ 海洛因	71,515	40,860	56,957	56,973	73,448	14,304	6,192	3,311	6,819	25,315
■ K他命	0	0	0	0	9,317	0	20,265	0	0	111
▲ 安非他命	7,685	3,432	0	0	0	0	0	33	0	438
✕ 大麻	4,470	7	0	0	0	0	0	7,142	0	0

圖8-18　2004至2013年我國查獲來自泰國毒品趨勢

資料來源：警政署刑事警察局。

生產量已逐年減少，例如，2001年緬甸罌粟種植面積為105,000公頃，可產鴉片1,097噸，2002年緬甸罌粟種植面積和鴉片產量分別為81,400公頃、828噸，2003年為62,200公頃、650噸，2004年緬甸罌粟種植大幅度反彈，達9萬公頃，但由於緬北部分地區遭受了百年不遇的暴風雪、幹旱和冰雹等自然災害，鴉片產量低於往年，估計900噸左右（新華網，2004）。2006年罌粟在緬甸撣邦與佤邦的耕種面積約為20,450公頃，與2005年相比減少了34%。2005年緬甸海洛因緝獲量高達2,785.67公斤，鴉片緝獲量更達6,182.87公斤，大麻緝獲量615.38公斤，安非他命類緝獲量1,315.67公斤。因毒品犯罪遭判死刑者有60人，無期徒刑189人。2005年緬甸與中國大陸國際緝毒合作，在緬甸本土分別破獲海洛因496公斤及安非他命102公斤（蘇立琮，2008）。

　　我國查獲自泰緬走私毒品入境之案例如下：2007年12月3日，高雄市警方破獲一個國際運毒集團，將馬姓集團首腦、手下、運毒車手等5人一網成擒。本案係高雄市刑警大隊接獲情報指稱，嘉義縣綽號「馬仔」男子組織運輸毒品集團，利用積欠債務的人擔任運毒車手，往返泰、緬等地運

輸毒品入境販售车取暴利，經警方跟蹤查訪，鎖定馬姓男子（32歲）涉嫌重大。警方又清查馬嫌交往資料得知，馬嫌與其之前經營的釣蝦場同事李（28歲）姓、陳（25歲）姓男子交往密切，研判同爲集團成員。警經分析集團成員入出境資料，過濾旅客名單並發現，台南縣張姓女子（27歲）及郭姓男子（61歲）涉嫌替該集團夾帶毒品闖關入境，警方先行將張、郭兩嫌拘提到案，兩嫌坦承於2007年8月間分別收受新台幣7萬元及5萬元，以陰道及肛門夾帶方式夾帶保險套條狀海洛因6條約重500公克闖關成功（大紀元，2007/12/03）。

　　依據警政署刑事警察局之統計，2004至2013年間，我國查獲來自緬甸之毒品全爲海洛因，惟自2011年起，幾乎未再查獲，研判可能爲自緬甸走私毒品來台，大多由車手夾藏經由泰國搭機來台，因此即使被查獲，來源地區大多被登錄爲泰國所致（如圖8-19）。

九、馬來西亞

　　當前馬來西亞毒品濫用的趨勢正在改變，甲基安非他命、K他命、一粒眠等合成毒品，是目前非常受歡迎的毒品，已超過傳統的海洛因毒品。2011年馬來西亞皇家警察逮捕15萬5,353名藥物濫用者，51%與合成毒品有關，共查獲YABA36萬4,879片、安非他命830公斤、液態安非他命5萬

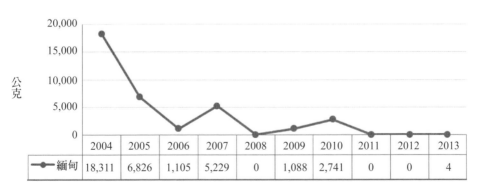

	2004	2005	2006	2007	2008	2009	2010	2011	2012	2013
緬甸	18,311	6,826	1,105	5,229	0	1,088	2,741	0	0	4

公克

圖8-19　2004至2013年我國查獲來自緬甸海洛因毒品數量統計圖

資料來源：警政署刑事警察局。

4,613公升及一粒眠25萬6,916粒,與2010比較,除一粒眠查獲量減少外,其餘均大幅增加。由於合成毒品的濫用,吸引了外國毒品販運者的增加,以伊朗、奈及利亞、巴基斯坦人為主。其中,伊朗毒品犯罪集團於2010年開始利用運毒交通走私安非他命,2011年則改用空運、海運貨櫃夾藏的方式,2012年直接在馬來西亞製造安非他命。奈及利亞毒品犯罪集團雖然沒有嚴密的組織,但卻有世界性廣泛的聯繫,能夠利用全球不同國家的人,他們經營所有種類的毒品(海洛因、古柯鹼、安非他命、大麻)。海洛因實際來自阿富汗,奈及利亞毒品犯罪集團只是表面的購買者,最終目的地則是中國和澳大利亞,而這些大量的海洛因運輸,經過馬來西亞,造成嚴重和危險的威脅(劉崴,2012)。

2011年,由於逮捕的人犯和查扣的毒品激增,馬國機場當局對毒品交易發布「紅色警戒」。海關開始對吉隆坡國際機場與附近一處廉價航空公司航站的所有入境旅客,進行嚴格安全檢查。即使馬國嚴厲的反毒品法規定走私毒品者可處以死刑,2011年兩個航站總共逮捕33人,查獲195公斤毒品。查獲毒品是10年來最高紀錄,而走私犯歷來多來自非洲和中東,但是漸漸擴展到孟加拉和菲律賓(大紀元,2011/12/29)。

我國與馬來西亞的緝毒合作密切,相關案例如下:

(一)2008年3月24日,我國調查局毒品防制處和馬來西亞肅毒局合作,破獲馬國治安史上最大毒品製造工廠,查獲600多萬顆一粒眠(Erimin 5),市價高達6,130萬令吉(1,700萬美金),但更令人驚訝的是,此一集團中4名製毒技師都是台灣人,1名從台灣潛逃過去的鐘姓毒犯,將製毒手法全面轉移馬來西亞,在馬國重操舊業,甚至還將製毒規模擴大,不過製造一粒眠,在馬來西亞最重可處死刑(大紀元,2008/03/24)。

(二)2008年7月30日,馬來西亞肅毒局幹員依據我國警方提供之情資,循線在馬國巴生港一艘裝運汽車輪圈、螺絲帽的貨輪貨櫃內,查獲毒品「一粒眠」98萬7,000多粒,逮捕包括綽號「阿華」的華裔馬籍主嫌與同夥一共10人到案(大紀元,2008/08/01)。

依據警政署刑事警察局統計,2004至2013年間,我國查獲來自馬來西

亞之毒品以K他命342公斤96公克最多，其次爲海洛因31公斤842公克及安非他命15公斤331公克。安非他命及K他命，分別自2007年及2010年後即未再情形。海洛因雖偶有間斷但持續有查獲，2013年急遽上升，查獲量13公斤591公克，爲10年來新高（如圖8-20）。

十、澳洲

澳洲犯罪委員會日前發表的一份報告指出，加拿大在澳洲進行的走私毒品交易日益猖獗，目前僅次於智利，成爲澳洲走私毒品的第二大來源國。2013年澳洲破獲許多與加拿大有關的毒品走私案例，包括一名加拿大男子矇騙一對澳洲老夫婦當運毒交通，遭判刑6個月定讞。澳洲聯邦警察（Australian Federal Police）認爲，毒品在加拿大境內街頭交易的價格因轄區而異，但在澳洲，1公斤古柯鹼賣價可達25萬元，最高可達加拿大價

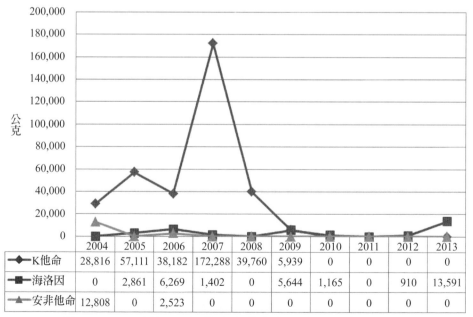

圖8-20　2004至2013年我國查獲來自馬來西亞毒品趨勢圖

資料來源：警政署刑事警察局。

格的5倍。然而，加拿大並不生產古柯鹼，他們的貨源大都是南美洲，如能成功走私到澳洲，可以賺3至5倍的價格。澳洲因爲嚴格取締毒品，加上國家所在位置遠離古柯鹼主要生產地，所以毒品供應量不多。澳洲犯罪委員特別指出，加拿大毒品走私販與澳洲當地幫派掛勾，但有時也會找加拿大僑民幫忙。加國運毒者與澳洲的犯罪組織有非常密切的聯繫。爲打擊毒品走私，加拿大皇家騎警（RCMP）在澳洲首都坎培拉設有一個聯絡處，並有一名情報分析員派駐在澳洲聯邦警察（世界日報，2014/09/02）。

　　由於澳洲已成爲了世界上最賺錢的毒品市場之一，有組織的亞裔犯罪集團打破種族界限，放棄了傳統的黑社會組織結構，採用精密嫻熟的技能來維持犯罪集團複雜的合作營運，以進行數千億元的毒品交易。諸如香港的孫義安（Sun Yee On）、14K和Big Circle這樣的亞裔組織犯罪集團，自20世紀40年代起，這些組織嚴密的亞裔黑社會集團在中國大陸和香港出現。從70、80年代開始，他們在雪梨和墨爾本異常活躍。迅速擴展的毒品走私生意目前由亞洲人操控。這些老闆跨種族尋找同夥，其人員只進行一次性行動交易，他們還與其他犯罪集團合作以進行犯罪活動，但是現在他們採取了更爲技術性和商業性的運作形式。據澳洲警方透露，造成過去15年中亞裔黑社會毒品走私網絡結構改變的主要原因，是由於相關利益的驅動以及吸毒者對毒品需求的轉變，即從過去的海洛因到搖頭丸（MDMA）和安非他命。這些亞裔毒品犯罪集團與中東、太平洋群島、意大利及高加索等不同種族的犯罪集團混雜在一起，身上沒有任何幫派標誌，更沒有成爲會員要遵守的條文。這都給打擊毒品犯罪的澳洲警方造成了新的難度（大紀元，2010/02/08）。

　　根據我國外交部統計，自2009年至2014年7月間，計有29案50位國人因涉及毒品走私案而遭澳洲警方逮捕。依年度分析，2009年計有3案4人涉案；2010年有1案1人涉案；2011年有1案1人涉案；2012年計有4案6人涉案；2013年計有10案14人涉案；2014年迄今則已有10案24人涉案。涉案者年齡最小爲21歲，最大爲72歲，平均年齡層在25至40歲間；所持簽證種類多爲觀光簽證，其犯案行爲多屬二人以上小組犯案。值得注意的是，其中有10個案件是在澳洲簽收毒品包裹（外交部，2014/08/26）。

相關案例如下：

（一）警政署刑事警察局偵辦兩岸及澳洲毒品走私案，掌握該犯罪集團核心嫌犯指揮集團成員至澳洲雪梨進行接貨事宜，經國際刑警科於2013年10月將相關情資通報澳洲聯邦警察共同偵辦，澳方派員監控嫌犯等人動態並清查可疑貨品流向，攔查以嫌犯爲收件人、自大陸進口金屬機具名義報關貨品，查獲內藏18公斤安非他命。

（二）澳洲聯邦警察於2014年2月聯合該國海關總署（ACBPS）查獲28歲台籍女子涉嫌自大陸以進口獨木舟名義夾藏183公斤安非他命（估計市價約1億8,000萬澳幣，折合新台幣約49億5,000萬元）至澳洲，該女連同另3名分別爲35、30、21歲之台籍男子及另名32歲澳洲籍男子遭警方逮捕。

（三）我國籍嫌犯2人於2014年6月4日持我國護照由桃園國際機場搭中華航空班機飛往雪梨國際機場，於同月11日在澳洲新南威爾斯涉嫌以進口名義海運5個木箱，總重668公斤之扭力測試機，當場遭澳洲警方查獲每台測試機內夾藏2.5公斤安非他命，總計12.5公斤。

（四）澳洲警方於2014年7月29日在墨爾本一處公寓，查獲價值約1億3千萬澳元（約36億元台幣）的安非他命，總重逾135公斤並逮捕4名台灣男子，澳洲聯邦警察表示：「數量這麼多的安非他命通常是從境外運入」。據瞭解，這4人以觀光簽證方式入境澳洲，背後疑似有販毒集團操控，若罪名成立，最高可判處終身監禁。

第八節　我國毒品走私趨勢分析

綜合上述警政署刑事警察局之統計[5]，我國近年來查獲之三大主流毒

---

[5] 刑事警察局之統計資料，係由各警察機關之查獲移送單位填輸登錄破獲紀錄表所產生，但是與實際查獲數量可能有誤差，其原因爲非警察機關（例如調查局獲海巡獲）查獲移送以及警察機關與其他治安機關共同查獲而由他機關移送之案件，因均無警察機關填輸登錄破獲紀錄表，是以刑事局均無統計資料。另尚有可能爲破獲之警察機關填輸破獲紀錄表時登錄錯誤。

品（海洛因、安非他命、K他命），中國大陸已成毒品主要來源地，其次依序為泰國、馬來西亞、越南、柬埔寨、菲律賓、緬甸及寮國。查獲來自中國大陸之毒品，包括K他命、安非他命及海洛因等三大主流毒品。自2006年以後，我國幾乎未再查獲來自泰國之安非他命；自2007年以後，我國即未再查獲來自馬來西亞之安非他命，亦即自2007年以後，我國查獲來自境外之安非他命，幾乎全部來自中國大陸。自2009年以後，我國即未再查獲來自菲律賓之K他命；自2011年以後，我國即無再查獲來自馬來西亞之K他命，亦即自2011年以後，我國查獲來自境外之K他命，幾乎全部來自中國大陸[6]。雖然自2011年起幾乎未再查獲來自緬甸之海洛因毒品，但是自緬甸走私海洛因來台，大多經由泰國再搭機來台，即使被查獲，來源地區大多被登錄為泰國，因此實際上應仍有自緬甸走私海洛因來台之情形。2011年以後，查獲來自中國大陸以外之泰國、馬來西亞、越南、柬埔寨及寮國等東南亞國家之毒品主要且幾乎均為海洛因。

　　本文以實際負責第一線之緝毒工作經驗，整合上述資料，分析我國三大主流毒品—海洛因、安非他命及K他命之未來走私趨勢：

一、第一級毒品海洛因

　　由於泰緬寮邊界的農民為求生計，以及當地少數民族為能擴大當地影響力，這兩年來，「金三角」地區擴大種植罌粟花，泰緬寮三國的罌粟種植面積擴大至58,000公頃，鴉片年產量更高達734公噸，占世界總產量15%。而西南亞「金新月」地區，也因國際鴉片價格高漲，當地農民想趁北大西洋公約組織於2014年撤出前搶種罌粟花，阿富汗境內罌粟種植於2013年首次攀升至20.9萬公頃，成為歷史最高點，鴉片產量高達5,500公

---

[6] 2010年我國查獲自馬來西以貨櫃夾藏走私來台之K他命125公斤，該案係刑事警察局偵三大隊查獲，因係由共同偵辦之憲兵單位移送，故查獲數量未顯示在我國警方之統計上，因此實際上應該是我國警察機關自2011年後未再查獲來自馬來西亞之K他命（參見台灣板橋地方法院檢察署99年偵字第13639號檢察官起訴書）。破獲紀錄表登錄來源地錯誤以及他機關移送之案件未填輸破獲紀錄表所導致之統計不正確，除非有經驗的研究者能敏銳的發現異常進而加以查證，否則不易發現。不正確的統計資料令使用者陷於錯誤而不自知，因此運用統計資料必須審慎，必要時必須進一步查證，否則將嚴重影響統計分析結果。

噸，比2012年多出近50%，占世界總產量90%。換句話說，2013年「金三角」和「金新月」兩大地區的鴉片產量比起2012年足足多出50%，可以依此推論，我國於2012年查獲海洛因157.9公斤、2013年查獲288.3公斤，不僅符合鴉片增產的比例，也因國內的查緝成果輝煌，造成國內海洛因市場供需失衡，可預測在2014至2015年間，毒梟將在海洛因毒品來源充足以及國內市場毒品短缺的情況下，籌措資金大量走私海洛因來台，預測2014年海洛因之查獲量將超過2013年，甚至可能達到2012年查緝量的雙倍。

　　在海洛因走私路線上，從2013年11月17日刑事警察局偵三大隊查獲600塊海洛因的案例中可知，傳統的「金三角→昆明、廣州、深圳→香港、澳門→台灣」的路線，將被「金三角→寮國→越南→台灣」、「金三角→柬埔寨→越南→台灣」、「金三角→柬埔寨→台灣」、「金三角→泰國→台灣」或者「金三角→寮國→越南→香港→台灣」等5條路線所取代。

　　由於海洛因毒品來源地在地理位置上最接近我國的是「金三角」，毒梟為考量運輸成本以及安全，通常不會另覓「金新月」的貨源，相同地，販毒集團在安排海洛因走私路線時，亦須先考慮運輸成本以及安全，也因此可推測，運輸成本最低的方法，是透過空運，以貨櫃或人體置入、行李夾帶的方式，將海洛因走私來台。漁船走私的做法雖然仍不排除，但過程繁瑣，需經過更多的人與海關檢查，風險太大，走私方式應仍以空運為主。

　　值得特別關注的是，外籍人士被販毒集團利用，擔任運毒交通的案件數應會快速增加，在目前已知案例中，販毒集團利用法國人經泰國以行李夾帶方式走私海洛因來台，或利用馬來西亞女子自柬埔寨經香港以行李夾帶的方式走私。由這些案例觀之，外籍人士雖大都採取行李夾藏的方式，而並非以人體置入、夾帶海洛因來台，但未來極有可能被販毒集團安排以人體置入方式夾帶海洛因，如果這種情況可能發生，我國的機場和海關應加強注檢自泰國曼谷機場、越南胡志明市機場、柬埔寨金邊機場（上述機場與我國均有直飛班機，航程較短，如人體夾帶可以減少暴斃的風險）來台的外籍及可疑人士。

　　此外，由澳洲聯邦警察打擊毒品組織的經驗學習，亦可知國內的幫派，例如竹聯幫、四海幫等較有海外關係的國內幫派，極有可能打破傳統黑社會組織結構，與國外的犯罪集團合作，以籌措資金、尋找貨源、驗貨、接貨、安排交通等分工方式走私海洛因回台，例如香港的孫義安（Sun Yee On）、14K、美國的華青幫、泰國、越南、柬埔寨等國的幫派。

二、第二級毒品安非他命

　　UNODC的報告特別指出，近幾年甲基安非他命類毒品的生產量快速成長，2008年只有3,200萬片或3,300萬片，2010年被查扣1億3,300萬片，但到了2012年高達2.3億片，比起2008年多出將近8倍。不可諱言的，亞洲國家使用甲基安非他命及安非他命類興奮劑（ATS）的情形越來越嚴重，接近全球使用人口50%，這類毒品的交易，已取代了海洛因、鴉片、大麻等，成為東亞與東南亞的主要毒品。2005年以後，我國查獲毒品以安非他命與K他命為大宗，2013年安非他命成品全年緝獲量高達775.8公斤，較2012年全年緝獲量增加656.5公斤，暴增4.5倍，值得特別留意。

　　然而，我國自2009至2011年間警方查獲製毒工廠155座中，與安非他命相關者即有131座、占84.52%，以最近2014年1至7月之查獲量觀察，安非他命來源地是大陸地區者有49.2公斤、香港1.6公斤、泰國0.6公斤、不明地區11.4公斤，相較台閩地區142.4公斤，走私的安非他命僅占查獲量之四分之一，來源多來自中國大陸東南沿海各省，尤以廣東、福建為多。

　　安非他命主要係由國內製毒工廠生產的問題，來自製毒所需的化學物質在我國容易取得，麻黃鹼幾乎全自中國大陸進口，當務之急，應先針對麻黃鹼之進出口程序嚴格把關，確實做好進出口登記與管制，並以不定期稽查之方式，確保麻黃鹼原料在國內不會流入製毒工廠。

　　另一方面，由最近諸多案例得知，我國販毒集團結合大陸、香港人士與黑道組織，將安非他命藏匿在金屬機具、石製家具、包裹內，以貨櫃或空運方式，自廣東經香港，將毒品走私至日本、英國、澳洲、紐西蘭等地（安非他命價格昂貴之國家），集團首腦均隱身幕後遙控，透過招募方式

吸引未經世事、不具犯罪紀錄之年輕人，指派他們前往當地領貨，尤有甚者，販毒集團還自備翻譯前往該些國家，協助領貨人領取毒包，大膽行徑確實製造偵查斷點，造成後續難以追查的困難。

三、第三級毒品K他命

K他命則自2001年查獲以來，緝獲量逐年增加，且自2006年起至2013年止，已連續8年於緝獲量排名第一位。依據2013年台灣地區檢、警、憲、調等司法機關緝獲的毒品數量，排名前五位分別為：K他命2,393.3公斤、安非他命成品775.8公斤、海洛因288.3公斤、麻黃鹼類原料藥106.7公斤及大麻35.7公斤，中國大陸是K他命最主要來源地。

第九節　我國跨境合作緝毒之機制、困境與策略

「各國情況不同，不一定能複製成功的合作模式」、「各國模式不一，須很有彈性，一國一國突破」，是跨境執法合作的特性，我國跨境合作緝毒的機制與策略亦復如此。

一、兩岸合作

我國三大主流毒品最主要的來源地區為中國大陸，因此兩岸的合作誠屬最為急迫及重要。在2009年4月26日簽署「海峽兩岸共同打擊犯罪及司法互助協議」後，兩岸繼共同打擊電信詐騙案件，再將毒品案件列為重點合作項目之一。兩岸在「全面合作，重點打擊」原則下，在加強毒品案件情資蒐集交換及彙整、推動緝毒專責人員辦案合作、舉辦兩岸跨境毒品犯罪研習等共識下，並落實推動，增益兩岸在協查毒品案件方面的合作，打擊毒品走私之成果輝煌，兩岸肅毒機關確實可在此一機制下繼續發展「截長補短」、「資源共享」、「互利互助」的合作。

兩岸警方合作緝毒之運作機制，係由刑事警察局兩岸科與大陸港澳台工作辦公室為中央窗口。例如我國警察機關偵辦涉及中國大陸之毒品案

件，須陸方協助或合作偵辦事宜，偵辦機關必須透過刑事局兩岸科傳眞通報大陸港澳台辦，港澳台辦將我方之請求轉交公安部禁毒局，禁毒局指派該局聯繫窗口及視案情指定適當之偵辦單位後回復港澳台辦，港澳台辦再以傳眞回復我方禁毒局指定之聯繫窗口。另外，刑事警察局偵查第三大隊（緝毒專責大隊）亦已與大陸公安部禁毒局建立直接聯繫窗口，偵查之案件先經過我方刑事局兩岸科與陸方港澳台辦聯繫互相通報，後續的偵查過程中，爲爭取時效，如有必要，刑事局偵查第三大隊即可與陸方禁毒局之窗口直接聯繫，進行情資交換與合作偵查事宜（如圖8-21）。

又毒販經常在香港會面研商，或經由香港進入中國大陸，如有此種情形需要香港警方協助時，我方仍係由刑事局兩岸科與香港警務處聯絡事務科之窗口聯繫，如香港警方偵查發現必須陸方協助，則由港方逕與陸方聯繫，再將結果回復我方。同樣的，後續的偵查過程中，爲爭取時效，如有必要，刑事局偵查第三大隊亦可與香港警務處聯絡事務科窗口直接聯繫，進行情資交換與合作偵查事宜（如圖8-22）。

二、與泰國、馬來西亞、越南之合作

因爲我國在泰、馬、越三國均有外館及派駐警察聯絡官，我國與此三國合作緝毒之運作機制，均係以派駐外館之警察聯絡官與駐在國緝毒單位

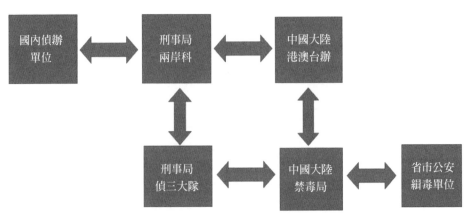

圖8-21　兩岸緝毒合作模式

為窗口，一般而言，駐外聯絡官均與駐在國緝毒單位有特定之聯繫窗口，例如我國警察機關偵辦涉及泰、馬、越三國之毒品案件，需此三國協助或合作偵辦，偵辦機關必須透過刑事局國際刑警科交辦駐外警察聯絡官，聯絡官即與駐在國之緝毒單位窗口聯繫，並攜帶相關偵辦資料前往與該窗口協調請求或合作事宜，再將結果回報刑事局國際科轉知偵辦單位；偵辦單位在後續偵查過程中的情資交換與合作偵辦事宜，仍依此機制進行。我國目前與泰、馬之合作順暢，且著有績效；與越南則已有良好合作基礎（如圖8-23）。

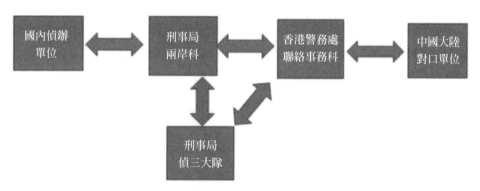

圖8-22　我國與香港緝毒合作模式

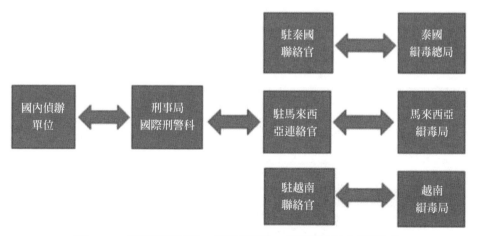

圖8-23　我國與泰國、馬來西亞、越南緝毒合作模式

三、與柬埔寨、緬甸及寮國之合作

（一）合作的困境

1. 我國在柬埔寨、緬甸及寮國等三國並無駐外館處及人員，遑論派駐警察聯絡官，且三國均秉持一個中國政策，禁止與我國官方正式接觸，因此我國目前尚無法與此三國直接聯繫合作，必須運用第三方中介協助，達成情資交流及合作之目的。

2. 我國與寮國尚無直航，與緬甸雖有通航，惟由查獲案例顯示，此兩國之毒品均經由第三地輾轉走私來台，我國勢必須與緬、寮兩國以及中轉之第三方合作，始能順利偵查，但目前我國與此兩國並無法直接聯繫。

（二）尋求合作之策略

1. 與柬埔寨合作之策略：筆者於2009年派駐越南警察聯絡官期間，曾透過美國聯邦調查局駐柬聯絡官協助，由我方派員偵訊在柬埔寨羈押或執行中之我國籍涉毒嫌犯[7]，因此與柬埔寨之合作，可視案情於必要時透過我國與美國之聯絡官網絡進行。另兩岸於2011年6月起，已多次在柬埔寨成功合作打擊兩岸電信詐騙集團，兩岸緝毒單位亦已建立窗口，密切聯繫合作，因此亦可視案情於必要時透過兩岸緝毒窗口，尋求柬方合作。

2. 與緬甸合作之策略：從案例發現，緬甸之毒品係經過泰國轉運來台，我國駐泰警察聯絡官曾透過澳洲駐泰聯絡官之協助，查獲由緬甸攜帶約1公斤海洛因至泰國之車手，搭機夾帶入境之案件，因此我國與緬甸之

7　摘自刑事警察局執行「台、美、柬」共同偵訊柬埔寨在押國人專案計畫成果報告。案情：一、台中縣等於民國97年間偵破之國人曾○基以塞肛門方式及陳○乾自柬埔寨利用國際快遞寄送方式走私海洛因來台案，經駐越南聯絡官透過美國聯邦調查局駐柬聯絡官之協助，柬方於98年2月23日逮捕曾嫌等人指證在柬籌劃販運毒品犯嫌楊○芳等人，惟台中地院認定柬國警方提供金邊國際快遞公司人員指證陳嫌寄送包裹夾帶海洛因入境國內之筆錄不具證據力，宣判無罪。二、美國聯邦調查局洛杉磯辦公室懷疑在金邊市流通之美金偽鈔，係台灣販毒集團自中國大陸以面值4成之價格購入後帶至柬購買毒品，該辦公室對於偵訊我國籍毒品嫌犯亦感興趣。案經該局駐柬聯絡官協調柬方同意由我國警方、美聯邦調查局及柬埔寨警方等共14人，自民國99年3月2日至4日對因毒品案羈押於白梳獄之我國犯嫌或受刑人進行聯合偵訊，我方於製作楊○芳等19人之筆錄時均全程錄音、錄影。一審判決無罪之被告陳○乾，經檢察官補送我國警方於柬製作之指證筆錄後，經高院判決18年。

合作，應可再經由駐泰聯絡官透過泰國緝毒單位或澳洲聯絡官，尋求緬方協助。

　　3. 與寮國之合作：我國曾與大陸禁毒局合作偵辦，查獲毒販自大陸寄送機械前往寮國，夾藏7.8公斤海洛因後經泰國以貨櫃走私來台之案件[8]，因此我國與寮國之合作，應可透過大陸禁毒局之協助，尋求寮方協助。

第十節　結論

　　學者卜森認為毒品走私及犯罪的影響對於毒品生產、轉運、販賣和濫用，以及毒品走私路線經過之地區、國家均會在政治、軍事、經濟、社會與環境等五大國家利益層面造成不同衝擊與危害。美國前任總統柯林頓將跨國毒品走私及犯罪視為美國國家安全乃至全球安全的威脅。在槍毒合流趨勢下，毒品走私與其他衍生的組織犯罪（如槍枝走私、貪腐、暴力犯罪、洗錢犯罪等）關係密切，嚴重影響各國經濟發展、政治安定、社會治安，更挑戰國家安全利益與發展（林谷蓉，2006）。

　　當前我國是以海洛因、安非他命及K他命為三大主流毒品，除國內自製部分甲基安非他命外，其餘毒品來源均與中國大陸、「金三角」以及中南半島等國家地區關係密切，除在現有基礎上持續加強與泰國、馬來西亞、越南、菲律賓、澳洲、日本及中國大陸密切合作外，應設法與緬甸、柬埔寨、寮國建立聯繫溝通管道，尋求合作設置對口機關，擴大並深化與各國情報交換與案件偵查合作，方能有效掌握毒品生產、運輸及買賣等情資，成功阻絕毒品於境外，避免毒品走私影響我國國家安全與發展之重大利益。

---

[8]　刑事警察局偵三大隊與大陸禁毒局合作偵辦之案件。

參考文獻

一、中文

日本海關國際情報中心，〈日本的走私毒品概況〉，日本海關國際情報中心簡報資料，2013年10月。

刑事警察局，〈製毒工廠犯罪趨勢研析〉，刑事警察局鑑識中心簡報資料。

立法院，第8屆第5會期第12次會議議案關係文書，院總第887號政府提案第14717號之1138。

張小平，〈越南的毒品走私及對策〉，《東南亞南亞信息》，第14期，1996年。

李昆達，〈他山之石可以攻錯——菲律賓毒品現況及發展趨勢〉，《刑事雙月刊》，第25期，2008年7-8月。

蘇立琮，〈2007年日本藥物犯罪取締研討會工作紀要〉，《刑事雙月刊》，第25期，2008年7-8月。

蔡元雲，《塑造21世紀的年輕人——青少年工作手冊》，五版（香港：突破有限公司，1999）。

潘曉慧，〈韓國毒販為何借道中國販毒〉，《騰訊評論》，2014年8月8日。

劉　崴，〈2012年日本藥物犯罪取締研討會報告〉，《法務部調查局公務出國報告書》，2012年11月26日。

衛生福利部，《藥物濫用案件暨檢驗統計資料——102年報分析》（台北：衛生福利部，2014）。

衛生福利部食品藥物管理署，《103年度藥物濫用防制指引》（台北：衛生福利部，2014）。

二、網路資料

中華民國國情介紹，〈加強查緝毒品犯罪——問題分析〉，瀏覽日期：2014/10/04，http://park.org/Taiwan/Government/Events/September_Event/ant21x.htm。

外交部，〈外交部單位主管例行新聞說明會紀要——亞太司〉，瀏覽日期：2014/10/03，http://www.mofa.gov.tw/News_Content_M_2.aspx?n=70BCE89F4594745D&sms=700DE7A3F880BAE6&s=700EAD75D556E35B。

美國在台協會，〈文獻篇：一九九六年國際毒品管制策略報告台灣部分〉，瀏覽日

期：2014/09/24，http://www.ait.org.tw/zh/officialtext-bg9712.html。

監察院，〈毒品糾正案文〉，瀏覽日期：2014/09/18，https://www.cy.gov.tw/AP_
　　HOME/Op_Upload/eDoc/%E7%B3%BE%E6%AD%A3%E6%A1%88/100/100
　　000111%E6%AF%92%E5%93%81%E7%B3%BE%E6%AD%A3%E6%A1%88
　　%E6%96%87.pdf。

杜　林，〈北韓對華毒品走私上升〉，《美國之音》，瀏覽日期：2014/09/18，
　　http://www.voachinese.com/content/article-20110324-narco-capitalism-grips-north-
　　korea-118609969/779759.html。

余瑞仁，〈限量鞋藏一千萬海洛因，2無業男「過不了關」〉，《自由時報》，瀏覽
　　日期：2014/09/18，http://news.ltn.com.tw/news/society/paper/809703。

張　欽，〈走私1.3kg海洛因，法國背包客判15年8月〉，《蘋果日期》，瀏
　　覽日期：2014/09/19，http://www.appledaily.com.tw/realtimenews/article/lo-
　　cal/20140903/462992/。

張建騰，〈小三通走私安毒60公斤兩岸聯手破獲〉，《金門日報社》，瀏覽日期：
　　2014/09/19，http://www.kinmen.gov.tw/Layout/main_ch/News_NewsContent.aspx?
　　NewsID=134299&frame=&DepartmentID=13&LanguageType=1。

林谷蓉，〈非傳統性安全對兩岸合作的影響〉，澳門地區中國和平統一促進會，瀏
　　覽日期：2014/09/18，www.macaoppnr.com/Show.asp?No=63。

林長順，〈漁船走私毒品，市價逾6億〉，《中央社》，瀏覽日期：2014/09/19，
　　http://www.cna.com.tw/news/asoc/201401030278-1.aspx。

法務部，〈最新統計資料〉，瀏覽日期：2014/10/03，http://www.moj.gov.tw/site/moj/
　　public/MMO/moj/stat/new/newtxt5.pdf。

科爾本，〈聯合國：毒品走私問題嚴重，亞洲面臨挑戰〉，《美國之音》，瀏覽
　　日期：2014/09/24，http://www.voafanti.com/gate/big5/www.voachinese.com/arti-
　　cleprintview/1946621.html。

陳正健，〈破！市價90億，20年最大毒品走私〉，《台灣醒報》，瀏覽日期：
　　2014/09/24，http://anntw.com/articles/20131117-j4rx。

楊晴川，〈泰國加大禁毒力度〉，新華社人民網，瀏覽日期：2014/09/24，http://
　　www.people.com.cn/GB/guoji/24/20010626/497459.html。

楊國文、林慶川，〈緝毒奏功、毒價飆、買毒被剝3層皮〉，《自由時報》，瀏覽日
　　期：2014/09/24，http://news.ltn.com.tw/news/society/paper/90961。

戴志揚，〈新興金三角、販毒全球化〉，《中國時報》，瀏覽日期：2014/09/24，

http://blog.xuite.net/fumeii/liu2/6705759。

錢衛、陸揚，〈中國吸毒階層和毒品來源發生變化〉，《大紀元》，瀏覽日期：
2014/10/04，http://www.epochtimes.com'b5/6/7/n1342125p。

〈高市查獲國際運毒集團，五人一網成擒法辦〉，《大紀元》，瀏覽日期：
2014/09/24，http://www.epochtimes.com/b5/7/12/3/n1923894.htm。

〈美毒品走私及生產成長國家報告──金三角連續3年最差〉，《大紀元》，瀏覽日
期：2014/09/24，http://www.epochtimes.com.hk/b5/7/9/19/51838p.htm。

〈馬國破獲最大一粒眠案，逮捕4名台灣化工技師〉，《大紀元》，瀏覽日期：
2014/09/18，http://www.epochtimes.com/b5/9/3/24/n2472995.htm。

〈台馬緝毒捷報，查獲近百萬顆一粒眠〉，《大紀元》，瀏覽日期：2014/09/18，
http://www.epochtimes.com/b5/8/8/1/n2213194.htm。

〈台日跨國運毒，航警局逮捕10人〉，《大紀元》，瀏覽日期：2014/09/18，http://
www.epochtimes.com/b5/10/1/26/n2799986.htm。

〈澳洲毒品幫派正趨擴大〉，《大紀元》，瀏覽日期：2014/09/18，http://www.ep-
ochtimes.com/b5/10/2/9/n2814261.htm。

〈聯國：泰緬寮鴉片面積增22%〉，《大紀元》，瀏覽日期：2014/09/18，http://
www.epochtimes.com/b5/10/12/13/n3112053.htm。

〈安毒已成東亞東南亞主要毒品〉，《大紀元》，瀏覽日期：2014/09/18，http://
www.epochtimes.com/b5/11/9/13/n3371790.htm%E5%AE%89%E6%AF%92%E5%
B7%B2%E6%88%90%E6%9D%B1%E4%BA%9E%E6%9D%B1%E5%8D%97%E
4%BA%9E%E4%B8%BB%E8%A6%81%E6%AF%92%E5%93%81.html。

〈毒品走私，馬來西亞發紅色警戒〉，《大紀元》，瀏覽日期：2014/09/18，http://
www.epochtimes.com/b5/11/12/29/n3471477.htm%E6%AF%92%E5%93%81%E8%
B5%B0%E7%A7%81-%E9%A6%AC%E4%BE%86%E8%A5%BF%E4%BA%9E%
E7%99%BC%E7%B4%85%E8%89%B2%E8%AD%A6%E6%88%92.html。

〈聯合國：緬甸鴉片種植連續六年擴增〉，《大紀元》，瀏覽日期：2014/09/18，
http://www.epochtimes.com/b5/12/11/1/n3719244.htm%E8%81%AF%E5%90%88%
E5%9C%8B-%E7%B7%AC%E7%94%B8%E9%B4%89%E7%89%87%E7%A8%A
E%E6%A4%8D%E9%80%A3%E7%BA%8C%E5%85%AD%E5%B9%B4%E6%93
%B4%E5%A2%9E.html。

〈UN：阿富汗罌粟產量破紀錄〉，《大紀元》，瀏覽日期：2014/09/18，http://www.
epochtimes.com/b5/13/11/14/n4010502.htmUN-%E9%98%BF%E5%AF%8C%E6%

B1%97%E7%BD%8C%E7%B2%9F%E7%94%A2%E9%87%8F%E7%A0%B4%E7
%B4%80%E9%8C%84.html。

〈法務部統計拉K呈增加趨勢〉，《中央社》，瀏覽日期：2014/10/04，http://
subweb.health.gov.tw/drug_abuse/news_content.aspx?paper_type=news&id=535。

〈台灣走私團夥安全套裝毒品塞肛門運毒，12人被逮〉，《中新網》，瀏覽日期：
2014/10/04，http://www.chinanews.com/tw/2014/02-14/5837185.shtml。

〈日本羽田機場毒品查獲量創紀錄，家庭主婦遭利用〉，《中國新聞網》，瀏覽日
期：2014/09/24，http://finance.ifeng.com/a/20140106/11407485_0.shtml。

〈刑事破毒品走私案，搜出上億元K他命〉，《中國新聞網》，瀏覽日期：
2014/09/18，https://tw.news.yahoo.com/%E5%88%91%E4%BA%8B%E7%A0%B4
%E6%AF%92%E5%93%81%E8%B5%B0%E7%A7%81%E6%A1%88-%E6%90%
9C%E5%87%BA%E4%B8%8A%E5%84%84%E5%85%83k%E4%BB%96%E5%9
1%BD-045311910.html。

〈破獲343公斤毒品市價30億〉，《中國時報》，瀏覽日期：2014/09/19，http://
www.chinatimes.com/newspapers/20131013000312-260106。

〈抄30億元毒品，刷新兩岸緝毒紀錄〉，《中國時報》，瀏覽日期：2014/09/19，
http://www.chinatimes.com/newspapers/20140919000871-260106。

〈史上最大走私毒品案，刑事局破獲90億海洛英〉，《今日新聞網》，瀏覽日期：
2014/09/19，http://www.nownews.com/n/2013/11/17/1022600。

〈私可卡因到澳洲、加國是第二大來源國〉，《世界日報》，瀏覽日期：
2014/09/24，http://www.yiminjiayuan.com/news/canada09024796.html。

〈泰國女性為工作、異國戀，海外走私毒品全球人數最多〉，《東森新聞雲》，瀏
覽日期：2014/09/18，http://www.ettoday.net/news/20130604/217514.htm。

〈國際禁毒形勢嚴峻：全球毒品使用者達兩億〉，《新華網》，瀏覽日期：2014/
09/24，http://big5.xinhuanet.com/gate/big5/news.xinhuanet.com/world/2004-06/26/
cont ent_1548248.htm。

〈中國將進一步加大力度打擊毒品犯罪〉，《華語在線廣播》，瀏覽日期：
2014/10/04，http://big5.cri.cn/gate/big5/gb.cri.cn/1321/2007/06/26/1569@1650909.
htm。

第九章

歐盟邊境管理困境——難移民問題研究[*]

高佩珊^{**}

第一節　前言

　　歐盟各國一向是各國人民夢想前往居住的區域，無論是以合法或非法的途徑。距離歐洲最近的非洲與中東地區的人民，每每在居住地母國發生政治與經濟動亂後，便想方設法欲前往歐盟定居。自2011年敘利亞內戰發生後，大批來自中東和非洲難民湧向歐洲，歐盟遂面對二戰以來最大的難民潮危機。在無法有效制止難民的移入後，許多東歐與南歐國家如保加利亞與希臘，在邊境築起高牆並派兵駐守以阻止非法移民藉由陸路方式進入。巴爾幹地區國家，如克羅埃西亞和斯洛伐克等國更宣布關閉邊境，拒絕難民經由該國進入歐盟，以此控制難民潮。然而，由於歐盟各國移民政策、經濟發展程度、民情不同，歐盟民眾對於大批難民湧入的看法自然不一。因此，本章首先將先就相關文章做一文獻探討，再敘述此波難民潮發生之歷史背景，以及歐盟以及主要國家就難民問題處理之措施及態度，再論述歐盟難民危機。

　　根據國際移民組織（International Migration Organisation, IOM）的統計[1]，光是2014年就有至少3,000名移民在前往歐洲的海路中喪失性命；從

---

*　本文首次發表於中央警察大學「2015年國境管理與執法學術研討會」，感謝與談人給予之寶貴意見與指導，致使本文能修正完整並收錄於本書中。

**　中央警察大學國境警察學系副教授。

1　關於該組織之介紹，可見International Organisation of Migration，http://www.iom.int/cms/home。

2000年至2014年，則至少已經22,000人喪失性命[2]。在媒體以國際或國內頭條大篇幅的報導下，歐盟移民政策遭受廣泛的批評，對於大批非法移民與難民的湧入，更成爲歐盟各國政府頭痛的問題，頻頻以召開領袖會議、制定計畫、提出改善方案等方式，企圖解決此問題。但目前看來，無論是在阻擋難民的湧入或是在如何安置難民等問題上，歐盟各國仍無法達成共識；因此引發本文研究動機。本文首先將敘述此波難民潮發生之背景因素，再分析歐盟主要國家採取的邊境執法措施及對於難民安置問題表現之態度，繼而論述歐盟邊境安全面臨之困境，以及因此衍生出之相關問題與現象，包括未來面臨之挑戰，期能爲移民政策研究做出貢獻。

第二節　文獻分析

自英國地理學家拉文斯坦（Ernst G. Ravenstein）在1885年提出以「遷移法則」（The Laws of Migration）解釋國際人口移動的問題後[3]，該法則影響往後學界對於國際移民「推拉理論」的解釋。根據推拉理論，人類因爲原本所居住的地方發生各種問題，形成一股推力（push force）逼迫他離開原本所居之地，進而移入一個他渴望居住的地方，因爲該區域具有吸引他移入的拉力（pull force）。至於什麼樣的因素屬於推力與拉力呢？李氏（Everett S. Lee）在「人口遷移理論」（Theory of Migration）文章中指出[4]，戰爭、飢荒、種族隔離或種族清洗（genocide）和困頓的經濟生活就是所謂的推力，逼迫人類離開原本居住的國家或區域。而另一個環境則因爲具有較佳的生活條件，這股拉力便吸引人類移入該區域。意即，人類會經由縝密的、理性的成本利益考量後而決定是否遷移。的確，在此次中東

2　〈歐洲非法移民不止 歐盟移民政策該何去何從？〉，《Worlddigest 99》，瀏覽日期：2015/04/23，https://worlddigest99.wordpress.com/。

3　Ernst G. Ravenstein, "The Law of Migration", Journal of the Royal Statistical Society, Vol. 48, Part 2, 1885, pp. 167-227.

4　Everett S. Lee, "A Theory of Migration", Demography, Vol. 3, No. 1, 1966, pp. 47-57.

難民的進入歐盟，便是因爲個人對於歐盟穩定、安樂生活之嚮往，歐盟具備的拉力，吸引大批非法移民的遷入；而原居住國因爲長年內戰造成的推力，將難民推離母國。推拉理論解釋了此波難民潮產生的原因，但歐盟主要國家政府及人民對於移民的態度及其移民政策，卻未被考慮在內，進而造成在難民分配與收留問題上產生極大問題。此即表明探究移民問題時，應該將個人之成本計算選擇納入考量之外，包含遷入國之移民政策及民意對於移民的態度，都該作一全盤衡量。

由於此波難民大量湧入歐洲的問題，成爲當今歐盟與主要接收國家燙手山芋，不僅成爲政治人物競選必須表態的議題，學界也紛紛從不同角度解釋歐盟移民問題。例如，在英文研究部分，由哈佛大學出版美國學者布魯貝克（Rogers Brubaker）所撰寫的《法國與德國國民與公民權》（Citizenship and Nationhood in France and Germany）一書，[5]從如何界定、定義「公民」一詞開始，分析法國與德國如何使用不同的概念制定公民身分和國家地位，進而探究移民問題。布魯貝克認爲由於法國對於公民權的定義根基於地域的概念，德國則強調血統的繼承，這樣的認知差異形塑法國與德國國家地位與國民結合之不同。該書指出現代民族國家不只是個組織，更應該是社群會員結合的整體。布魯貝克以法國大革命和第三共和時期推進共同的初級教育與兵役爲例，以及德國1913年的國籍法，說明法國的公民權根基於出生地原則（jus soli）和對於法國文化和政治理想的忠誠；如此便能加速外來族群的融入，有利於外國人的公民結合。相反地，德國則以「血統社群」（community of descent; jus sanguinis）的概念定義公民身分，從而無形中給予移居至海外的德國族群自動取得公民身分，但卻排除同化長期居住在德國的非德國族群。該書整理從18世紀後期到20世紀80年代，法國與德國在國族認同、公民身分的界定與移民政策上的差異，提供吾人從歷史及文化層面瞭解德國與法國對於接受移民的態度，但該書卻無法說明自1980年代中期至今，法國與德國等歐盟主要國家對於移民態度的再次轉換。由伯根索爾（Thomas Buergenthal）所著作的《國際

---

5 Rogers Brubake, Citizenship and Nationhood in France and Germany, (Cambridge: Harvard University Press, 1992).

人權》（International Human Rights）一書[6]，清楚提供並介紹與國際人權
相關的歷史背景與發展、聯合國人權體系、歐盟人權保障體系、美洲人權
體系、非洲人權與人民權利、美國與國際人權公約、非政府人權組織等重
要資訊與內容。雖然該書並未特別針對歐盟難移民問題及其人權做出分
析，但藉由閱讀該書，吾人便能瞭解國際人權公約、歐盟人權公約內容與
執法機制，以及歐盟社會法令等。

　　至於分析難移民帶給歐盟各國困擾的文章則有，倫敦智庫「歐洲改
革中心」（Center for European Reform）首席經濟學家暨副主任蒂爾福
德（Simon Tilford）所發表的〈英國、移民與英國退出歐盟〉（Britain,
immigration and Brexit）一文[7]，則特別針對英國因移民問題將以公投方式
退出歐盟（Brexit）一事，作出分析。蒂爾福德在文章中指出，過去一向
對於歐盟境內勞工移民表示歡迎的英國，為何現在會如此的反移民，致使
移民問題變成如此棘手？主要可以歸因於以下幾點：英國薪資水準自2008
年至2014年大幅滑落、社會住房供給不足且房價高昂、教育及醫療經費負
擔沉重、白人勞工階級社會地位下降等。該文作者指出，保守黨政府的施
政失敗，並將削減社會福利支出，龐大公共財政、公共服務負擔與住房短
缺問題等，歸咎於大量移民，造成民眾對於移民感到反感。蒂爾福德認為
如果英國因此離開歐盟，都是英國政客造成的反移民氛圍；但這樣的結果
其實是可以避免的，如果工黨或保守黨能夠展現領導力，不再將國內社會
和經濟問題與移民問題連結在一起。

　　另一位英國獨立智庫「國家經濟社會研究機構」（National Institute
of Economic and Social Research）的研究員波特斯（Jonathan Portes），
在其文章〈英國退出歐盟後的移民政策〉（What would UK immigration
policy look like after Brexit?）當中分析[8]，假設英國退出歐盟，英國可能

6　Thomas Buergenthal, International Human Rights, Minnesota: West Publishing Co., 1988.

7　Simon Tilford, "Britain, Immigration and Brexit," Centre for European Reform Bulletin, Issue 105, Dec. 2015-Jan. 2016. http://www.cer.org.uk/publications/archive/bulletin-article/2015/britain-immigration-and-brexit.

8　Jonathan Portes, "What would UK immigration policy look like after Brexit? ," UK in a Changing Europe, Sep. 14, 2015. http://ukandeu.ac.uk/what-would-uk-immigration-policy-look-like-after-

採取其他模式維持與歐盟的關係；例如，「澳洲計分模式」（Australian-style points system）、「挪威冰島模式」與「瑞士模式」。「澳洲模式」指採用奠基於一視同仁原則的計分系統[9]，發放工作或留學簽證；「挪威模式」指英國可以與挪威、冰島和列支敦士登一樣，成為「歐洲經濟區」（European Economic Area）成員[10]，仍能保留進入歐盟單一市場，但在相當程度上仍適用自由移動原則。或者亦能效仿瑞士脫離歐盟單一市場，採用「瑞士模式」與歐盟進行市場准入的雙邊談判。然而，無論採取哪一種模式，對於英國而言都不是一件簡單的選擇。離開歐盟對於英國而言，也不一定能提高移民政策的自主性。以上兩篇文章都對歐盟難移民問題對於英國所產生的政治效應，做一清楚探討，從中得以窺歐盟主要國家對於移民的態度與意見。

在國內及中文研究當中，陳慶昌在其論文《國內政治與歐洲整合研究》[11]，以法國極右主義與歐盟移民政策之關聯為例，透過二重賽局的分析架構進行實證研究，論證法國右派政府為爭取極右派選民的票源而吸納民族陣線的反移民訴求，造成法國自1980年代中期以降的移民政策開始排斥非歐盟國家的移民，致使法國政府在歐盟移民政策共同體化之前與其他會員國在協調移民政策時，顯得較為保守。法國極右派藉由在國內層次的影響，經由政府的利益匯集過程進而達到歐盟層次。因此，該研究認為在研究一國移民政策時，不宜貿然分割國內與國際政治研究。該研究嘗試連結國內與國際研究架構，提供吾人瞭解法國排斥外來移民政策之背景因素，有助於本研究瞭解歐盟移民政策；惟單以法國做為研究對象，無法提供其他國家移民政策之演進與發展等相關資料。

---

brexit/.

[9] 「移民計分系統」（points-based immigration system）指允許達到計分標準的經濟移民申請工作簽證，進入該國工作；意即達到的積分越高，獲得簽證的機會亦越高。澳洲移民計分系統被認為是目前最為全面和成功的移民系統之一。

[10] 歐洲自由貿易聯盟（European Free Trade Association, EFTA）的成員國，無需加入歐盟也能參與歐洲的單一市場。如果英國加入歐洲經濟區（European Economic Area, EEA），雖然會使英國失去對單一市場的決策投票權，但英國將不必再承受共同貿易政策的負擔，只是英國仍需承擔與單一市場有關的成本。

[11] 陳慶昌，〈國內政治與歐洲整合研究〉，《國立政治大學外交研究所碩士論文》，2003年。

劉一龍在〈從「羅馬條約」論歐洲移民政策的演進與啓示〉一文中[12]，分析歐洲移民政策的歷史演進過程，說明1950年代的「羅馬條約」（Treaty of Rome）可視爲歐洲人員自由移動立法的初始。隨著「申根公約」（Schengen Convention）、「單一歐洲法」（Single European Act）、「都柏林公約」（Dublin Convention）、「馬斯垂克條約」（Maastricht Treaty）、「阿姆斯特丹條約」（Amsterdam Treaty）、「尼斯條約」（Treaty of Nice）的簽署和實施，歐洲開始邁向歐盟區域內人員自由移動與管制第三國人民數量的目標。該篇文章指出，自1950年代開始，爲發展國內經濟，西歐各國開始僱用「第三國人民」（Third Country Nationals），致使勞工移民（labour migration），即所謂的「客工」（guest worker）熱潮在1970年代達到高峰。但是由於石油危機造成的全球經濟衰退和勞工移民滯留不歸的問題，各國開始緊縮並管制勞工移民數量，同時制訂許多防範非法移民的措施[13]。但仍無法解決非法移民的問題，於是歐洲興起共同管理移民的口號，並將移民事務置放於歐盟主導的，意即超國家（supranational）的共同移民政策上。雖然歐盟各會員國因此能自由進出各國，但管制第三國人民的入出境與居留的決定權，卻仍然掌握在各國政府手中，自此造成歐盟共同管理移民政策的無法落實。劉一龍的文章詳細介紹歐洲移民政策的演進，提供本文許多參考價值。

大陸學者劉國福（Guofu Liu）在《中國移民法》（Chinese Immigration Law）一書中[14]，分析中國的邊境控制、居留權的取得、對於非法移民的懲罰、進入中國的勞動市場等，逐一做出說明與解釋。劉國福認爲中國之所以不吸引大批移民的遷入，是因爲它已經擁有世界上最多的人口數；此外，它的共產主義政治體制、發展中的經濟與儒家文化，都阻礙大規模移民的發展。然而，在可見的未來，這樣的情形有可能會改變，

---

[12] 劉一龍，〈從「羅馬條約」論歐洲移民政策的演進與啓示〉，《社區發展季刊》，第123期，民國97年9月，頁146-159。

[13] 例如，監禁、罰緩、驅逐非法移民，並處罰雇用非法移民的雇主與載運非法移民的運輸公司。見劉一龍，同上註，頁147。

[14] Guofu Liu, Chinese Immigration Law, (England: Ashgate Publishing Limited, 2011).

尤其在中國躍升爲全球政治與經濟強國後，預期將會有更多移民的遷入，移民議題將會越來越重要。該書指出，過去30年，中國政府已經制定許多與移民相關的法案，致使中國移民法規益發完整。雖然該書重點不在對於歐盟移民問題做出探討，但卻也提供一國移民法規之制定與發展過程，可供本研究參考。

由於本研究將探究此波難民潮對於歐盟邊境管理與邊境安全產生之困境與挑戰，因此首先需瞭解聯合國與國際人權公約賦予人類「人因其爲人而應享有的權利」，包括應給予難民的協助與保障。自聯合國於1948年通過「世界人權宣言」，進而在1966年通過「公民與政治權利國際公約」、「經濟社會與文化權利國際公約」，將世界人權宣言中重要的內容轉化爲具體條約，要求各締約國必須盡力讓所有人享有平等的人權。王春光在其文章〈歐盟移民政策與中國移民的前景〉中[15]，分析歐盟移民政策的演進以及相關背景。王春光認爲歐盟爲吸引更多專業人才移民至該地，將會採取鼓勵措施；但同時亦會採取更加嚴格、統一的措施來限制非法移民的遷入；他最後在文章中也分析中國移民在歐洲的生活情形以及未來的發展前景。該文章從勞動力需求上，說明歐盟對於技術移民的渴求，從社會秩序問題的衍生到恐怖主義的發生，致使歐盟對於非技術移民產生排斥。可惜該研究出版於2004年，因此無法對此波難民潮造成歐盟邊境安全困境做出解釋。

以上多篇文章與書籍皆能提供本文對於歐盟相關移民問題與移民政策之瞭解，可惜皆尚未能及時對歐盟此刻面臨之邊境管理困境做出說明與詳細分析。因此，本文將在下段說明此波難民潮發生之背景因素，進而分析歐盟主要國家對於移民的態度與看法，以及因此所採取之因應措施，探究歐盟移民政策問題之所在。

---

[15] 王春光，〈歐盟移民政策與中國移民的前景〉，《研究與探討》，第6期，2004年。

第三節　此波難民潮發生之背景因素

　　難民與移民並不相同，「難民」（refugee）指的是流離失所、沒有安身立命之處的人，目前全球有將近兩千萬名難民[16]。他們必須跨越許多國家邊界尋求庇護，也無法返回家鄉。而「移民」（immigrant）與難民並不相同，移民雖然有合法與非法移民的分別，但兩者皆是可以主動的選擇去留，並非是因為面臨死亡的威脅或是因為國內戰亂而被迫遠離家園。移民大部分都是因為經濟或社會因素而移動，移民與難民最大的差別在於移民返回原居住地並不困難，且移民回到母國後，仍能受到自身國家的庇護與保障；但是難民卻無這樣的待遇。此波難民潮發生最主要的原因來自於敘利亞的內戰、阿富汗國內持續升高的暴力衝突事件、厄垂利亞境內嚴重的殘害人權行為與科索沃的動亂貧窮；非洲國家如尼日、蘇丹、索馬利亞與剛果等國，也都有長年衝突存在。這些在在形成強大的推力，將人們推往外地尋求更好的生活環境。不管是以陸路或海路的方式，大批難民湧向歐盟尋求庇護。由於歐盟共有28國，各國自有自的移民政策，在邊境管理上並無一共同政策，遂使歐盟無法有效因應此波難民危機。如圖9-1所示，由中東及非洲前往歐洲的主要有三條路線，西地中海、中地中海，以及東地中海途徑；其中以中地中海路線發生最多死傷事件，2014年即有2,447人在該區域喪失性命。根據國際移民組織的計算（International Organization for Migration, IOM），2015年1月到8月，約有35萬人湧入歐洲；2014年同期則有28萬人[17]。若以申請庇護的人數來看，截至2015年7月底，已經有43.8萬人向歐盟申請庇護，2014年時則有57.1萬人；[18]其中，德

16　〈難民還是移民？聯合國難民署：用字很重要！〉，《風傳媒》，瀏覽日期：2015/09/30，http://stormmediagroup-yahoopartner.tumblr.com/post/130197333247/%E9%9B%A3%E6%B0%91%E9%82%84%E6%98%AF%E7%A7%BB%E6%B0%91%E8%81%AF%E5%90%88%E5%9C%8B%E9%9B%A3%E6%B0%91%E7%BD%B2%E7%94%A8%E5%AD%97%-E5%BE%88%E9%87%8D%E8%A6%81。

17　〈難民潮：是歐洲問題還是全球問題〉，《財經網》，瀏覽日期：2015/09/14，http://magazine.caijing.com.cn/20150914/3967507.shtml。

18　〈歐盟面臨的難民危機有多嚴重〉，《界面》，瀏覽日期：2015/09/06，http://www.jiemian.com/article/372794.html。

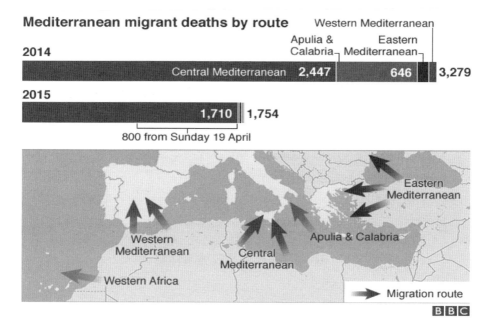

圖9-1　非法移民海路途徑

資料來源：歐盟邊境管理局。

國仍然是最受難民喜歡的國家，截至7月已收到18.8萬份申請（見圖9-2），約占42.9%。若以人口比例計算，如圖9-3所示，瑞典則是收到最多申請的國家。由於非洲和中東等地區長年性的戰亂頻仍，物質生活環境惡劣，進而形成一股社會推力，促使當地人民以非法偷渡的方式離開母國。而歐洲穩定的生活條件與過往歐盟基於人道精神，對於難民皆採取較為寬容的安置政策，進而形成一股拉力，吸引非洲和中東等地區的人民，以非法偷渡的方式湧入歐盟。

　　事實上，無論是國際條約或是國際組織都為難民權益的保障，努力規劃。例如，1951年簽署的聯合國「關於難民地位的公約」（Convention relating to the Status of Refugees）（見附錄一）[19]，或是1967年在紐約簽訂

---

[19] 關於難民地位的公約條約內容，詳見「關於難民地位的公約」，http://www.hkhrm.org.hk/database/15d1.html。

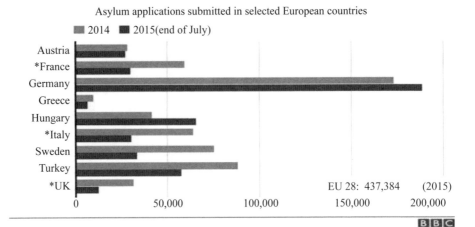

圖9-2　難民申請庇護案件數

資料來源：聯合國難民署（UNHCR）。

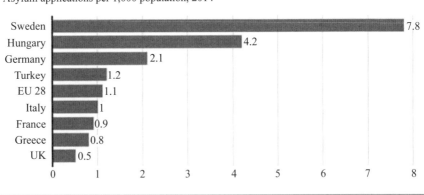

圖9-3　依人口比例計算難民申請庇護案件數

資料來源：聯合國難民署（UNHCR）。

的「關於難民地位的議定書」（Protocol relating to the Status of Refugees）
（見附錄二），都詳細約定簽署的國家有責任保護領土內的難民。聯合國

亦於1950年設立「難民署」（UN Refugee Agency）[20]，長期以來關注難民議題，呼籲提供庇護的國家要給予難民一個基本的生活權利。這些國際條約最基本的原則就是難民不得任意遭到遣返（non-refoulement）[21]，不然他們的生命與自由將會受到威脅。依照聯合國難民署2015年9月6日的報告，2015年經由地中海偷渡至歐洲的非法移民中，51%來自敘利亞，接著為阿富汗人（12%），厄垂利牙人（8%），以及尼日、伊拉克、蘇丹和索馬利亞人（29%）[22]。待進入歐盟後，由於歐盟缺乏共同的難民政策，條件寬鬆或提供較佳福利的國家，便變成為難民首選之地[23]；導致各國接收不同數量的難民。

第四節　歐盟因應措施及主要國家態度

自2015年4月中旬起，在地中海地區發生多起偷渡船難意外後，歐盟41位部長迅速於4月20日的「聯合外交與內政理事會」（Joint Foreign and Home Affairs Council）提出「十點行動計畫」對此回應[24]，包括：1.利用提供資金和其他方式，加強並擴大與地中海地區國家的合作；2.有系統性的辨識及搜捕人口販運者的船隻；3.歐洲刑警組織（EUROPOL）、歐洲

---

[20] 關於聯合國難民署主要工作及任務，見聯合國難民署，http://www.unhcr.org.hk/unhcr/tc/about_us.html。

[21] 不遣返原則已經成為國際習慣法，國家有義務保障庇護之請求權，即使並無庇護之給付義務。關於不遣返原則與難民法的討論，可參見翁燕菁，〈國門前的難民──不遣返原則與難民法〉，《月旦法學雜誌》，第250期，2016年3月，頁158-170。

[22] 〈難民潮：是歐洲問題還是全球問題〉，《財經網》。

[23] 1997年生效的「都柏林公約」，要求歐盟會員國不得拒絕審核各種尋求庇護的外國移民；且要求移民進入的第一個歐盟國家，必須承擔起審核是否庇護的責任。該條約後來於2003年及2013年分別由都柏林第2號和第3號條例更新。但難民尋求庇護的成功與否，常取決於他原有之國籍與向歐盟何國提出申請，因此遭外界批評為「難民樂透遊戲」。關於「都柏林公約」，可見European Council on Refugees and Exiles, http://www.ecre.org/topics/areas-of-work/protection-in-europe/10-dublin-regulation.html。

[24] 〈應對非法移民 歐盟提十點計畫〉，《世界新聞網》，瀏覽日期：2015/04/21，http://www.worldjournal.com。

邊境管理局（FRONTEX）、歐洲庇護支援辦公室（EASO）、歐洲檢察官組織（EUROJUST）將定期召開會議，追蹤人口走私進度、加強情報資訊工作；4.歐洲庇護支援辦公室派駐人員在希臘和義大利專門處理庇護申請；5.會員國必須登錄所有移民者的指紋；6.考量應急分配機制，不排除緊急安置的可能性；7.提出一個全歐安置引導計畫，提供幾個地方作為難民收容地；8.藉由歐洲邊境管理局快速遣返非法移民慣犯；9.邀請利比亞與尼日等鄰國與歐洲議會（European Parliament）及歐洲對外事務部（European External Action Service）共同合作；10.在第三國派遣移民聯絡官（Immigration Liaison Officers），蒐集並掌握相關資訊。

　　隨後於4月23日召開歐盟高峰會（European Council）說明將採取「十七項行動」[25]，阻止頻繁發生的海上死傷事件。5月份召開的四國國防部長會議[26]，更考慮採取軍事手段對付人口販運分子。歐盟執行委員會（European Commission）同時亦提議一項「強制性移民配額制度」[27]，強調歐盟各國共同承擔收容難民的責任。歐洲理事會（The Council of Europe）也宣布將從近程和遠程著手「歐洲移民議程」[28]，從加強邊境管理、阻擋非法移民地進入、協商共同的避難政策、以及訂定新的、合法的移民政策等，處裡非法移民問題[29]。然而，無論是十點行動計畫或移民議

---

[25] 「十七項行動」大致分為強化海上的軍事駐留、以國際法打擊人口販運分子、預防非法遷移、增強歐盟內部的團結與責任。關於各項內容，詳見Special meeting of the European Council, 23 April, 2015-statement. http://www.statewatch.org/news/2015/apr/eu-council-med-crisis-prel.pdf。

[26] 該會議於5月10日於法國洛里昂召開，由德國、法國、西班牙和波蘭四國國防部長共同參加，討論向聯合國請求授權以軍事方式進入利比亞水域，打擊蛇頭。見〈英國不買帳東歐也「橫眉」 分攤難民歐盟幾國歡喜幾國愁〉，《歐洲時報》，瀏覽日期：2015/05/14日，http://ouzhou.oushinet.com/other/20150514/193257.html。

[27] 歐盟提出將以國內生產總值（GDP）、人口、失業率和已經接收難民申請庇護件數等因素，計算每個會員國必須接收的難民人數。按照該計畫衡量標準，德國、法國和西班牙應該接受最多的難民人數。詳見European Commission, http://ec.europa.eu/index_en.htm。

[28] 歐洲理事會藉由公布詳細的移民配額計畫，期望能解決大批難民在歐盟的安置問題。見〈歐盟將公布歐洲移民議程解決難民安置問題〉，《人民網》，瀏覽日期：2015/05/27，http://sn.people.com.cn/BIG5/n/2015/0527/c190205-25029151.html。

[29] 除「配額制」外，歐洲理事會還提出將加強打擊非法移民、加強與移民輸出國家的關係，包括加強邊境管理、攔截非法移民船隻。詳見Council of Europe, http://www.coe.int/en/。

程的制定，似乎仍無法阻擋大批難民地湧入歐洲。對於一個擁有28國的歐盟而言，最大的邊境管理困境在於，至今無法在移民政策及邊境管理上達成共識，制訂一共同標準與政策。各國又由於經濟發展程度不一，複雜的國內政治局勢與意見分歧的民意，無法有效在國家安全與人道精神上互相協調。

　　對於此波難民潮，歐盟考慮的因應措施中，各會員國亦表現出截然不同的態度[30]。例如，在強制性的配額制上，該計畫一提出，英國立即表態拒絕接受[31]，東歐國家亦反應冷淡。大選將屆的英國，面對國內高漲的反歐盟、反移民浪潮，對於繼續接收難民，表現出不滿；同時表達將以公投方式考慮退出歐盟。面對嚴重難民潮的出現，各國極右派勢力及反移民的情緒達到高峰；即便對於收留難民一項展現寬容、開放態度的德國梅克爾政府，也因為收留最多的難民人數，而面臨民眾不滿的情緒。法國極右派政黨，「國民陣線」（National Front）批評非法進入法國的難民為「經濟性難民」，是為尋求福利和經濟，並非遭到迫害，因此反對配額制[32]。歐盟主要國家極端右派主義政黨，也因為訴求反移民政策，如「英國獨立黨」（UKIP）、奧地利「自由黨」（Freedom Party）、比利時「弗拉芒利益黨」（Vlaams Belang）、芬蘭的「芬蘭人黨」（Finns Party）、挪威的「進步黨」（Progress Party）、瑞典「民主黨」（Sweden Democrats）等等，近年在選舉中支持率都迅速攀升[33]。反歐、疑歐與反移民勢力的結合，再加上自2012年持續低迷的經濟景況，失業率持續高升至10.9%[34]，

---

[30] 依照歐盟規定，該計畫的法案必須獲得多數會員國的支持才能成立。

[31] 英國批評光是2014年，英國已經接收14,065名難民，此人數超過歐盟國家中接收最少難民的17個國家（包含愛爾蘭、西班牙、葡萄牙、希臘、波蘭、芬蘭、捷克、羅馬尼亞、匈牙利、愛沙尼亞、克羅埃西亞、塞浦勒斯、拉脫維亞、立陶宛、斯洛維尼亞、斯洛伐克和盧森堡）的接收量，這些國家僅接收12,900人。德國、瑞士、法國和義大利，接收最多難民人數。見〈英國不買帳東歐也「橫眉」分攤難民歐盟幾國歡喜幾國愁〉，《歐洲時報》。

[32] 〈難民潮衝擊全球化〉，《新浪網》，瀏覽日期：2015/09/12，http://news.sina.com.tw/article/20150912/15148050.html。

[33] 這些國家的極右政黨於2014年結盟，並在歐洲議會成立「歐洲民族與自由」（Europe of Nations and Freedoms）黨團。見〈移民問題、歐洲極右主義與改革契機〉，《聯合新聞網》，瀏覽日期：2015/09/30，http://udn.com/news。

[34] 〈難民潮：是歐洲問題還是全球問題〉，《財經網》。

歐盟失業人數達2,300萬,造成歐洲極右政治勢力的興起,並逐漸在各次選舉中獲得民眾支持,進入主流政治改變各國政治版圖。

第五節　結論

　　歐盟雖自2007年即宣布建立「歐洲共同難民系統」(Common European Asylum System/CEAS)綠皮書,試圖解決日益嚴重的難民與移民問題,2008年6月亦提出「難民政策執行方案」(Policy Plan on Asylum),期望能以寬容和包容的態度對待前往歐洲尋求庇護的難民[35]。2010年成立的歐洲難民庇護辦公室(EASO)的建立,亦是為更加落實歐盟頒布的相關非法移民指令(directives)。然而,面對歐盟區域內的經濟不明朗態勢、各國國內民意對於歐盟難民政策的不滿,與極右勢力的興起等因素,致使相關的非法移民指令無法以國內法方式制定並加以執行。各會員國亦始終無法達到共識,制定共同的庇護政策。誠如德國總理梅克爾所言,歐盟移民問題與難民危機比歐債危機更為嚴重,歐盟現在亟需制訂一個「共同庇護政策」(Common Asylum Policy),才能解決此問題[36];而這光是依賴融合(harmonisation)與團結的口號,並不足以解決問題。對於擁有28國的歐盟而言,最大的邊境管理困境在於,無法如同單一貿易政策,在移民政策及邊境管理上達成共識,制定一共同標準與政策。各國由於經濟發展程度不同,複雜的國內政治局勢與意見分歧的民意,至今在國家安全與人道精神上無法互相協調。歐盟應該思考的不只是在源頭上解決問題,不只是加強邊境管理、阻擋大批非法移民的流入,達到有效的邊境控制,最重要的是如何照顧已然進入並居住在歐盟的大批非法移民、難民,以及加強與難民來源國政府的合作才能有效解決難民危機[37]。對照歐

---

[35] 朱景鵬,〈從難民危機檢視歐盟的政策工具及其治理思維〉,對外關係協會,瀏覽日期:2015/05/06,http://www.afr.org.tw/product_detail.php?lang=tw&id=17。

[36] 〈移民問題、歐洲極右主義與改革契機〉,《聯合新聞網》。

[37] 〈歐盟難民潮,學者:重視新移民生活融入〉,《中央社》,瀏覽日期:2015/10/06,http://

盟現階段發生的難民危機，我國雖然不是大規模難民潮的目的地，也應思考如何對待將來如果抵達或進入台灣的難民者，是否能夠提供他們尋求庇護之程序保障。因此，現階段我國應該儘速通過難民法，也應落實各項國際公約，才能在打擊人口販運與維護我國國境安全的同時，避免繼續違反相關國際義務。

附錄一　關於難民地位的公約（Convention relating to the Status of Refugees）

按照聯合國大會1950年12月14日第429（V）號決議召開的聯合國難民和無國籍人地位全權代表會議於1951年7月28日通過生效；按照第43條的規定，於1954年4月22日生效。

〔序言〕

締約各方，

考慮到聯合國憲章和聯合國大會於一九四八年十二月十日通過的世界人權宣言確認人人享有基本權利和自由不受歧視的原則；

考慮到聯合國在各種場合表示過它對難民的深切關係，並且竭力保證難民可以最廣泛地行使此項基本權利和自由；

考慮到通過一項新的協定來修正和綜合過去關於難民地位的國際協定並擴大此項文件的範圍及其所給予的保護是符合願望的；

考慮到庇護權的給予可能使某些國家負荷過分的重擔，並且考慮到聯合國已經認識到這一問題的國際範圍和性質，因此，如果沒有國際合作，就不能對此問題達成滿意的解決，表示希望凡認識到難民問題的社會和人道性質的一切國家，將盡一切努力不使這一問題成為國家之間緊張的原因，注意到聯合國難民事務高級專員對

www.cna.com.tw/news/aipl/201510060244-1.aspx。

於規定保護難民的國際公約負有監督的任務，並認識到未處理這一問題所採取措施的有效協調，將依賴於各國和高級專員的合作，茲議定如下：

第一章　一般規定

第一條（「難民」一詞的定義）

（一）本公約所用「難民」一詞適用於下列任何人：

　　（甲）根據一九二六年五月十二日和一九二八年六月三十日的協議、或根據一九三三年十月二十八日和一九三八年二月十日的公約以及一九三九年九月十四日的議定書、或國際難民組織約章被認為難民的人；國際難民組織在其執行職務期間所作關於不合格的決定，不妨礙對符合本款（乙）項條件的人給予難民的地位。

　　（乙）由於一九五一年一月一日以前發生的事情並因有正當理由畏懼由於種族、宗教、國籍、屬於某一社會團體或具有某種政治見解的原因留在其本國之外，並且由於此項畏懼而不能或不願受該國保護的人；或者不具有國籍並由於上述事情留在他以前經常居住國家以外而現在不能或者由於上述畏懼不願返回該國的人。對於不只一國國籍的人，「本國」一詞是指他有國籍的每一個國家。如果沒有實在可以發生畏懼的正當理由而不受他國籍所屬國家之一的保護時，不得認其缺乏本國的保護。

（二）（甲）本公約第一條（一）款所用「一九五一年一月一日以前發生的事情」一語應瞭解為(1)「一九五一年一月一日以前在歐洲發生的事情」；或者為(2)「一九五一年一月一日以前在歐洲或其他地方發生的事情」；締約各國應於簽字、批准、或加入時聲明為了承擔本公約的義務，這一用語應作何解釋。

　　（乙）已經採取上述(1)解釋的任何締約國，可以隨時向聯合國秘書長提出通知，採取(2)解釋以擴大其義務。

（三）如有下列各項情形，本公約應停止適用於上述（甲）款所列的任何人：

　　（甲）該人已自動接受其本國的保護；或者

（乙）該人於喪失國籍後，又自動重新取的國籍；或者

（丙）該人已取得新的國籍，並享受其新國籍國家的保護；或者

（丁）該人已經在過去由於畏受迫害而離去或躲開的國家內自動定居下來；
或者

（戊）該人由於被認爲是難民所依據的情況不復存在而不能繼續拒絕受其本
國保護；

但本項不適用於本條（一）款（甲）項所列的難民，如果它可以援引
由於過去曾受迫害的重大理由以拒絕受其本國的保護；

（己）該人本無國籍，由於被認爲是難民所依據的情況不復存在而可以回到
其以前經常居住的國家內；但本項不適用於本條（一）款（甲）項所
列的難民，如果它可以援引由於過去曾受迫害的重大理由以拒絕受其
以前經常居住國家的保護。

（四）本公約不適用於目前從聯合國難民事務高級專員以外的聯合國機關或機構或
得保護或援助的人。當上述保護或援助由於任何原因停止而這些人的地位還
沒有根據聯合國大會所通過的有關決議明確解決時，他們應在事實上享受本
公約的利益。

（五）本公約不適用於被其居住地國家主管當局認爲具有附著於該國國籍權利和義
務的人。

（六）本公約規定不適用於存在著重大理由足以認爲有下列情事的任何人：

（甲）該人犯了國際文件中以作出規定的破壞和平罪、戰爭罪、或危害人類
罪；

（乙）該人在以難民身分進入避難國以前，曾在避難國以外犯過嚴重政治罪
行；

（丙）該人曾有違反聯合國宗旨和原則的行爲並經認爲有罪。

第二條（一般義務）

　　一切難民對其所在國負有責任，此項責任特別要求他們遵守該國的法律和規章
以及爲維持公共秩序而採取的措施。

第三條（不受歧視）

　　締約各國應對難民不分種族、宗教、或國籍，適用本公約的規定。

第四條（宗教）

　　締約各國對在其領土內的難民，關於舉行宗教儀式的自由以及對其子女施加宗教教育的自由方面，應至少給予其本國國民所獲得的待遇。

第五條（與本公約無關的權利）

　　本公約任何規定不得認為妨礙一個締約國並非由於本公約而給予難民的權利和利益。

第六條（「在同樣情況下」一詞的意義）

　　本公約所用「在同樣情況下」一詞意味著凡是個別的人如果不是難民為了享受有關的權利所必須具備的任何條件（包括關於旅居或居住的期間和條件的要件），但按照要件的性質，難民不可能具備者，則不在此例。

第七條（相互條件的免除）

（一）除本公約載有更有利的規定外，締約國應給予難民以一般外國人所獲得的待遇。

（二）一切難民在居住期滿三年以後，應在締約各國領土內享受立法上相互條件的免除。

（三）締約各國應繼續給予難民在本公約對該國生效之日他們無須在相互條件下已經有權享受的權利和利益。

（四）締約各國對無須在相互條件下給予難民根據（二）、（三）兩款他們有權享受以外的權利和利益，以及對不具備（二）、（三）兩款所規定條件的難民亦免除相互條件的可能性，應給予有利的考慮。

（五）第（二）、（三）兩款的規定對本公約第十三、十八、十九、二十一及二十二條所指權利和利益，以及本公約並未規定的權利和利益，均予適用。

第八條（特殊措施的免除）

關於對一外國國民的人身、財產或利益所得採取的特殊措施，締約各國不得對形式上為該外國國民的難民往往因其所屬國籍而對其適用此項措施。締約各國如根據其國內法不能適用本條所表示的一般原則，應在適當情況下，對此項難民給予免除的優惠。

第九條（臨時措施）

本公約的任何規定並不妨礙一締約國在戰時或其他嚴重和特殊情況下對個別的人在該締約國斷定該人確為難民以前，並且認為有必要為了國家安全的利益應對該人繼續採取措施時，對他臨時採取他國所認為對其國家安全是迫切需要的措施。

第十條（繼續居住）

（一）難民如在第二次世界大戰時被強制放逐並移至締約一國的領土並在其內居住，這種強制居留的時期應被認為在該領土內合法居住期間以內。

（二）難民如在第二次世界大戰時被強制逐出締約一國的領土，而在本公約生效之日以前返回該國準備定居，則在強制放逐以前和以後的居住時期，為了符合於繼續居住這一要求的任何目的，應被認為是一個未經中斷的期間。

第十一條（避難海員）

對於在懸掛締約一國國旗的船上正常服務的難民，該國對於他們在其領土內定居以及發給他們旅行證件或者暫時接納他們到該國領土內，特別是為了便利他們在另一國家定居的目的，均應給予同情的考慮。

第二章　法律上地位

第十二條（個人身分）

（一）難民的個人身分，應受其住所地國家的法律支配，如無住所，則受其居住地國家的法律支配。

（二）難民以前由於個人身分而取得的權利，特別是關於婚姻的權利，應受到締約

一國的尊重，如必要時應手該國法律所要求的儀式，但以如果他不是難民該
有關的權利亦被該國承認者為限。

第十三條（動產和不動產）

締約各國在動產和不動產的取得及與此有關的其他權利，以及關於動產和不動
產租賃和其他契約方面，應給予難民盡可能優惠的待遇，無論如何，此項待遇不得
低於在同樣情況下給予一般外國人的待遇。

第十四條（藝術權利和工業財產）

關於工業財產的保護，例如對發明、設計或模型、商標、商號名稱、以及對文
學、藝術、和科學作品的權利，難民在其經常居住的國家內，應給以該國國民所享
有的同樣保護。他在任何其他締約國領土內，應給以他經常居住國家的國民所享有
的同樣保護。

第十五條（結社的權利）

關於非政治性和非營利性的社團以及同業公會組織，締約各國對合法居留在其
領土內的難民，應給以一個外國的國民在同樣情況下所享有的最惠國待遇。

第十六條（向法院申訴的權）

（一）難民有權自由向所有締約各國領土內的法院申訴。

（二）難民在其經常居住的締約國內，就向法院申訴的事項包括訴訟救助和免於提
供訴訟擔保在內，應享有與本國國民相同的待遇。

（三）難民在其經常居住的國家以外的其他國家內，就第（二）款所述事項，應給
以他經常居住國家的國所享有待遇。

第三章　有利可圖的職業活動

第十七條（以工資受償的僱傭）

（一）締約各國對合法在其領土內居留的難民，就從事工作以換取工資的權利方

面，應給以在同樣情況下一個外國國民所享有的最惠國待遇。

（二）無論如何，對外國人施加的限制措施或者爲了保護國內勞動力市場而對僱傭外國人施加限制的措施，均不得適用於在本公約對有關締約國生效之日已免除此項措施之難民，亦不適用於具備下列條件之一的難民：

　　（甲）已在該國居住滿三年；

　　（乙）其配偶具有居住國的國籍，但如難民已與其配偶離異，則不得援引本項規定的利益；

　　（丙）其子女一人或數人具有居住國的國籍。

（三）關於以工資受償的僱傭問題，締約各國對於使一切難民的權利相同於本國國民的權利方面，應給予同情的考慮，特別是根據招工計畫或移民入境辦法進入其領土的難民的此項權利。

第十八條（自營職業）

　　締約各國對合法在其領土內的難民，就其自己經營業、工業、手工業、商業以及設立工商業公司方面，應給以盡可能優惠的待遇，無論如何，此項待遇不得低於一般外國人在同樣情況下所享有的待遇。

第十九條（自由職業）

（一）締約各國對合法居留於其領土內的難民，凡持有該國主管當局所承認的文憑並願意從事自由職業者，應給以盡可能優惠的待遇，無論如何，此項待遇不得低於在同樣情況下所享有的待遇。

（二）締約各國對其本土以外而由其負責國際關係的領土內的難民，應在符合其法律和憲法的情況下，盡極大努力使這些難民定居下來。

第四章　福利

第二十條（定額供應）

　　如果存在著定額供應制度，而這一制度是適用於一般居民並調整著缺銷產品的總分配，難民應給以本國國民所享有的同樣待遇。

第二十一條（房屋）

　　締約各國對合法居留於其領土內的難民，就房屋問題方面，如果該問題是由法律或規章調整或者受公共當局管制，應給以盡可能優惠的待遇，無論如何，此項待遇不得低於一般外國人在同樣情況下所享有的待遇。

第二十二條（公共教育）

（一）締約各國應給予難民凡本國國民在初等教育方面所享有的同樣待遇。

（二）締約各國就初等教育以外的教育，特別是就獲得研究學術的機會，承認外國學校的證書、文憑、和學位、減免學費、以及發給獎學金方面，應對難民給予盡可能優惠的待遇，無論如何，此項待遇不得低於一般外國人在同樣情況下所享有的待遇。

第二十三條（公共救濟）

　　締約各國對合法居住在其領土內的難民，就公共救濟和援助方面，應給以凡其本國國民所享有的同樣待遇。

第二十四條（勞動立法和社會安全）

（一）締約各國對合法居留在其領土內的難民，就下列各事項，應給以本國國民所享有的同樣待遇：

　　（甲）報酬，包括家庭津貼——如這種津貼構成報酬一部分的話、工作時間、加班辦法、假日工資、對帶回家去工作的限制、僱傭最低年齡、學徒和訓練、女工和童工、享受共同交涉的利益，如果這些事項由法律或規章規定，或者受行政當局管制的話；

　　（乙）社會安全（關於僱傭中所受損害、職業病、生育、疾病、殘廢、年老、死亡、失業、家庭負擔或根據國家法律或規章包括在社會安全計畫之內的任何其他事故的法律規定），但受以下規定的限制：

　　（子）對維持既得權利和正在取得的權利可能做出適當安排；

　　（丑）居住帝國的法律或規章可能對全部由公共基金支付利益金或利益金的一部或對不符合於為發給正常退職金所規定資助條件的人發給津貼，

制定特別安排。

（二）難民由於僱傭中所受損害或職業病死亡而獲得的補償權利，不因受益人居住在締約國領土以外而受影響。

（三）締約各國之間所締結或在將來可能締結的協定，凡涉及社會安全既得權利或正在取得的權利，締約各國應以此項協定所產生的利益給予難民，但以符合於對有關協定個簽字國國民適用的條件者為限。

（四）締約各國對以締約國和非締約國之間隨時可能生效的類似協定所產生的利益儘量給予難民一事，將予以同情的考慮。

第五章　行政措施

第二十五條（行政協助）

（一）如果難民行使一項權利時正常的需要一個對他不能援助的外國當局的協助，則難民的居住地的締約國應安排由該國自己當局或由一個國際當局給予此項協助。

（二）第（一）款所述當局應將正常地應由難民的本國當局或通過其本國當局給予外國人的文件或證明書給予難民，或者使這種文件或證明書在其監督下給予難民。

（三）如此發給的文件或證明書應代替由難民的本國當局或通過其本國當局發給難民的正式文件，並應在沒有相反證據的情況下給予證明的效力。

（四）除對貧苦的人可能給予特殊的待遇外，對上述服務可以徵收費用，但此項費用應有限度，並應相當於為類似服務向本國國民徵收的費用。

（五）本條各項規定對第二十七條和第二十八條並不妨礙。

第二十六條（行動自由）

締約各國對合法在其領土內的難民，應給予選擇其居住地和在其領土內自由行動的權利，但應受對一般外國人在同樣情況下適用的規章的限制。

第二十七條（身分證件）

　　締約各國對在其領土內部持有有效旅行證件的任何難民，應發給身分證件。

第二十八條（旅行證件）

（一）締約各國對合法在其領土內居留的難民，除因國家安全或公共秩序的重大原因應另作考慮外，應發給旅行證件，以憑在其領土以外旅行。本公約附件的規定應適用於上述證件。締約各國可以發給在其領土內的任何其他難民上述旅行證件。締約各國特別對於在其領土內而不能向其合法居住地國家取得旅行證件的難民發給上述旅行證件一事，應給予同情的考慮。

（二）根據以前國際協定由此項協定締約各方發給難民的旅行證件，締約各方應予承認，並應當作根據本條發給的旅行證件同樣看待。

第二十九條（財政徵收）

（一）締約各國不得對難民徵收其向本國國民在類似情況下徵收以外的或較高於向其本國國民在類似情況下徵收的任何種類捐稅或費用。

（二）前款規定並不妨礙對難民適用關於向外國人發給行政文件包括旅行證件在內徵收費用的法律和規章。

第三十條（資產的移轉）

（一）締約國應在符合於其法律和規章的情況下，准許難民將其攜入該國領土內的資產，移轉到難民為重新定居目的而已被准許入境的另一國家。

（二）如果難民聲請移轉，不論在何地方的並在另一國家重新定居所需要的財產，而且該另一國家已准其入境，則締約國對其聲請應給予同情的考慮。

第三十一條（非法留在避難國的難民）

（一）締約各國對於直接來自生命或自由受到第一條所指威嚇的領土未經許可而進入或逗留於該國領土的難民，不得因該難民的非法入境或逗留而加以刑罰，但以該難民不遲延地自行投向當局說明其非法入境或逗留的正當原因者為限。

（二）締約各國對上述難民的行動，不得加以除必要以外的限制，此項限制只能於難民在該國的地位正常化或難民獲得另一國入境准許以前適用。締約各國應給予上述難民一個合理期間以及一切必要的便利，以便獲得另一國入境的許可。

第三十二條（驅逐出境）

締約各國除因國家安全或公共秩序理由外，不得將合法在其領土內的難民驅逐出境。驅逐難民出境只能以按照合法程序作出的判決為根據。除因國家安全的重大理由要求另作考慮外，應准許難民提出有利於自己的證據，向主管當局或向主管當局特別指定的人員申訴或者為此目的委託代表向上述當局或人員申訴。締約各國應給予上述難民一個合理的期間，以便取得合法進入另一個國家的許可。締約各國保留在這期間內適用他們所認為必要的內部措施的權利。

第三十三條〔禁止驅逐出境或送回（「推回」）〕

任何締約國不得以任何方式將難民驅逐或送回（「推回」）至其生命或自由因為他的種族、宗教、國籍、參加某一社會團體或具有某種政治見解而受威嚇的領土邊界。但如有正當理由認為難民足以危害所在國的安全，或者難民已被確定判決認為犯過特別嚴重罪行從而構成對該國社會的危險，則該難民不得要求本條規定的利益。

第三十四條（入籍）

締約各國應盡可能便利難民的入籍和同化。他們應特別盡力加速辦理入籍程序，並盡可能減低此項程序的費用。

第六章　執行和過渡規定

第三十五條（國家當局同聯合國的合作）

（一）締約各國保證同聯合國難民事務高級專員辦事處或繼承該辦事處的聯合國任何其他機關在其執行職務時進行合作，並應特別使其在監督適用本公約規定

而行使職務時獲得便利。

(二) 爲了使高級專員辦事處或繼承該辦事處的聯合國其他機關向聯合國主管機關
　　　作出報告，締約各國保證於此項機關請求時，向他們在適當形式下提供關於
　　　下列事項的情報和統計資料：

　　　（甲）難民的情況，

　　　（乙）本公約的執行，以及

　　　（丙）現行有效或日後可能生效涉及難民的法律、規章和法令。

第三十六條（關於國內立法的情報）

　　　締約各國應向聯合國秘書長送交他們可能採用爲保證執行本公約的法律和規
章。

第三十七條（對以前公約的關係）

　　　在不妨礙本公約第二十八條第二款的情況下，本公約在各國之間代替一九二二
年七月五日、一九二四年五月三十一日、一九二六年五月十二日、一九二八年六月
三十日以及一九三五年七月三十日的協議，一九三三年十月二十八日和一九三八年
二月十日的公約，一九三九年九月十四日議定書和一九四六年十月十五日的協定。

第七章　最後條款

第三十八條（爭端的解決）

　　　本公約締約國間關於公約解釋或執行的爭端，如不能以其他的方法解決，應依
爭端任何一方當事國的請求，提交國際法院。

第三十九條（簽字、批准和加入）

(一) 本公約應於一九五一年七月二十八日在日內瓦開放簽字，此後交存聯合國秘
　　　書長。本公約將自一九五一年七月二十八日至八月三十一日止在聯合國駐歐
　　　辦事處開放簽字，並將自一九五一年九月十七日至一九五二年十二月三十一
　　　日止在聯合國總部重行開放簽字。

（二）本公約將對聯合國所有會員國，並對應邀出席難民和無國籍人地位全權代表會議或由聯合國大會致送簽字邀請的任何其他國家開放簽字。本公約應經批准，批准書應交存聯合國秘書長。

（三）本公約將自一九五一年七月二十八日起對本條（二）款所指國家開放任憑加入。加入經向聯合國秘書長交存加入書後生效。

第四十條（領土適用條款）

（一）任何一國得於簽字、批准、或加入時聲明本公約將適用於由其負責國際關係的一切或任何領土。此項聲明將於公約對該有關國家生效時發生效力。

（二）此後任何時候，這種適用於領土的任何聲明應用通知書送達聯合國秘書長，並將從聯合國秘書長收到此項通知書之日後第九十天起或者從公約對該國生效之日起發生效力，以發生在後之日期為準。

（三）關於在簽字、批准、或加入時本公約不適用的領土，各有關國家應考慮採取必要步驟的可能，以便將本公約擴大適用到此項領土，但以此項領土的政府因憲法上需要以同意者為限。

第四十一條（聯邦條款）

關於聯邦或單一政體的國家，應適用下述規定：

（一）就本公約中屬於聯邦立法當局的立法管轄範圍內的條款而言，聯邦政府的義務應在此限度內與非聯邦國家的締約國相同；

（二）關於本公約中屬邦、省、或縣的立法管轄範圍內的條款，如根據聯邦內憲法制度，此項邦、省、或縣不一定要採取立法行動的話，聯邦政府應儘早將此項條款附具贊同的建議，提請此項邦、省、或縣的主管當局注意；

（三）作為本公約締約國的聯邦國家，如經聯合國秘書長轉送任何其他締約國的請求時，應就聯邦及其構成各單位有關本公約任何個別規定的法律和實踐，提供一項聲明，說明此項規定已經立法或其他行動予以實現的程度。

第四十二條（保留）

（一）任何國家在簽字、批准、或加入時，可以對公約第一、三、四、十六（一）

以及三十六至四十六（包括首尾兩條在內）各條以外的條款作出保留。

（二）依本條第（一）款作出保留的任何國家可以隨時通知聯合國秘書長撤回保留。

第四十三條（生效）

（一）本公約於第六件批准書或加入書交存之日後第九十天生效。

（二）對於在第六件批准書或加入書交存後批准或加入本公約之各國，本公約將於該國交存其批准書或加入書之日後第九十天生效。

第四十四條（退出）

（一）任何締約國可以隨時通知聯合國秘書長退出本公約。

（二）上述退出將於聯合國秘書長收到退出通知之日起一年後對該有關締約國生效。

（三）依第四十條作出聲明或通知的任何國家可以在此以後隨時通知聯合國秘書長，聲明公約於秘書長收到通知之日後一年停止擴大適用於此領土。

第四十五條（修改）

（一）任何締約國可以隨時通知聯合國秘書長，請求修改本公約。

（二）聯合國大會應建議對於上述請求所應採取的步驟，如果有這種步驟的話。

第四十六條（聯合國秘書長的通知）

聯合國秘書長應將下列事項通知聯合國所有會員國以及第三十九條所述非會員國：

（一）根據第一條（二）所作聲明和通知；

（二）根據第三十九條簽字、批准、和加入；

（三）根據第四十條所作聲明和通知；

（四）根據第四十二條聲明保留和撤回；

（五）根據第四十三條本公約生效的日期；

（六）根據第四十四條聲明退出和通知；

（七）根據第四十五條請求修改。

下列簽署人經正式授權各自代表本國政府在本公約簽字，以昭信守。

一九五一年七月二十八日訂於日內瓦，計一份，其英文本和法文本具有同等效力，應交存於聯合國檔案庫，其經證明爲眞實無誤的副本應交給聯合國所有會員國以及第三十九條所述非會員國。

附錄二　關於難民地位的議定書（Protocol relating to the status of Refugees）

本議定書各締約國，鑑於1951年7月28日在日內瓦簽訂之關於難民地位的公約（以下簡稱公約）祇適用於因1951年1月1日以前發生之事件而成難民之人，鑑於自公約通過以來，已發生新難民情形，故此等難民或不在公約範圍之內，鑑於所有公約定義範圍內之難民，不問1951年1月1日之期限，允宜享受同等之地位，爰議定條款如下：

第一條（總則）

一、本議定書締約國擔允對下文所訂明之難民實施公約第二條至第三十四條。

二、本議定書稱難民者，除關於本條第三項之適用外，謂公約第一條定義範圍內之任何人，惟第一條甲（二）中「因一九五一年一月一日以前發生之事件及……」字樣及「……因此種事件」字樣視同業已刪除。

三、本議定書由各締約國實施，不受地區限制，但已成爲公約締約國之國家依公約第一條乙（一）（子）規定所作之現有聲明，除已依公約第一條乙（二）規定推廣者外，就本議定書而言亦適用之。

第二條（國家當局與聯合國之合作）

一、本議定書各締約國擔允與聯合國難民事宜高級專員辦事處或接替該辦事處之聯合國任何其他機關合作，以利其執行職務，尤應便利其監督本議定書各項條款之實施之職責。

二、為使高級專員辦事處或接替該辦事處之聯合國任何其他機關能向聯合國主管機關提具報告書起見，本議定書各締約國擔允以適當方式，供給所索關於下列各項之資料與統計數據：

　　（甲）難民狀況；

　　（乙）本議定書實施情形；

　　（丙）現行或以後生效之有關難民之法律、條例及命令。

第三條（關於國家法律之資料）

　　本議定書各締約國應將為確保本議定書之實施而制定之法律及條例，通知聯合國秘書長。

第四條（爭端之解決）

　　本議定書締約國間對本議定書之解釋或適用發生爭端而未能以其他方法解決時，經爭端當事國一造之請求，應提交國際法院。

第五條（加入）

　　公約全體締約國及聯合國任何其他會員國或任一專門機關會員國或經聯合國大會邀請加入之國家均得加入本議定書。加入應以加入書送交聯合國秘書長存放為之。

第六條（聯邦條款）

　　下列規定對聯邦制或非單一制國家適用之：

　　（甲）關於公約內應依本議定書第一條第一項實施而屬於聯邦立法機關之立法權限之條款，聯邦政府之義務在此範圍內與非聯邦制締約國同；

　　（乙）關於公約內應依本議定書第一條第一項實施而屬於組成聯邦各州、各省或各區之立法權限之條款，如各州、各省或各區依聯邦憲法制度並無採取立法行動之義務，聯邦政府應盡速將此等條款提請各州、各省或各區主管機關注意，並附有利之建設；

　　（丙）為本議定書締約國之聯邦國家應依任何其他締約國經由聯合國秘書長轉

達之請求，提供聯邦及其組成單位關於公約內應依本議定書第一條第一項實施之特定規定之法律及慣例說明，敘明以立法或其他行動實施此項規定之程度。

第七條（保留及聲明）

一、任何國家得於加入時對本議定書第四條及對依照本議定書第一條規定，公約第一條、第三條、第四條、第十六條第一項及第三十三條以外任何規定之適用提出保留，但就公約締約國言，依本條所提保留不得推及於公約所適用之難民。

二、公約締約國依公約第四十二條所提保留，除經撤回者外，對其依本議定書所負義務應適用之。

三、依本條第一項規定提出保留之任何國家得隨時向聯合國秘書長提出通知撤回此項保留。

四、加入本議定書之公約締約國依公約第四十條第一項及第二項規定提出之聲明，除該關係締約國於加入時向聯合國秘書長提出相反之通知外，應視爲對本議定書亦適用之。關於公約第四十條第二項及第三項以及第四十四條第三項，本議定書應視爲準用其規定。

第八條（發生效力）

一、本議定書應自第六件加入書存放之日起發生效力。

二、對於第六件加入書存放後加入本議定書之國家，本議定書應自各該國存放加入書之日起發生效力。

第九條（退約）

一、任何締約國得隨時向聯合國秘書長提出通知宣告退出本議定書。

二、退約應於聯合國秘書長收到通知之日一年後對該關係締約國發生效力。

第十條（聯合國秘書長之通知）

聯合國秘書長應將本議定書發生效力之日期、加入、保留與保留之撤回及退約以及與此有關之聲明及通知知照上開第五條所稱之國家。

第十一條（存放聯合國秘書處檔庫）

　　本議定書中文、英文、法文、俄文及西班牙文各本同一作準，其經大會主席及聯合國秘書長簽字之正本應存放聯合國秘書處檔庫。秘書長應將其正式副本分送聯合國全體會員國及上開第五條所稱之其他國家。

參考文獻

一、中文

王春光，〈歐盟移民政策與中國移民的前景〉，《研究與探討》，第6期，2004年。

陳慶昌，〈國內政治與歐洲整合研究〉，《國立政治大學外交研究所碩士論文》，2003年。

劉一龍，〈從「羅馬條約」論歐洲移民政策的演進與啓示〉，《社區發展季刊》，第123期，民國97年9月。

翁燕菁，〈國門前的難民——不遣返原則與難民法〉，《月旦法學雜誌》，第250期，2016年3月。

二、外文

Ernst G. Ravenstein, "The Law of Migration," Journal of the Royal Statistical Society, Vol. 48, Part 2, 1885.

Everett S. Lee, "A Theory of Migration", Demography, Vol. 3, No. 1, 1966.

Guofu Liu, Chinese Immigration Law, (England: Ashgate Publishing Limited, 2011).

Rogers Brubake, Citizenship and Nationhood in France and Germany, (Cambridge: Harvard University Press, 1992).

Thomas Buergenthal, International Human Rights, (Minnesota: West Publishing Co., 1988).

三、網路資料

聯合國難民署，http://www.unhcr.org.hk/unhcr/tc/about_us.html。

朱景鵬，〈從難民危機檢視歐盟的政策工具及其治理思維〉，對外關係協會，瀏覽日期：2015/05/06，http://www.afr.org.tw/product_detail.php?lang=tw&id=17。

〈歐洲非法移民不止 歐盟移民政策該何去何從？〉，《Worlddigest 99》，瀏覽日期：2015/04/23，https://worlddigest99.wordpress.com/。

〈應對非法移民歐盟提十點計畫〉，《世界新聞網》，瀏覽日期：2015/04/21，http://www.worldjournal.com。

〈難民潮：是歐洲問題還是全球問題〉，《財經網》，瀏覽日期：2015/09/14，http://magazine.caijing.com.cn/20150914/3967507.shtml。

〈歐盟將公布歐洲移民議程 解決難民安置問題〉，《人民網》，瀏覽日期：2015/05/27，http://sn.people.com.cn/BIG5/n/2015/0527/c190205-25029151.html。

〈英國不買帳東歐也「橫眉」分攤難民歐盟幾國歡喜幾國愁〉，《歐洲時報》，瀏覽日期：2015/05/14，http://ouzhou.oushinet.com/other/20150514/193257.html。

〈歐盟面臨的難民危機有多嚴重〉，《界面》，瀏覽日期：2015/09/06，http://www.jiemian.com/article/372794.html。

〈難民潮衝擊全球化〉，《新浪網》，瀏覽日期：2015/09/12，http://news.sina.com.tw/article/20150912/15148050.html。

〈移民問題、歐洲極右主義與改革契機〉，《聯合新聞網》，瀏覽日期：2015/09/30，http://udn.com/news。

〈歐盟難民潮學者：重視新移民生活融入〉，《中央社》，瀏覽日期：2015/10/06，http://www.cna.com.tw/news/aipl/201510060244-1.aspx。

〈難民還是移民？聯合國難民署：用字很重要！〉，《風傳媒》，瀏覽日期：2015/09/30，http://stormmediagroup-yahoopartner.tumblr.com/post/130197333247/%E9%9B%A3%E6%B0%91%E9%82%84%E6%98%AF%E7%A7%BB%E6%B0%91%E8%81%AF%E5%90%88%E5%9C%8B%E9%9B%A3%E6%B0%91%E7%BD%B2%E7%94%A8%E5%AD%97%E5%BE%88%E9%87%8D%E8%A6%81。

Council of Europe, http://www.coe.int/en/.

European Council on Refugees and Exiles, http://www.ecre.org/topics/areas-of-work/protection-in-europe/10-dublin-regulation.html.

European Commission，http://ec.europa.eu/index_en.htm.

International Organisation of Migration, http://www.iom.int/cms/home.

Jonathan Portes, "What would UK immigration policy look like after Brexit?", UK in a Changing Europe, September 14, 2015. http://ukandeu.ac.uk/what-would-uk-immigration-policy-look-like-after-brexit/.

Simon Tilford, "Britain, Immigration and Brexit," Centre for European Reform Bulletin,

Issue 105, December 2015-January 2016. http://www.cer.org.uk/publications/archive/bulletin-article/2015/britain-immigration-and-brexit.

Special meeting of the European Council, 23 April, 2015-statement. http://www.statewatch.org/news/2015/apr/eu-council-med-crisis-prel.pdf.

國家圖書館出版品預行編目資料

全球化下之國境執法／陳明傳等著. — 初
版. — 臺北市：五南, 2016.07
　　面；　公分.
ISBN 978-957-11-8637-5（平裝）

1.國家安全 2.入出境管理

599.7　　　　　　　　　　105008667

1PTF

全球化下之國境執法

作　　者 ─ 陳明傳(263.6)、柯雨瑞、蔡政杰、王智盛、
　　　　　　王寬弘、許義寶、謝文志、何招凡、高佩珊

發 行 人 ─ 楊榮川

總 經 理 ─ 楊士清

總 編 輯 ─ 楊秀麗

副總編輯 ─ 劉靜芬

責任編輯 ─ 林佳瑩

封面設計 ─ P.Design視覺企劃

出 版 者 ─ 五南圖書出版股份有限公司

地　　址：106台北市大安區和平東路二段339號4樓

電　　話：(02)2705-5066　　傳　　真：(02)2706-6100

網　　址：http://www.wunan.com.tw

電子郵件：wunan@wunan.com.tw

劃撥帳號：01068953

戶　　名：五南圖書出版股份有限公司

法律顧問　林勝安律師事務所　林勝安律師

出版日期　2016年 7 月初版一刷
　　　　　2019年 9 月初版三刷

定　　價　新臺幣380元